KB037252

한식의 도道를 담다

한식의 도道를 담다

5천 년의 밥상, 위대한 문화유산 우리 한식 이야기

김상보 지음

'진지 잡수세요'에 담긴 한식의 정신을 되살리기 위하여

내가 한국음식문화에 관심을 갖기 시작한 시기가 1973년이니까 45년 동안 한식 연구를 한 셈이다. 물론 대학 다닐 때에도 한식에 흥미를 가지고 있었기에 이 기간까지 더한다면 근 50년이다.

1973년은 23세가 되던 해였다. 돌이켜 생각하면 이때부터 음식은 단순한 음식이 아닌 문화의 일부라는 인식이 내 안에 있었다. 그래서 식문화에 관심이 많았다. 음식과 식품 관련 문명사를 탐구하면서 음식은 단순히 먹고 배설하는 차원을 넘어 문화가 응축되어 나타나는 결과라는 생각이 머릿속에 늘 있었다. 지금까지도 다양한 식문화 연구 주제를 부단히 떠올릴 수 있는 이유도 이런 생각이 떠나질 않기 때문인 듯싶다. 밝혀내야 할 학문적 진실들이 너무 많은 것이다.

철학자 마르틴 하이데거는 자신에게 무한한 시간이 주어진다면 존재의 진리를 밝혀낼 수 있을 거라고 말했다. 어느덧 연구 인생을 마감할 나이가 되니 이 말에 백분 공감하게 된다. 건강과 시간만 주어진다면, 하는 생각이 나를 붙잡는 것이다. 학자로서 학문의 황혼녘에 이르니 정신과 사상에 대한 관심이 부쩍 많아진다. 그래서 나의 마지막 집필 주제는 음식에 사상을 불어넣는 작업이 아닐까 싶다.

우리 조상들은 사람이 사람의 도리를 가지고 살아가는 것을 군자지도(君子之道)라 했다. 군자지도 속에는 음식지도(飮食之道)가 있어서 사람이라면 음식을 대하는 마음가짐이 있어야 함을 끊임없이 일깨웠다.

신부님과 스님은 음식을 대할 때 양식을 주신 하느님과 부처님께 감사한다. 그래서 그러한 감사한 마음에 밥 한 톨이라도 남기지 않고 전부 먹게 된다. 음식을 대하는 태도에 있어 신부님과 스님은 식(食)의 도(道)를 실천하는 분들이다. 이러한 도의 실천이 비단 종교인들에게만 해당되는 일일까.

우리는 타인에게 밥상을 차려 올릴 때 '진지 잡수세요'라고 말한다. 진지의 한자 '進止'에서 진(進)은 '천(薦)'이라는 의미로 '받들어 올린다'는 뜻을 내포하고, 지(止)는 '마음' '예절'을 의미한다. 그러니 '진지 잡수세요'라는 청유는 '정성을 다하여 만든 이 음식을 받들어 올리니 드십시오'라는 뜻이 들어 있다. '진지 잡수세요'란 말 속에는 밥상을 받는 사람에게 음식 만드는 사람의 노고를 생각하면서 겸손하게 음식을 받아먹어야 할 의무 또한 들어 있다. 음식을 만드는 자는 정성을 다해 준비하고, 음식을 받는 자는 겸손하고 또 겸손해하면서 음식을 남기지 않고 전부 먹는 것이며, 이것이 음식지도를 실천하는 일이다. 이는 바로 우리 조상들의 식에 대한 철학이기도 했다.

이 책의 일차적 집필 동기는 내가 공부하는 학자로 살게끔 해주신 두 분 은사님, 이성우 교수님과 이시게 나오미치 교수님을 생각하면서, 비록 두 분 스승의 커다란 공적에 미치지는 못하지만 지금까지 나름대로 학자로서 최선을 다해 살아왔다는 흔적을 남기고 싶어서이다.

하지만 더 깊은 내면에서 올라오는 중요한 집필 동기가 있다. 그것은 한식에 숨어 있는 정신과 가치에 대한 천착이다. 50년 동안 몰두해왔던 한식학에 대한 학문적 결실을 나름대로 정리하여 우리 조상들의 음식지도가 우리 한식에 어떤 모습으로, 어떤 방식으로 응축되어 있는지 독자들에게 들려주고 싶었다. 더 나아가 한식을 바라보고 한식을 대하는 대중들의 인식이 바뀌었으면 하는 기대를 갖는다. 우리 전통 한식의 진실과 진정한 한식 이야기를 통해 독자들과 소통하고 싶은 것이다.

한식 세계화를 하자는 목소리가 높고 한식에 대한 대중들의 관심이 커진 요즘, 한식이 진정 무엇인가에 대한 근본적인 것부터 묻고 이해를 넓혔으면 하는 바람이다. 우리가 매일 접하는 한식, 우리가 만들어낸 한식문화는 5천 년이라는 긴 세월의 풍화를 견뎌낸 정신 유산이다. 그러니 어찌 그 가치를 가벼이 볼 수 있을까.

이 책이 독자들에게 그동안 지나쳤던 한식의 의미를 일깨우고, 한식의 진면모를 좀더 이해하는 계기가 되었으면 한다. 더 나아가 전통이라는 중요한 토대 위에 한식문화의 가치와 발전 방향을 보다 미래 지향적으로 설계하는 데 쓰여 한식 발전에 도움을 주었으면 하는 바람이 크다.

2017년 5월 20일

大田 禾井齊에서 김상보

여는 글

1부

한식의 뿌리를 찾아서

우리가 계승해야 할 한식의 정신

우리 생활문화의 총화, 한식

김치와 장의 원류를 찾아서

음복문화에서 발달한 떡과 한과문화

한식 밥상문화의 뿌리를 찾아서

한식의 정신, 음식지도와 약선

우리가 계승해야 할 제사상차림의 정신

한식문화의 정수, 조선왕실의 연향문화

2부

우리가 잘못 알고 있는 한식, 한식문화

궁중음식에 대한 오해

3부

한식에 어떤 가치를 담을 것인가

한식 연구와 한식의 미래

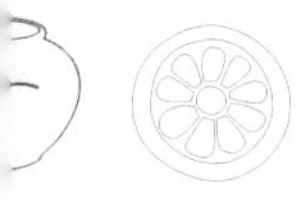

사랑하는 나의 어머니 차혜숙 여사와
위대한 스승 이성우, 이시게 나오미치께 바친다.

1

한식의 뿌리를 찾아서

우리가 계승해야 할 한식의 정신

우리 생활문화의 총화, 한식

한식에 깃든 문화적 가치와 역사성

나는 50여 년 동안 한국음식을 연구했다. 음식 연구로 많은 세월을 보내면서 음식으로 우리 삶을 바라보고, 우리 문화를 읽고, 나 자신을 투영해보기도 했다. 한식이 삶의 거울이 되었던 셈이다.

한식은 오랜 연원을 가진 우리 민족 생활문화의 총화이다. 거기에는 정신과 마음이 스며 있고, 종교가 투영되어 있으며, 타인의 문화를 해석하는 관점까지 녹아들어 있다. 역사성과 함께 과학도 숨어 있다. 더 나아간다면 뇌과학이나 생명공학적 진실에 이를지도 모를 일이다.

우리가 고도의 지능을 가진 인간으로 진화한 데는 음식이 절대적 영향을 끼쳤을 것이고, 음식이 고차원적인 뇌를 만드는 생리학적 기제로서 우리 뇌와 몸에서 부단히 조절, 분화하면서 오늘에 이르렀을 테니까 말이다. 음식을 공부한다는 것은 이렇듯 복합적이면서도 때로 흥미진진하다.

"당신이 무엇을 먹었는지 말해달라. 그러면 당신이 어떤 사람인지 알려주겠다"라는 유명한 언사가 있다. 18세기 프랑스의 정치가이자 유명한 미식가이기도 했던 사바랭이 한 말이다. 이 말이 변질되어 "당신이 먹는 것이 곧 당신이다"라는, 건강한 음식을 먹어야 건강해진다는 아전인수식 언설로 둔갑하지만, 어쨌든 음식에는 단순히 먹는 행위 이상의 무엇이 있다.

사바랭의 말에는 문화사회학적 의미가 내포되어 있다. 음식을 먹는다는 것은 배를 채우는 일만은 아니며 먹는 음식, 먹는 방법, 먹는 행동으로 신분이나 계급, 문화를 파악할 수 있다는 것이다. 따라서 음식과 먹는 행위 이면에 숨겨진 함의를 파악하는 일은 우리를 알고 우리 문화를 규명하는 일이기도 하다. 요즘 음식에서 문화적 코드를 읽는 노력이 활발한 것도 음식에 음식 이상의 뭔가가 내재되어 있다는 생각에 이르렀기 때문이라고 본다.

한식학은 레시피만을 연구한다고 완성되는 학문이 아니다. 일반적으로 사람들의 인식은 음식학이 영양학이나 조리학 등 기능적인 영역일 뿐, 학문적 위상을 갖고 있는 분야가 아니라는 시각에 멈춘다. 내가 30, 40대까지만 해도 음식 연구는 다른 분야처럼 학문적으로 존중받지 못했다. 그래서 인기가 없었다. 궁중 떡이나 한과 조리법을 연구하는 일은 학문적으로 다소 경시되었다.

십수 년 전만 해도 학문의 주류는 역사학, 사회과학, 종교 같은 전통적인 인문사회과학 분야였기에 음식은 단지 즐기는 것, 취미 정도로 치부되었다. 지금은 음식에 대한 관심이 높아지고 음식을 문화로 격상하려는 노력이 많아져 식문화를 고차원적으로 올려놓고자 하는 움직임이 있긴 하지만, 아직도 음식이나 식품을 학문 영역으로 인정하지 않는 분위기는 남아 있다.

음식문화는 당대의 문화가 일차적으로 반영되는 가장 기본적인 문화의 척도라 할 수 있다. 지구상의 모든 민족 집단은 그 안에서 비슷한 음식 문화를 공유하며 살아간다. 그것이 오랜 세월 축적되어 곧 그 집단의 음식 생활문화사를 완성하는 것이다. 한 민족의 음식 생활문화는 그 민족 고유의 문화적 바탕 위에서 피어나는 것이며, 음식 생활문화의 규명은 민족을 형성하는 역사학, 지리학, 민속학, 인류학, 언어학 등을 포함하는 민족학의 바탕 위에서 가능해지는 작업이다.

한반도는 지리적으로 동북아시아에 속해 있으면서 북으로는 중국 대륙과 접해 있어서 중국문화의 영향을 끊임없이 받아왔다. 중국의 문화는 인도, 이슬람, 지중해 농경문화의 거대한 흐름 속에서 또한 계승되어왔다. 따라서 우리의 음식문화를 이해하기 위해서는 중국의 음식문화를 알아야 하고, 중국의 음식문화를 이해하기 위해서는 인도, 이슬람, 지중해 농경문화를 알아야 한다. 한반도의 음식은 세계의 다양한 문화적 세례를 받으며 꽃피운 문화라 할 수 있다. 그렇기에 나는 세계 속의 한국음식을 문화사적으로 규명하는 작업에 오랜 시간 매달려왔다. 동아시아에 속해 있는 중국, 한국, 일본을 하나의 프레임으로 묶어 비교문화사적으로 음식을 규명하는 많은 연구를 해왔다.

사람의 생명과 밀접한 관계를 가지며 음식에 대한 선호와 지향으로 나타났던 식생활 양태는 지역 혹은 나라별 특성을 지닌 문화로 발전되었다. 동양과 서양을 비교하면 전자는 곡류를, 후자는 육류를 중심으로 한 음식문화가 발달했다. 이런 차이는 인류의 유전적 특성과 행동 양태, 나아가 역사와 문명 건설에도 지대한 영향을 끼쳤으리라 본다. 우리가 알다시피 동양과 서양은 행동 방식이나 정신문화가 크게 다르다.

한국과 중국 등 동아시아의 음식문화를 들여다봐도 그렇다. 중국은 드넓은 땅과 풍성한 식재료를 바탕으로 매우 다채롭고 화려한 차림이 특징이지만, 한국은 식재료나 조리 방법, 가짓수 등 어느 면으로 보나 중국에 비해 소박하고 단출하다. 대체로 중국 음식은 기름지고 풍부한 맛이 특징인 데 비해 한국음식은 담백하고 은은한 맛이 주종을 이룬다. 이런 차이는 땅과 기후를 비롯한 생태 자연환경, 집단의 선호와 종교적, 혹은 사회적 선택이 만들어낸 생활양식에서 비롯된다.

인류사를 놓고 보면 문화의 서곡은 농경시대의 개막이라고 보는 시각이 많다. 한반도를 기준으로 하면 지금으로부터 불과 약 5천 년 전의 일이다. 농경시대, 청동기문화의 유입, 질그릇의 점진적인 발달, 철기시대로 면면이 이어지면서 음식문화는 획기적인 변화를 일으킨다.

『중국 음식문화사(中國植物史)』를 쓴 일본의 식문화학자 시노다 오사무(篠田統) 교수는 높은 열로 만드는 튀김이나 볶음 요리는 프라이팬과 같은 식기류와 함께 등장했으며, 이는 철기문화, 즉 철의 사용량과 밀접한 관계 위에서 형성된 변화라고 밝혔다. 시노다 교수는 요리의 다양화와 문화는 떼려야 뗄 수 없는 상관관계가 있음을 학문적으로 입증한 것이다.

음식처럼 인간 삶을 역동적으로 비추는 학문도 없을 것이다. 음식 탐험은 흥미진진하다. 미각이라는 인간의 특별한 본능과 결합해 꽃피는 문화가 바로 '식(食)'이다. 독창적인 만큼 인류의 거대한 문화유산으로 자리잡고 있다. '요리하는 인간'은 인간성을 격상시킨다. 단순히 먹는 동물에서 더 나아가 문화를 즐기고, 타인을 대접하고, 서로 나눈다. 그래서 식문화라는 말이 성립하는 것이다.

조선시대에는 서민과 양반, 왕족의 음식이 달랐다. 그 뿌리는 같을 수 있고 유사성도 물론 있다. 하지만 계층의 생활양식과 문화가 다르기 때문에 다른 양상을 드러낸다. 정치와 철학, 경제적으로는 식품의 생산과 유통에 결부된 문제까지 음식을 통해 밝혀낼 수 있는 진실은 많다. 이런 복잡한 이면을 밝혀내는 것이 바로 학문의 역할이 아닐까 한다.

음식에는 맛의 역사가 숨어 있다. 인간이 미각을 포함한 오감을 이용해 맛을 어떻게 진화시켜왔는지 음식을 통해 추적할 수 있다. 이 복잡 미묘한 식의 진화는 혼성과 모방을 낳았고 당연히 문화 창조에 기여한 공로도 크다.

인간을 사로잡은 음식은 경계를 쉽게 허물었다. 음식은 국가 간, 계급 간, 사람 간의 격차와 위계를 만들기도 했지만, 이는 곧 혼재되어 새로운 식문화 탄생의 기제로 작동했다. 식문화만큼 인간의 역사를 풍요하게 만든 테마도 없을 것이다.

음식의 역사를 오래 파고들면 그 어떤 문화에도 오리지널리티, 원본은 없다는 사실에 당황하게 된다. 이런 발견은 식문화학자들의 학문적 호기심을 발동시킨다. 최초의 음식은 무엇이었을까? 최초의 음식은 어떻게 지금의 음식이 되었을까? 변용의 기작은 뭘까? 생태 환경, 문화 이동, 민족성 등 무수한 상호작용이 낳은 결과가 식문화이다. 그래서 음식의 기원을 추적해나가면 매우 흥미진진해진다. 전파와 교류라는 주제를 꺼내면 방대한 세계사에까지 접근할 수 있다. 음식으로 규명할 학문적 사실은 무궁무진하다. 식문화라는 학문은 매우 복합적이고 역사적 의미도 들어 있기에 이를 통해 많은 이야기를 복원할 수 있다. 캐면 캘수록 매력적인 학문이며 발전 가능성도 크다.

한식학자에게는 한식에 숨어 있는 문화의 의미, 역사를 규명하는 일이 커다란 숙제이다. 한식이 어디에서 어떻게 출발했고 어떤 변용을 거쳤으며, 변용의 근거는 무엇이었는지, 음식의 계보를 파악해야 비로소 원형이 밝혀진다. 동아시아 역사, 민족 이동사, 식물재배 전파사, 동물 전파사, 민족학, 종교사, 한 · 중 · 일 문화 교류사 등 관련 학문을 탐구하는 작업이 필요하다. 한식이라는 협소한 분야만 들여다봐서는 한식의 진실을 밝힐 수 없다.

나는 한식 중에서도 궁중음식 분야를 선택했다. 30여 년 전 어느 날, 지금은 고인이신 이성우 교수님의 부름이 있었고, 궁중음식을 연구하라고 설득하셨다. 우리나라의 식품사, 음식사를 집대성하셨던 이성우 교수님은 후학이 궁중음식을 제대로 연구해야 한다고 보셨다. 이유는 분명했다. 과거의 음식 유산에서 가장 많이 보급되어 있고 대중의 관심이 높은 분야가 조선의 궁중음식이다. 조선의 궁중음식은 우리 문화의 꽃이다. 당시의 식문화와 예법이 가장 체계적으로 집약되어 있기 때문에 궁중음식 구명 작업은 우리 전통의 진정한 복원을 위해서도 필요하다.

하지만 지금 알려진 궁중음식에는 오류가 많다. 잘못 알려진 조리법도 수두룩하다. 이 모든 것이 학문적 기초가 부족하기 때문에 생긴 일이다. 궁중음식을 온전히 구명하려면 고대부터 이어진 한식의 역사, 당 · 송 · 원 · 명 · 청으로 이어지는 중국의 식문화사와 한반도 전래의 역사, 과거 식료 환경 등을 연구해야 한다. 더 많은 학문 연구가 필요하고, 보다 큰 프레임에서 한식을 바라볼 수 있는 관점을 가져야 한다. 그러려면 한식을 연구하는 후학들이 많아져야 한다.

더 큰 문제는 한일 병합 이후 궁궐에서 임금의 수라를 맡았던 사람들이 요릿집을 열어 근본 없는 음식들을 사업화하면서 궁중음식이 심하게 변질되었다는 점이다. 굴곡진 시대를 경험한 궁중음식이 아직도 정통 궁중음식인 것처럼 대중들에게 알려져 있다. 지금 우리가 알고 있는 한식, 한식의 원형이라고 알려진 조리법이나 이론, 한식문화는 많은 부분이 왜곡되어 있다. 고증 없이 정통성 없는 궁중 나인들이 한식을 전파하고 상업적으로 변질시킨 탓이다. 이를 제대로 규명하지 않은 한식 연구자들도 책임이 없다고 할 수 없다.

오늘날 한식을 제대로 공부한 학자가 없다는 것은 한식문화를 취약하게 만든 커다란 원인이다. 앞서 말한 것처럼 한식의 위치를 정확히 설정하려면 한식의 뿌리와 변천 과정을 추적해야 한다. 우리가 궁중음식으로 알고 있는 신선로(神仙爐)는 청나라의 훠궈쯔(火鍋子)가 본래 그 기원이다. 양국의 교류를 통해 궁중으로 들어온 훠궈쯔는 열구자탕으로 불리다가 요릿집 메뉴인 신선로가 되었다. 청나라의 식문화가 우리의 식문화와 만나 새로운 음식이 만들어진 것이다. 모든 문화가 그렇듯 이질적인 것이 이식되어 새로운 문화를 창출하고 다시 변형을 거쳐 독자적인 문화로 형성된다. 문화에 순수한 원본은 없다.

우리 음식문화의 뿌리

인류가 최초로 요리를 했던 순간을 떠올려보자. 그것은 인류가 자연을 이용해 음식을 창조했다는 의미이다. 오랜 인간의 역사를 거슬러 올라가 먹거리를 거둬들여 불로 익혀 먹는 시기, 즉 화식(火食)의 발견이다. 1만 년 전의 사건이다.

동식물을 수렵 채집하여 날것으로 먹다가 불을 발견하면서 익혀 먹게 되고, 이는 요리하는 인간을 탄생시킨다. 음식이 탄생하는 순간이자 식문화사의 기점이다.

구석기시대가 수렵으로 먹거리를 얻은 시대라면, 신석기시대에는 농업과 목축으로 먹거리를 생산하는 단계에 이른다. 식생활은 이런 사회적 토대에 따라 발전 변모한다. 하지만 한반도는 신석기 초기에도 농경이 정착되지 않았다. 대략 6천 년 전에는 농경을 개시했을 것으로 추정된다.

한반도는 구석기시대부터 신석기시대에 걸쳐 토란, 칡, 고사리, 도토리, 밤 등이 식량으로 이용되었다. 이러한 재배 작물과 이를 이용한 음식생활문화를 들여다보면 한반도는 문화사적으로 조엽수림문화(照葉樹林文化)지대로 분류된다. 동아시아의 난온대지대에는 떡갈나무, 메밀잣밤나무, 동백나무 등 넓은잎나무가 자라는데 이런 종류의 나무가 자라는 지역을 조엽수림지대라고 칭한다.

조엽수림문화지대의 작물인 칡, 고사리, 도토리, 토란류를 식용화하려면 정제기술이 필요하다. 오늘날에는 지극히 간단한 가공법이지만 원시인에게는 당연히 쉽지 않은 문제였다. 토란 으깨기는 돌로 쉽게 할 수 있지만 다음 단계로 넘어가 전분을 얻으려면 침전을 시키고 전분 모으는 기술이 필요했다. 그릇도 필요했고 다량의 물이 있어야 했다. 조엽수림문화지대는 열대우림지대처럼 물이 풍부하지 않았기 때문에 물이 풍부한 환경을 거주지로 반드시 선택해야 했다. 환경과 식량의 사슬 관계가 인간 삶을 조건화하는 좋은 예라 할 수 있다. 가을이 되면 숲에서 도토리가 많이 떨어지고 야생에는 토란과 칡, 고사리가 풍부해 전분을 정제하는 기술은 인간의 필요에 따라 계속 진화해갔다. 먹거리가 풍부해지면서 안정된 정주생활이 가능했고, 집단문화와 함께 세련된 식문화 또한 꽃피웠다.

한반도가 속한 조엽수림문화는 다음 네 지역의 농경문화가 전래되면서 복합적인 식문화가 혼재하는 양상을 띤다. 즉 동남아시아의 근재농경문화권(根栽農耕文化圈)에서 얌토란과 참마, 닭과 돼지가 유입되고, 아프리카의 사바나로부터는 중국을 통해 쌀, 좁쌀이 들어오며, 이집트, 이탈리아, 터키, 이란, 이라크를 포함한 지중해로부터는 밀, 보리, 무, 배추, 마늘, 소 등의 지중해 농경문화가 유입된다.

한반도를 포함한 조엽수림문화지대는 쌀 · 좁쌀류와 밀류가 생산되는 서쪽의 농업과, 동남아시아의 닭과 돼지를 받아들여 흡수함으로써 급속히 성장 발달해갔다. 조선시대에 이르러 아메리카로부터 신대륙 농경문화가 유입되자 식문화는 더욱 다양해진다. 이렇게 유입된 문화 중에서 쌀과 조 등을 주식으로 하는 사바나 농경문화는 특색 있는 식문화를 형성하는 데 커다란 영향을 미쳤다. 약 2천 년 전 철기시대로 들어서면서 조엽수림문화의 특성은 결국 사라져버린다.

우리의 식생활이 현재와 같은 양식을 갖추게 된 것은 청동기시대부터 이어진 벼농사와 밀접한 관련이 있다. 고대 한반도는 벼 생산을 중심으로 발전했다. 논에 물을 대어 심는 벼[水稻]의 생산이 언제 시작되었는지는 정확히 알 수 없다. 문헌에 따르면, 백제 다루왕 6년(AD 33)에 국남(國南)의 주(州)와 군(郡)에 처음으로 도전(稻田, 벼를 심는 논밭)을 했다는 기록이 있지만 이는 국가적 기록일 뿐, 그보다 훨씬 전에 민간에서 벼를 재배했을 가능성이 크다. 대략 삼한시대에 벼를 중심으로 작물 생산 기반이 형성되고 농경의례도 발달했을 것이다. 저습지대에서 자라는 벼는 천수답에서 논벼로도 재배했을 것이고, 밭에 씨를 뿌려서 밭벼[陸稻]처럼 재배하다가 우기에는 논벼처럼 재배하기도 하는 건답(乾畓) 재배도 있었을 것이다. 이에 따라 풍작을 기원하는 예축의례(豫祝儀禮)가 동지와 설날, 대보름 명절로 정착되고, 곡물이 잘 자라기를 기원하는 성장의례(成長儀禮)는 단오, 유두, 칠석으로 정착되며, 추석과 중구가 추수를 감사하는 수확의례(收穫儀禮)로 정착된다.

쌀농사를 중심으로 형성된 이들 농경의례는 유교, 불교, 도교, 토속신앙과 결합하여 이후 쌀은 각종 의례 상차림에 오르는 공물(供物) 재료가 된다. 농경의례는 음식문화 전개에 큰 영향을 끼친다.

쌀은 다른 작물에 비해 맛과 영양가가 뛰어나고 계획 재배가 가능했으며, 생산성과 저장성이 뛰어나 사회적 잉여 생산에 크게 기여했다. 이런 장점에 따라 벼농사는 계속 확대되었다. 생산성의 발달은 사회 발달을 촉진했다. 벼농사의 확산으로 전쟁이 시작되고 풍요로운 벼농사 지대에 왕이 등장하게 되었다는 문화인류학적 학설도 있다. 한 줌의 쌀이 인간 사회를 촉진하는 매체가 된 것이다. 쌀의 인기로 벼는 주곡이 되고 기타 작물은 잡곡으로 자리 잡는다.

쌀은 우리 민족에게는 풍요의 상징이었다. 벼농사가 시작된 철기시대 이래 지금으로부터 100년 전까지만 해도 사람들은 쌀밥을 상식할 수 있다면 가장 행복한 삶으로 여겼다. 쌀은 오랫동안 민중을 매료시키는 귀중한 곡물이었다. 우리 음식에서 쌀이 의례음식의 대표 격으로 여겨지며 각종 떡의 재료로 쓰인 것은 이 때문이다.

한반도의 고대 음식문화는 중국 식문화를 언급하지 않고는 기술할 수 없다.

철기시대에 한반도는 쌀을 주식으로 하고 저장 발효음식을 부식으로 하는 상차림을 보인다. 당시의 음식 구성은 지금 우리가 먹고 있는 상차림의 원형이라 할 만큼 비슷한 것이 많다.

철기구를 생산할 수 있었던 철기시대에는 튀김이나 볶음처럼 높은 열로 익히는 음식도 먹었을 것이다. 6세기 초 중국 산둥반도에서 발간된 『제민요술(齊民要術)』에는 튀김과 볶음 음식이 등장한다. 그렇다면 우리 민족도 튀김이나 볶음 음식을 만들어 먹었을 가능성이 크다. 당시 산둥반도는 백제문화권이었을 뿐만 아니라 한반도를 잇는 뱃길 교류가 빈번했으며 무역도 활발했던 만큼 음식문화도 당연히 서로 영향을 주고받았을 것이다.

중국 당나라시대에는 조리법이 복잡 화려해지고 음식 종류도 보다 다양해졌다. 철냄비, 철밥솥 등 조리도구가 널리 보급되면서 조리기술도 비약적으로 발전하였다. 약과의 전신인 당과자(唐菓子)가 나온 것도 이 시기이다. 통일신라의 음식도 당나라의 영향으로 더 복잡하고 세련되게 발전했을 것이다.

당나라는 불교 교리에 따라 살생 금지를 실천했기에 고기 대신 채소와 곡류를 중심으로 한 이른바 소선(素膳)음식이 발달한다. 통일신라와 고려의 음식문화도 자연히 소선음식을 중심으로 발전한다. 예컨대 떡, 유밀과(油蜜果), 다식(茶食), 차, 나물, 해채류, 채소로 만든 국, 된장, 간장, 두부, 묵, 국수 등은 불교의 영향을 받은 소선음식들이다. 이러한 전통은 조선시대까지 이어져 음식문화를 형성하는 중요한 근간이 된다.

고려 말, 원나라의 침입으로 육식문화가 부활하면서 음식문화는 새로운 국면으로 접어든다. 더구나 유교를 국교로 삼은 조선왕조는 도살을 합법화함으로써 전통적인 소선음식에 육식을 추가하여 다양한 음식이 발달할 수 있었다. 유교를 통치의 근간으로 삼은 조선왕조는 유교식 제례문화를 왕실은 물론 일반 백성들에게도 널리 확산시켰다. 제례문화의 보편화는 당연히 제상에 희생물로 오르는 짐승들의 수요를 증가시켰고, 아울러 음복문화는 육류 소비를 늘렸을 뿐만 아니라 육류를 재료로 한 조리법의 발달을 가져오기도 했다.

1493년 콜럼버스가 스페인에 처음 들여온 고추가 17세기경 중국에 전해지고 이후 한반도에도 흘러 들어온다. 담배, 감자, 옥수수 등을 재배하는 신대륙 농경문화가 조선왕조 중기에서 후기 사이에 전래되면서 한반도의 식재료는 그 어느 때보다 다양해진다. 유입된 고추는 고춧가루를 넣는 조리법의 발달을 가져왔다. 이로써 우리 민족의 식탁은 점점 붉어져 오늘에 이르렀다.

우리 민족은 고추 사용 전까지는 맵지 않게 먹었지만 매운맛에 익숙해지게 되었다. 천초 등의 양념을 즐겨 먹었지만 점차 젓갈, 마늘, 파, 생강 등의 사용이 증가하기에 이른다. 고추는 우리 한식의 발달과 완성을 가져온 매우 중요한 식재료로서 우리의 식문화사를 찬연하게 물들였다. 김치에 고춧가루가 들어가면서 비로소 형태와 조리법이 완성될 수 있었다. 고추장과 고춧가루는 한식 요리에 없어서는 안 될 필수 조미료로 자리 잡으면서 수많은 한식 찬품을 완성하게 된다.

구한말 일본인 무라카미 유기츠(村上唯吉)가 쓴 『조선인의 의식주(朝鮮人の衣食住)』에는 "조선에는 조미용 식물이 많이 산출된다. 호마(胡麻), 개자(芥子)는 말할 필요도 없이 고추는 가장 현저하며, 이것은 민족적 조미료라고 말할 수 있다"라며 고추가 우리 민족이 가장 즐겨 먹던 양념임을 언급하고 있다. 고추가 조미료로서 사용된 시기를 1700년대 초로 잡는다 해도 불과 200년 만에 우리 민족의 조미료로 급격히 격상된 것이다.

식문화는 어떻게 만들어지는가

이제, 식문화를 만들어내는 근원은 무엇인가, 집단 식문화의 차이를 설명하는 준거 틀은 무엇인가에 대하여 방향을 돌려본다.

이 물음들에 대해 명확한 답변을 내기란 어렵다. 인간의 역사와 함께 해온 무수한 식문화 사건들을 소환하기란 사실상 불가능하고, 음식의 역사를 만든 수많은 우연적 사실들을 설명할 수 있는 준거 틀이 명확하게 정해져 있는 것도 아니기 때문이다. 우리 학자들이 할 수 있는 일은 단지 하나하나의 역사적 사실들을 규명하는 일, 그 사실들을 퍼즐 맞추듯 하나하나 꿰어 미시 수준에서 거시 수준에 이르기까지 문화 현상을 구조적으로 읽어내는 일이다.

한 집단의 고유한 식문화를 해석하기 어려운 또 다른 이유는 인간의 식문화가 매우 복잡한 양상을 띤다는 점에 있다. 식품자원은 기후와 땅 등 환경 조건에 크게 영향을 받는다. 같은 작물이라도 대륙별, 국가별로 영양 성분이 다르고 심지어 외양도 다르다. 식품을 생산, 개량하는 기술에도 차이가 생긴다. 거기에 민족의 기호, 선호, 식습관의 문제까지 개입하면 더 복잡해진다. 식문화는 타 문화와의 교류로 변화가 이루어지는 만큼 복잡성이 늘 상존한다. 식문화 구명에 통섭, 융합이 필요한 이유는 이것이다.

농경으로 획득한 곡식을 조리해 먹는 방법이 지역과 문화권마다 차이가 있다는 사실은 식문화사적으로 매우 흥미로운 주제이다. 경작물인 곡류나 토란류는 가열하여 β-전분을 α-전분화하여 먹기 쉽게 하는 조리법으로 다양하게 분화했다. 유럽과 북아프리카부터 서아시아에 이르는 맥(麥)지대는 밀 문화권으로서, 오븐을 사용하여 빵으로 가공해 먹는 분식을 발달시켰다. 중국과 일본, 한국과 같은 동아시아권 도작(稻作)지대에서는 쌀과 같은 곡식을 그대로 끓이거나 쪄서 먹는다.

태평양의 섬에서는 토란류를 돌찜[石蒸] 방법으로 조리해서 덩어리 그대로 먹지만, 서아프리카의 얌토란 지대에서는 삶은 것을 나무절구로 으깨서 단자로 만들어 먹는다. 이런 차이를 만들어내는 중요한 동인은 특정한 식문화 환경과 이에 속한 인간의 필요가 계속 맞부딪히면서 새로운 형태를 만들어내는 문화 진화, 즉 밈(meme)으로 설명될 수 있지 않을까 한다.

인도와 티베트, 동남아시아, 중국 남부(쓰촨, 윈난), 일본과 함께 우리는 쌀을 주식으로 하는 문화권이다. 그 외 대부분의 지역은 밀을 주식으로 한다. 현대 산업사회에 들어 쌀 주식 인구는 현저히 줄어들고 있다. 음식의 서구화, 가공산업의 발달과 식품의 다양화에 따른 현상이다.

쌀 문화권과 밀 문화권을 비교해보면 사람들이 선호하는 맛의 차이는 확연하다. 밀 문화권에서는 대개 짠맛, 신맛, 단맛, 쓴맛을 찾고, 쌀 문화권에서는 이 네 가지 맛 외에 감칠맛이 추가된다.

밀 문화권에서는 감칠맛을 모른다. 치즈, 버터에 함유된 발효취와 포도주의 향취를 선호하며, 이들을 포함하는 향신료로 음식 맛을 낸다. 쌀 문화권에서는 유독 글루타민산(glutamic acid)이 만들어내는 감칠맛을 좋아한다. 우리나라에서 젓갈, 식해(食醢), 간장, 된장 등과 같은 감칠맛을 내는 식품이 발달한 것이 이 때문이다. 우리나라 사람은 음식에서 감칠맛이 강하게 느껴지면 '맛있다'고 느낀다. 음식 종류는 다르지만 중국, 일본도 우리처럼 감칠맛을 선호한다.

세계의 식문화를 곡물 선호에 따라 쌀과 밀로 나눌 수도 있지만 종교적 관습에 따라서도 분류할 수 있다. 세계 종교는 아랍을 중심으로 한 이슬람문화권, 인도 지역의 힌두문화권, 유럽 중심의 가톨릭문화권, 중국과 한반도를 중심으로 한 유교(도교 포함)문화권, 동남아시아와 일본을 무대로 한 불교문화권, 그리고 신대륙(아메리카)을 중심으로 한 기독교 및 가톨릭문화권으로 대별할 수 있다.

신앙 체계에 따라 음식에 대한 기호가 형성된다는 사실은 매우 흥미로운 주제이다. 돼지고기와 소고기는 기독교와 유교 문화권에서 상식되는 먹거리다. 그러나 이슬람문화권은 돼지고기를 금하며, 힌두문화권은 소고기를 기피한다. 이슬람교도의 경우 모르고 돼지고기를 먹었다가 나중에 알게 되면 토하거나 배탈이 나고 심지어 죽기도 한다. 신앙과 믿음 같은 정신적인 동기가 식문화의 중요한 토대가 된다는 강력한 증거이다. 식품에 대한 금기, 선호, 기호 등 인간의 의식적 선택은 인류 식문화 형성의 강력한 동인(動因)이 되었다.

불교문화권의 불살생계(不殺生戒, 살아 있는 동물을 죽여서 먹거리로 하는 것을 경계함), 힌두문화권의 윤회전생(輪回轉生, 현생의 육체가 내생에 그대로 환생함) 등의 종교적 관념은 역사적으로 볼 때 음식문화에 지대한 영향을 끼쳐왔다.

문화권에 따라 정(淨)한 식품과 부정(不淨)한 식품이 달랐고, 이런 양상은 해당 지역의 식재료 공급과 발달, 유통과 생산 체계도 바꾸어놓았다. 기독교 전파와 함께 확산된 와인 생산, 기도하는 수도사들에 의해 확산된 커피 음용, 불교와 도교의 끽다(喫茶) 등 종교문화는 음식 전파와 확산에 크게 기여했다.

종교의식은 금기와 허용이라는 관념을 식품에 투영하여, 단순히 먹는 행위가 아니라 음식 자체가 제의의 일부라는 믿음 체계를 만들었다. 각 문화권에서 내놓은 제의음식과 문화를 깊숙이 들여다보면 더 흥미로운 사실들이 펼쳐진다. 따라서 문화권의 종교 및 문화 관습을 들여다보는 일도 식문화를 파악하는 중요한 단초가 된다.

1492년 콜럼버스의 아메리카 발견은 식문화사에도 일대 사건이었다. 원주민들이 상식하고 있던 식재료인 고추와 옥수수, 감자가 발견된 것이다. 기원전 5000년경 마야문명이 꽃피기 전부터 고추가 아메리카 지역의 대표 식재료였다는 사실은 특기할 만하다.

콜럼버스의 발견 덕분에 한반도에도 고추가 전해져, 우리나라는 지금 세계에서 고추를 가장 많이 먹는 나라 중 하나가 되었다. 고대인들도 고추의 매운맛을 즐겼다는 사실에서 인간의 입맛에 근원적인 동질성이 있다는 사실을 발견하게 된다. 사실 미각은 변하는 것처럼 보이지만 변하지 않고 전승되는 원초적인 맛이 있다.

우리 식문화에서 매우 중요한 위치를 차지하고 있는 장을 만들 때 필수적인 식재료, 콩을 살펴보자.

고대 만주지역에 광범위하게 거주하며 고구려의 뿌리가 된 종족이 맥족(貊族)임은 잘 알려져 있는 사실이다. 유목민족이었던 맥족이 농경기술을 배우게 되면서 단백질과 지방 위주였던 식생활은 곡물을 중심으로 한 탄수화물 위주로 바뀌게 된다. 식생활의 변화가 야기한 단백질과 지방 결핍 문제를 해결해준 식품이 바로 콩이었다. 몸의 영양적 필요를 위해 비로소 콩이라는 유서 깊은 식재료가 탄생할 수 있었다.

콩은 만주에서 한반도로 퍼져나가 우리 민족에 없어서는 안 될 식재료로 깊게 뿌리내린다. 지금 우리가 먹는 간장, 고추장, 된장이 존재할 수 있었던 배경에는 콩 재배를 향한 우리 조상들의 노력이 있다.

맥족의 콩이 어떻게 오늘의 된장이 되었을까. 『삼국지(三國志)』「위지 동이전(魏志 東夷傳)」에는 "고구려 사람들은 발효식품을 잘 만든다"라는 구절이 있다. 『해동역사(海東繹史)』에도 발해의 명산물로 '豉(시)'를 언급하고 있다. '시'는 청국장의 원형이다.

고대 중국에서 통용되는 '장(醬)'은 우리의 장과는 본질적으로 다르다. 『주례(周禮)』에는 육장(肉醬)이나 어장(魚醬)을 많이 언급하는데, 고기나 생선에 소금과 누룩을 넣고 발효시킨 것이다. 이와 달리 우리 조상들은 콩으로 만든 시(豉)와 같은 두장(豆醬)을 개발했다. 우리의 두장은 일본으로 건너가 말장(末醬), 즉 미소가 된다. 일본 학자 아라이 하쿠세키(新井白石)는 자신의 저술에서 한민족의 장이 일본으로 건너가 '미소'가 되었다고 분명히 밝히고 있다.

우리 선조인 맥족이 재배한 콩은 고구려와 발해를 거치면서 뿌리 깊은 대두문화(大豆文化)를 형성한다. 이것이 일본으로 전파되어 동아시아 조미료의 토대를 형성했다. 콩으로 장을 만드는 동아시아의 식문화는 맥족에서 시작되어 오랫동안 전승되면서 지금의 장문화를 확립한 것이다.

식문화는 주어진 환경에 적응, 혹은 극복하려는 인간의 지혜가 만들어 낸 정신적, 물질적 자산이다. 여기에 문명의 진화에 따른 변모와 변용, 집단 간의 교류, 기후 변화, 민족적 취향과 선호 등 여러 요소가 복잡하게 얽히면서 탄생과 퇴화를 반복한다. 우리가 지금 먹고 있는 된장의 깊은 맛이 우리 고대 조상인 맥족의 땀방울에까지 닿아 있다는 사실은 매우 의미심장하다.

우리에게 한식이란 무엇인가

한식이란 무엇인가? 한식을 정확히 정의할 수 있을까?

선조들이 먹어온 음식을 계승한 음식이 정통 한식일까? 많은 변화를 거쳐 현대에 정착한 한식이 진정한 한식인가? 지금 우리가 먹는 음식이 한식인가?

한식의 세계화, 한식의 계승과 발전이라는 말들이 공공연히 들려오지만 한식이 진정 무엇인가를 정의하기란 쉽지 않다. 정통성 있는 한식을 만드는 사람도 없거니와, 한식 연구도 거의 걸음마 수준이기 때문이다. 과연 우리는 한식을 제대로 알고 있는 것일까? 한식의 역사, 한식에 담겨 있는 정신과 철학을 알고 있는 것일까? 한식을 세계화하자고 목소리를 높이고 있는 마당에 이는 매우 불편한 진실이다.

전통에 대한 치밀한 고증 연구와 이해가 취약한 상황에서 한식의 세계화, 현대화를 하겠다는 움직임에는 많은 문제점이 있다. 전통 음식문화를 총체적으로 이해하고 보존하겠다는 의식 없이 우리의 한식문화가 세태와 함께 대중없이 흘러왔기 때문이다.

한식 전통 상차림은 조선왕조의 유교 철학을 근간으로 근검절약 정신이 배어 있는 검소한 밥상문화였다. 하지만 오늘날의 한식은 밥상 위의 가짓수가 많을수록 미덕인 것처럼 왜곡되어왔다. 우리 선조가 오랫동안 지켜왔던 음식지도(飮食之道)가 상실된 지 오래이다.

상차림에서 가장 중요한 찬품은 밥과 국이다. 우리는 다른 음식을 먹지 않고 국 한 그릇에 밥 한 그릇만 먹어도 충분한 영양 섭취를 할 수 있을 만큼 국문화가 발달해 있었다. 국 하나를 만들어도 약이 되게끔 조리했다.

1902년에 임금께 올렸던 잡탕(雜湯)을 예로 들면 탄수화물만 제외하고 단백질, 지방, 비타민, 무기질이 듬뿍 함유된 재료 구성을 보여준다. 탄수화물은 밥에서 섭취하면 되기 때문에 영양적인 측면을 보더라도 밥과 잡탕만 먹어도 다른 음식은 전혀 섭취할 필요가 없을 만큼 훌륭한 재료 구성이었다.

우리의 밥상문화는 많은 음식을 차리지 않고 밥과 탕만으로도 맛으로나 질로나 훌륭한 차림이 되기 때문에 이것에 반찬 한 가지만 놓아도 충분하다. 음식 하나하나에 뛰어난 조리과학이 깃들어 있기에 가능한 일이다. 그래서 한식의 부가가치는 크다. 이것이 우리가 계승해야 할 뛰어난 밥상문화이다. 지금 우리의 밥상문화가 흐트러진 것은 이러한 기본을 도외시하기 때문이다. 그래서 제대로 된 한식의 복원이 필요하고, 이는 한식학계의 과제이기도 하다.

어머니의 정성, 그리고 밥과 국이 강조되는 우리의 음식문화는 분명

복잡한 세계 속의 한 문화로서 존재한다. 된장, 간장, 고추장, 청국장 등으로 조미하고 김치류를 기본으로 하는 음식문화 저변에는 어머니의 세심한 정성이 깔려 있다.

계절적으로 언제 담그면 좋은가를 생각하고, 또 맛을 잘 내기 위하여 그 계절의 좋은 날을 택일하기도 하였다. 이러한 일련의 과정은 음식을 둘러싼 다양한 민속신앙을 낳을 만큼, 저변에는 다양한 의미와 가치 체계를 포함하고 있다. 그래서 음식을 먹는다는 것은 음식과 음식에 포함되는 신앙을 먹는 하나의 의식(儀式)이었으며, 그 신앙 중의 하나가 '어머니의 정성'이다.

재료 선택하기, 다듬기, 정갈하게 썰기, 양념하여 조리하기, 정결한 그릇에 담기, 상 차리기라는 겉으로 드러난 과정 외에, 사전에 준비해야 하는 양념용 장 담그기, 밥상에 오르는 김치와 젓갈, 장아찌 등 저장음식 만들기, 비록 밥에 탕 한 가지만을 차려놓고 먹는다 할지라도 맛있고 진한 탕을 위한 육수 내기 등은 하나같이 시간과 일손이 많이 요구되는 것들로 대가를 많이 지불해야만 했다.

주식과 부식이 뚜렷이 구분되는 식생활, 쌀로 밥을 지어 주식으로 삼고, 국의 양념을 위하여 일찍이 콩을 발효시켜 간장과 된장을 만들어 먹었다. 어패류로 젓갈을 만들어 식생활에 활용하는 등 우리 민족은 발효식품, 저장식품이 발달한 독특한 식문화를 형성해왔다.

이러한 전통 음식문화는 급속한 산업 경제의 발달, 세계화 추세 속에서 지금 많은 변화를 겪고 있다. 빵과 육류의 소비 증가, 크게 확산되는 가공식품의 소비는 쌀 소비량을 격감시켰다. 우리의 밥상문화가 사라질 위기를 걱정하는 처지가 된 것이다. 핵가족화, 여성들의 사회 진출, 외식산업의 전례 없는 발달 등 광범위한 사회문화적 변화는 집에서 정성스레 차린 밥상을 점점 멀어지게 하고 있다. 농산물 수입 개방, 농약과 수질 오염, 농축산물의 생육 환경 변화 등 오늘날 식생활과 관련된 일련의 환경 변화는 전통 한식의 올바른 계승을 취약하게 만들고 있다.

이런 상황에서 한식은 우리가 매일 만나는 식탁이 아닌 고급 한정식 식당에서만 희미하나마 명맥을 유지하며 운명을 받아들이고 있다. 한식의 기본을 잃고 있는 것이다.

한식에는 우리 민족의 오랜 식문화가 응축되어 있다. 한식 찬품 하나하나에 사상과 철학, 역사의 주름이 깃들어 있다. 그러니 우리가 무심코 지나쳐버린 한식의 우수성과 아름다움을 재발견하고 또한 발전적으로 계승하여 우리 한식문화를 더욱 풍성하게 만들어가야 한다.

김치와 장의 원류를 찾아서

동이인의 김치와 수수보리지

발효만큼 오랫동안 인간 문명 깊숙이 침투한 것이 있을까. 인간 생활을 혁신하고 풍요롭게 한 것이 많지만 발효만큼 긴 세월 동안 광범위하게 인간을 이롭게 한 것은 그리 많지 않다. 발효는 인류의 문화와 함께 뭉근하게 숙성되어왔다.

우리 음식의 역사는 발효, 숙성 음식을 기반으로 발달했다고 해도 과언이 아니다. 인류의 역사를 들여다봐도 빵, 술, 초, 치즈, 요구르트 등 발효식품은 인간 수명과 생명력을 지켜온 중요한 식품이 되었다.

중국 북위시대 말기에 가사협이 쓴 『제민요술』에는 당시 산둥반도 사람들이 먹었던 거의 모든 음식이 망라되어 있는데, 이 책에서 소개하는 김치류와 젓갈류, 식해류를 살펴보면 우리가 지금 먹고 있는 김치와 식해 등 동아시아 발효음식의 뿌리를 찾을 수 있다.

『제민요술』에는 쌀죽을 넣어 발효시킨 곡물저(穀物菹), 술지게미에 담근 저, 초로 담근 저, 소금에 절인 저[鹽菹], 시(豉, 청국장)에 담근 저가 있는데, 이는 모두 김치류에 속한다. 곡물저 속에는 갓[芥]과 오이[瓜]를 재료로 하여 만든 '촉개함저법(蜀芥鹹菹法)'과 '촉인장과법(蜀人藏瓜法)'도 있다. 촉나라 사람들이 만들어 먹던 김치류를 소개한 것이다.

또 생선의 내장에 소금을 넣고 발효시킨 '축이(鱁鮧)'라는 동이족의 젓갈도 소개하고 있다. 이것은 채소에 소금만 넣고 발효시켜 만든 김치인 염저(鹽菹)와 맥을 같이하기 때문에, 축이와 염저 모두는 단순 소금절임이라는 면에서 한 갈래의 음식으로 보아도 무리가 없다. 우리 민족이 고대부터 먹어온 발효음식이다.

촉개함저법과 촉인장과법을 이해하기 위해서는 소금 간한 쌀밥을 생선 배 속에 넣고 발효시킨 식해를 살펴볼 필요가 있다. 『제민요술』에도 소개되고 있는 식해를 우리 민족은 언제 먹었을까. 한반도의 식해가 중국 춘추시대의 월나라에서 유래했음을 암시하는 이색의 시가 있다.

"물고기 순채는 남방 월나라를 생각게 하고, 양락(羊酪, 양젖으로 만든 일종의 치즈)은 북방 오랑캐를 생각나게 하네."

『목은집』

물고기 순채, 즉 식해는 월나라에서 한반도로 전해졌다는 이야기이다. 생선에 소금 간한 쌀밥을 넣고 발효시킨 것이 식해라면, 채소에 쌀죽과 소금을 넣고 발효시킨 것이 곡물저라는 점에서 이 둘은 맥을 같이하는 음식이다. 곡물을 넣어 발효한 이들 음식은 모두 벼농사 지대인 중국 남부에서 형성된 조리법이다. 그 중심은 촉나라의 중심 도시였던 쓰촨이다.

쓰촨에서 쌀을 넣고 발효시킨 저장음식이 유래한 것은 초(楚)나라 문화를 형성했던 훨씬 이전부터 쌀이 그곳의 주 작물이었기 때문이다. 쓰촨에서는 일찍부터 갓과 오이에 쌀죽을 넣고 발효시킨 김치를 만들어 먹었고, 이것이 '촉개함저'와 '촉인장과'이다.

고대 일본에서도 촉개함저를 먹었다. 나라시대에 쌀죽을 넣고 발효시킨 김치인 수수보리지(須須保利漬)가 그것이다. '수수보리'는 백제인을 말하는 것으로, 수수보리지란 백제인 수수보리가 전해준 김치라는 의미이기 때문에 백제인도 당시 쌀죽을 넣고 발효시킨, 촉나라에서 전래된 김치를 먹었다고 추정해볼 수 있다.

김치의 주재료인 배추, 순무는 시베리아 루트를 통하여 동북아시아로 전해졌다. 중국 문헌을 보면 순무김치는 3천 년 이상의 역사를 지닌다. 따라서 순무가 동북아시아로 전해진 시기는 3천 년도 훨씬 전일 것이다. 동북아시아의 한랭한 기후 지역에서 재배된 배추와 순무는 만주 일대의 고조선과 부여인의 식량이 되었을 것이다. 냉혹한 기후 속에서 추운 겨울을 견뎌내려면 오래 두고 먹을 저장식품이 필수적이었고, 이는 발효 · 저장 가공음식의 발달을 가져왔다. 고조선과 부여인은 조를 주식으로 삼으면서 부식으로는 배추와 순무김치를 담가 먹었는데, 이는 『제민요술』의 '염저'에 해당되며 오늘날 동치미의 전신이다.

결론적으로 말하면 한반도 동이인이 만들어 먹었던 김치는 동치미의 전신인 '염저'이고, 쓰촨의 김치는 '곡물저'이며, 중국의 김치는 '초저'이다. 황해와 가까이 살았던 동이인은 『제민요술』에 나오는 다양한 저장김치만큼이나 여러 종류의 김치문화를 보유하고 있었다. 고대시대에 황해를 둘러싼 교류는 우리가 알고 있는 것보다 훨씬 다양하고 빈번했다. 전국시대 진나라가 통일하기 전에는 적어도 한반도의 서해안과 중국의 동해안은 빈번하게 교역했다. 그 주역은 동이인이었다.

동이인은 황해 연안에 정착하여 중국 문명을 건설한 집단이면서 한편으로는 우리 한민족을 형성한 뿌리이다. 그들은 양쯔강 하구인 저장성과

장쑤성, 산둥반도, 랴오둥반도 등에 산재하여 거주했다.

한국과 중국, 일본의 동아시아 지역은 이미 고대부터 동양의 지중해 시대를 열었다. 한반도의 동해, 남해, 황해, 그리고 중국의 동중국해를 통한 무역 교류가 이루어진 것이다. 이들 해양을 매개로 전쟁과 외교, 교역과 문화 전파가 이루어졌다. 동이인은 활발한 해양 활동을 통해 중국, 동남아, 인도까지 세력 범위를 확장했다. 뛰어난 교역 능력으로 황해 전체를 활동권으로 만들며 동아시아 문화의 주체가 되기도 했다.

황해를 사이에 두고 인구 이동도 활발했는데, 서부 일본의 경우 기원전 3세기부터 기원후 7세기까지, 1천 년 동안 거주한 일본 열도의 원주민과 대륙에서 건너온 이주민의 비율이 1 대 9에서 2 대 8이었다. 고대에도 역동적인 교류와 교역이 존재했다는 증거이다.

당시 활발한 인구 이동과 문화 교류를 통해 김치문화가 형성되었고, 이것이 『제민요술』에서는 다양한 저(菹)로 나타난다. 식문화는 종적으로 전승되는 것뿐만 아니라 횡적으로 확산됨을 알 수 있는 대목이다.

우리의 장문화, 동인장

우리의 간장과 된장의 모체는, 대두(大豆)를 푹 익도록 삶아 으깨어 일정한 크기로 빚은 다음 띄우고, 띄우는 동안 곰팡이 발효가 일어나 숙성된 메주이다. 이렇게 곰팡이 발효로 숙성된 메주를 병국(餠麴)이라 한다.

이 메주는 어디에서 왔을까?

에틸알코올(ethyl alcohol)을 함유한 치취성(致醉性) 음료를 나타내는 주(酒)라는 글자는 항아리[酉]에 술[氵]을 담았다는 의미를 담고 있다. 전 세계의 많은 술은 항아리에 담겨 발효 과정을 거친다. 이것을 양주(釀酒)라 한다.

전 세계에 퍼져 있는 술은 대체로 7종류로 분류된다.

지중해를 중심으로 발달한 포도주, 서구 또는 서아시아를 중심으로 발달한 맥아주(麥芽酒, 보리 싹을 이용한 술), 몽골을 중심으로 발달한 유주(乳酒), 동아시아를 중심으로 발달한 곰팡이발효주, 아프리카와 동남아시아를 중심으로 발달한 야자액주, 멕시코를 중심으로 발달한 수액주(樹液酒), 남아메리카를 중심으로 발달했고 입으로 씹어서 만드는 술인 구요주(口嚙酒)가 전통적 술 제조의 세계 분포 양상이다.

일반적으로 술이 되는 발효는 두 종류로 나뉜다. 하나는 당을 효모 활동에 의하여 에틸알코올로 변환하는 것이고, 다른 하나는 전분 분해효소가 전분에 작용하여 당으로 가수분해한 다음 이 당을 다시 에틸알코올로 변환하는 것이다. 전분을 당으로 변환하기 위하여 인위적으로 맥아(엿기름), 곰팡이, 타액을 주입하는데, 여기에는 전분 분해효소가 함유되어 있다. 곰팡이를 대표로 하는 미생물은 성장하는 과정에서 전분 분해효소를 만들어낸다.

지금 우리가 마시고 있는 술은 바로 곰팡이를 이용해서 만든 발효주이다. 따라서 이 발효주를 완성하기 위해서는 곡물에 당화력과 알코올 발효력을 동시에 가지고 있는 곰팡이를 스타터로 하는, 흔히 누룩이라고 불리는 병국(餅麴)을 반드시 주입해야 한다.

곰팡이발효주가 언제부터 우리 식탁에 올랐는가를 밝히는 문제는 그리 간단하지 않다. 요시다 슈즈(吉田集而)는 『동아시아의 술의 기원(東アジアの酒の起源)』이라는 저서에서, 곰팡이발효주에 영향을 미친 것은 서구 또는 서아시아의 맥아주라 하였다. 그의 주장에 따르면, 서구의 맥아주

를 가장 먼저 제조하기 시작한 곳은 쌀농사를 짓는 인도로, 맥아주 제조 과정에서 도아주(稻芽酒, 벼 싹을 이용한 술)가 생겨났고, 도아주가 히말라야에 전파되어 잡곡을 사용한 곰팡이술이 유래했다. 이 술은 티베트계 사람들 사이에 퍼져나가 드디어 중국에 도달하였다.

중국의 맥아주는 기원전 4000년경에 제조되기 시작하였는데, 황허와 양쯔강 사이에 도달한 도아주는 양쯔강 유역에서 쌀과 잡곡을 이용한 곰팡이술로 정착하여 동서남북 사방으로 확산되었다. 점차 다양한 종류의 병국이 만들어지면서 밀 재배 지역인 허베이에서 밀을 거칠게 빻아 빚어 만든 병국을 사용하기에 이르렀다. 이들이 한반도와 일본에 전해졌으며, 허베이의 밀을 이용한 술누룩 병국 제조법은 곧 대두로 만든 병국 메주 제조에도 이용되기에 이르렀다는 것이다. 항아리에 밀누룩 병국을 넣고 발효시킨 곰팡이발효주와 마찬가지로 장 역시 항아리에 대두 누룩인 병국 메주를 담고 발효하는 과정을 거친다.

중국 명나라 때 이시진이 쓴 『본초강목(本草綱目)』(1509)에는 고대의 선방(仙方, 도가에서 도사들이 처방한 약방문)으로 시(豉)가 기술되어 있다. 어찌 되었든 된장과 간장의 재료인 메주 제조는 곰팡이술의 기원과 관련이 있다고 생각된다.

장은 한자로 쓰면 '醬'이다. 이를 '豉'라고도 했다. 그러나 엄밀히 분류하면 장과 시는 다르다.

시의 첫 등장은 408년에 완성된 고구려 덕흥리 고분벽화에 나타난 묘지명에서이다. "무덤을 만드는 데 1만 명의 공력이 들었다. 날마다 소와 양을 잡고 술, 고기, 흰 쌀밥을 이루 다 먹을 수가 없었다. 또 소금과 시를 한 창고 분이나 먹었다" 하였다.

당시 국가의 공사에 동원된 시는 국민이 조세로 바친 공납품이라는 설도 있다. 덕흥리 고분의 주인공은 유주자사의 벼슬을 지낸 관료 진(鎭)인데, 백성들은 자가 소비용과 함께 공납으로 바칠 시까지도 만들었음을 뜻한다. 여기에서의 시는 삶은 대두 콩에 소금을 넣지 않고 그대로 속성으로 띄운 것으로, 먹을 때 소금을 넣고 먹는다. 시는 일종의 청국장이다.

장이 처음 등장한 문헌은 『삼국사기(三國史記)』이다. 신라 신문왕이 683년 김흠운의 딸을 신부로 맞이할 때 밀장(密醬)이 납채(納采, 신랑 집에서 신부 집에 혼인을 구하는 의례) 품목에 들어 있었다. 납채 품목에는 밀장 외에 시도 포함되었다. 푹 삶아 익힌 대두를 짓찧어 일정한 크기로 빚어서(대개 주먹만 한 크기) 띄워서 말린 것을 밀조(密祖), 밀장, 말장(末醬), 훈조(燻造), 며조, 메주라 했고, 메주로 장을 만들 때 메주와 소금물의 비율에서 소금물보다 메주가 많으면 되다 하여 '된장', 메주보다 소금물이 많으면 된장에 비해 맑다 하여 청장(淸醬), 또는 음식의 간을 맞춘다 하여 간장(艮醬)이라 했다.

즉 장은 메주에 소금물을 넣어 장시간 발효시킨 것으로, 된장과 간장으로 분리되지 않은 상태이다. 이 장은 신라 신문왕 이후 점차 장 제조기술이 발달하면서 간장과 된장으로 분리되었다고 본다.

장이 먼저냐 시가 먼저냐를 따진다면 시가 장보다 이른 시기에 이 땅에 출현했다. 장은 숙성 기간이 긴 것에 비하여 시는 숙성 기간이 짧은데, 덕흥리 고분벽화의 시는 고려시대에도 꾸준히 등장하여 현종 9년(1018)과 문종 6년(1052)에 굶주리는 백성들에게 시를 내렸음을 『고려사(高麗史)』는 기술하고 있다.

시는 조선 후기 사회가 되자 '전국장', '청국장', '전국시'라는 명칭으로 등장한다. 헌종(재위 1834~1849) 때 중국과 우리나라 등의 천문, 지리, 풍속, 관작, 궁실, 음식, 금수 등을 기록하고, 의심되거나 잘못된 것을 고증하고 해설한, 이규경이 쓴 『오주연문장전산고(五洲衍文長箋散稿)』에는 전국시에 대해 다음과 같이 기술하였다.

"하룻밤 사이에 만드는데, 나라에 전쟁이 나서 군사를 출동시킬 때 쉽게 만들어 먹을 수 있어 전국장이라 했다."

전쟁과 같은 유사시에 이용하기 쉬운 속성 장이기 때문에 전국시(戰國豉)라 했다는 것이다.

콩을 중국에서는 처음에 숙(菽)이라 했다. 기원 전후부터 콩의 꼬투리 열매가 제기(祭器, 굽다리그릇) 모양과 같다 하여 굽다리그릇 '豆'를 붙여 콩의 의미로 삼았다.

기원전, 대두는 만주 일대에서 상식했던 듯하다. 한(漢)나라의 유향이 중국 전국시대에 종횡가(縱橫家, 전국시대에 외교 분야에서 활약한 제자백가를 말함) 제후에게 논한 책략을 나라별로 모아 편찬한 『전국책(戰國策)』에는 중국 북서부 산시성에 자리 잡은 한(韓)나라는 가난하여 국민들은 보리도 생산되지 않아 콩만 먹고 살며, 명아주와 콩잎으로 국을 끓여 먹는 살림살이라고 기술했다.

콩이 만주 일대에서 재배되고 있었음을 밝힌 또 다른 자료로는 공자가 편찬한 『시경(詩經)』이 있다. 콩은 이 책에서 '숙'으로 등장하는데, 제나라의 환공이 만주 남부인 산융(山戎)을 정복하여 콩을 가져와서 융숙(戎菽)이라 이름 붙였다 하였다.

만주는 우리 민족인 동이족이 살던 곳이다. 고조선 이후 콩과 매우 밀접한 생활을 한 탓인지 우리나라의 장은 백 퍼센트 콩장, 즉 두장(豆醬)이다. 홍만선은 1715년에 지은 『산림경제(山林經濟)』에서 이를 '동인장(東

人醬)', '동국장(東國醬)'이라 했다.

우리의 장과는 달리 중국 장은 육장(肉醬)이다. 우리나라에서 전해져 발달한 일본 장은 대두를 삶아서 볶은 밀가루와 합하여 병국을 만들고, 여기에 소금물을 넣어 약 100일 동안 숙성시킨 것이다.

그러니까 동아시아에서 콩만을 가지고 메주를 만드는 곳은 우리나라밖에 없다. 우리는 장 만드는 것을 침장(沈醬)이라 하고, 겨울에 김장김치 담그는 것을 침저(沈菹)라 했는데, '하침동저 인가일년지계(夏沈冬菹 人家一年之計)'라 하여 여름에 침장을 하고 겨울에 김장 담그는 것을 집안의 연간 계획으로 삼았다.

음력 10월이나 11월에 대두를 반날(12시간) 동안 물에 흠씬 불려 건져서 시루에 담아 불에 올린 다음 역시 반날 동안 찐다. 뜨거운 상태에서 절구에 쏟아 넣고 곱게 찧어서 주먹만 한 크기로 뭉치는데 가운데에는 손가락으로 구멍을 낸다. 이것을 띄워 메주를 만들고 음력 정월에 항아리에 메주를 담아 소금물을 붓는다. 대략 40일 정도 지나면 장을 갈라서 간장을 달일 수 있지만 100일 정도의 숙성 기간을 갖는다.

만일 그 집안의 장맛이 좋지 못하면 반찬이 맛이 없으므로 장 담글 때에는 여러 가지 금기 사항이 많았다. 1815년에 빙허각이씨가 지은 『규합총서(閨閤叢書)』에는 장 담근 지 세이레(21일) 안에는 초상난 집과 왕래하지 말고, 아기 낳은 집과 월경하는 여인과 낯선 잡인을 가까이 들이지 말도록 하며, 신일(辛日)에는 장을 담그지 말라 했다. 그만큼 장을 정성스럽게 담갔다.

고추장은 고초장(苦椒醬), 남초장(南椒醬), 만초장(蠻椒醬)이라고도 한다. 허균은 1611년에 지은 『도문대작(屠門大嚼)』에서 황주(황해도)에서 만드는 초시(椒豉)가 가장 좋다 했다. 이 당시의 초는 산초(山椒)를 가리키므로 시에 산초를 넣어 만든 장이 초시이다.

한편 만초장이란 오랑캐의 장이란 뜻이니까 고초, 남초, 만초는 고추를 지칭하여 고추가 오랑캐로부터 전해진 초란 의미를 지닌다. 고추장의 전 단계를 초시로 본다면 고추가 전해지기 전에는 시에 산초를 넣어 만들던 것이 고추가 유입된 후 산초 대신에 고추가 들어가 고초장, 남초장, 만초장이란 명칭 변화가 일어나지 않았는가 한다.

1614년 이수광은 『지봉유설(芝峯類說)』에서 "고추는 독이 많고 처음에 일본에서 왔으며, 이로 인하여 왜개자(倭芥子)라 한다. 지금은 왕왕 이것을 심고……"라 했다.

1750년을 전후하여 나온 『수문사설(謏聞事說)』에는 '순창고추장법'이 기록되어 있으니 『지봉유설』 이후 100년이 지난 후 조선사회는 고춧가루를 이용하여 전국적으로 고추장을 담가 먹고 있을 정도로 고추가 널리 보급되어 있었다. 그런데 『수문사설』의 고추장은 지금의 고추장과는 사뭇 다르다. 메줏가루 양이 월등히 많다. 메줏가루를 많이 넣고 만드는 고추장법은 당시의 흐름이었던 듯하다.

유중림이 지은 『증보산림경제(增補山林經濟)』에는 메줏가루 1말에 고춧가루 3홉과 찹쌀가루 1되를 넣어 고추장을 만들어서 청장으로 간을 맞추는 고추장 만드는 법이 나와 있다. 오늘날과 같은 형태의 고추장이 나온 역사는 100년도 채 되지 않는다.

음복문화에서 발달한 떡과 한과문화

신을 위한 음식, 떡

떡의 재료는 잘 알려진 바와 같이 멥쌀과 찹쌀이다. 약 4천 년 전의 것으로 보이는, 강화도에서 발견된 볍씨 자국이 있는 토기와 경기도에서 발견된 볍씨는 당시 벼가 재배되었음을 알려준다. 화전으로 일군 산에서 계단식으로 재배한 밭벼이다.

밭벼가 수확되었던 청동기시대는 좁쌀 재배를 주력으로 하면서 서서히 벼 재배가 부상해가는 시기였다. 벼 수확에는 밭벼뿐만이 아니고 천수답에서의 논벼도 있었을 것이다. 백제 다루왕 6년(33) 이후는 권력자와 도작(논벼)농업이 연계됨에 따라 쌀 재배가 경제의 원천이 되었고, 쌀은 소금과 더불어 부의 핵심이었다.

논벼가 생산되기 훨씬 전 밭벼가 벼의 중심이 되었던 청동기 시절, 탈곡을 거쳐 조리된 쌀밥은 귀하게 대접받았다. 중국의 경우이지만 약 3천 년 전 문헌인 『의례(儀禮)』의 「공식대부례(公食大夫禮)」에 따르면, 쌀밥이 손님 접대의 가찬이 되기도 했다.

쌀밥이 특별식이 되는 사회라면 쌀로 만든 떡은 당연히 신찬(神饌)이 된다. 각지 수장은 권위 계승을 위한 의례적 상징음식으로 절구와 절굿공이를 이용하여 벼를 탈곡한 후에 시루에 안치고 수증기로 쪄서 신에게 떡을 바쳤다. 처음에는 찐밥[蒸飯]에서 출발하여 점차 떡으로 변모하였다. 떡은 제사를 올릴 때 빠질 수 없는 귀한 공물이었다. 제사가 끝난 후에는 신으로부터 복을 받기 위해 제장(祭場)에 모인 사람들이 나누어 먹었다. 이 공식(共食)을 '음복(飮福)'이라 했다.

백제 사회에서 논농사는 국가 차원에서 관리한 기초 산업이었고, 쌀은 부의 원동력이 되었다. 다산성(多産性) 그리고 풍부한 영양과 탁월한 맛을 지닌 쌀은 사회 조직을 변화시켰다.

풍작 시에는 벼를 저장하여 흉작에 대비하고, 또 흉작을 예방하기 위해서 다양한 방법이 동원되었다. 그중 하나가 제사였다. 뿌리의 재생을 비롯하여 벼의 풍양(豊穰)을 연상시키는 뿔 때문에 사슴은 신록(神鹿)으로 취급되었다. 희생수로 삼기 위한 신록 사냥이 중요한 행사 중 하나였다. 그리고 이것으로 벼의 풍작을 위하여 제사 올릴 때 찐밥과 떡은 청동기시대와 마찬가지로 당연히 제사음식이 되었을 것이다.

쌀이 떡이 되기 위해서는 제분기술이 필수적이다. 중국의 경우 한대(漢代, BC 206~AD 8)에 맷돌이 이미 널리 보급되어 있었다. 진대(秦代, BC 249~207)와 한대에 제분기술과 함께 불가분의 관계에서 발달한 견직물인 사(絲)로 만든 깁체와 더불어, 맷돌은 한대 상류계급의 전용물이었다.

맷돌과 체는 한사군을 설치하는 등의 국제관계로 이미 고구려와 백제 전기에 낙랑을 통하여 유입되었을 것이다. 그러나 절구와 절굿공이도 청동기시대 이후 여전히 곡물 제분에 이용되고 있었다. 맷돌을 이용하든 절구와 절굿공이를 이용하든 습식제분이다. 습식제분한 쌀가루를 시루에 담아 찌면 시루떡이 되고, 찐 떡을 다시 떡메로 치면 절편과 가래떡이 되고, 제분하지 않은 찹쌀을 쪄서 떡메로 치면 찹쌀떡이 된다.

4천 년 전 보리와 밀이 중국으로 전래되고, 전국시대(BC 403~221)에 밀가루 제조기술과 함께 맷돌이 전래되면서, 전한(前漢)시대에는 맷돌을 이용하여 만든 밀가루가 각광을 받았다. 밀가루를 면(麵)이라 하였다. 그리고 밀가루를 반죽하여 편편하게 원판상으로 만든 음식을 병(餠)이라 하였다. 한대에는 이미 탕병(湯餠, 일종의 만둣국)과 주수병(酒溲餠, 밀가루에 술을 넣고 반죽한 일종의 발효 찐만두), 삭병(索餠, 국수)을 만들어 먹었다.

소병(燒餠, 둥글게 빚어 구운 것), 전병(煎餠, 튀기거나 지진 것), 락병(烙餠, 직화구이 병), 함병(餡餠)과 수병(溲餠) 등 끓인 것, 구운 것, 찐 것 모두를 병이라 했다. 병류는 한대에 다양한 명칭이 등장할 정도로 급속히 발전한다.

밀가루 외에 쌀, 조, 기장, 콩 등을 가루로 만들어 제품화한 것을 이(餌)라 하였다. 한대에 지어진 『방언(方言)』을 보면 이에는 고(糕)와 자(餈)가 있다. 곡물가루를 커다란 상태로 찐 것이 고(餻, 糕), 작고 둥글게 찐 것이 원(䬼), 원 속에 소를 넣은 것이 단(団), 쌀을 그대로 쪄서 절구에 담아 친 것이 자(餈)이다.

초기 철기시대(고구려, 백제, 신라의 건국 초기)에 한사군으로부터든 중국으로부터든, 밀가루로 만든 병과, 밀가루 이외의 곡물가루로 만든 이가 전래되었을 것이다. 밀은 적은 양만이 산출되었으므로 중국에서 수입하지 않으면 안 될 정도로 귀한 곡물이었다. 밀가루는 너무도 귀해 조선왕조 말까지도 '진말(眞末)'이라 했다. 그래서 밀가루제품을 지칭하는 '병'이란 한자어만을 채택하여 밀 이외의 곡물로 만든 떡에 '병'을 붙였다.

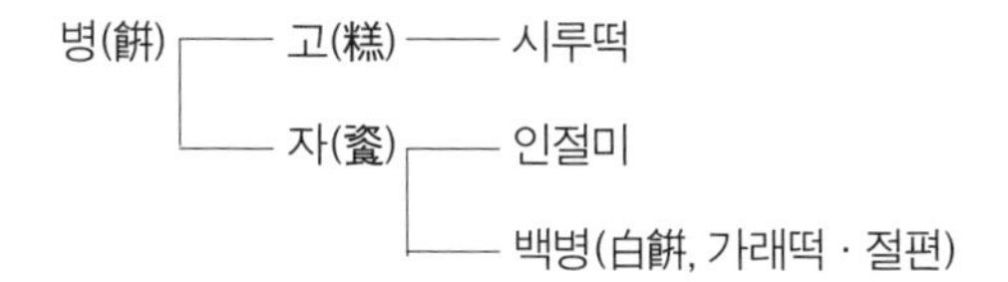

한대에는 구이(糗餌), 분자(粉餈), 거녀(粔籹)를 만들어 먹었다. 구이는 멥쌀가루를 쪄서 떡메로 친 다음 경단과 같이 만들어 콩가루를 입힌 것이고, 분자는 찐 찹쌀밥을 절구에 담아 찧어 평평하게 하고는 방형으로 잘라 콩가루를 입힌 것이다. 거녀는 찹쌀가루를 물과 꿀로 반죽하여 8치 정도의 길이로 비틀어 기름에 튀겨낸 것이다. 한대의 구이가 한반도에서는 가래떡과 절편으로 발전했고, 한대의 분자는 한반도에서 인절미가 되었다.

『삼국사기』의 유리니사금(신라의 3대 왕) 원년 기록에는 다음과 같은 구절이 있다.

儒理尼師今

初南解薨儒理當立以大輔脫解素有德望推讓其位脫解曰 "神器大寶非庸人所堪吳聞聖智人多齒試以餠噬之"

"떡을 깨물어 잇자국으로 치아의 수를 헤아려 유리가 왕위에 올랐다"는 내용이다. 이때의 떡은 인절미 또는 절편류라는 해석이 가능하다. 완성된 인절미는 서로 들러붙는 것을 방지하기 위해서 고물이 반드시 필요한데, 분자와 마찬가지로 재료는 백제 기루왕 23년(99)의 "운상추숙(隕霜秋菽, '한여름에 서리가 내려 콩이 죽었다'는 뜻의 『삼국사기』 기록)"에서 나타나듯이 지대한 관심 속에 등장하는 콩이었을 것이다.

유리가 깨물어 왕이 되게끔 한 떡은 신께 바친 공물이다. 제사 후 신령이 깃든 떡으로 승부를 겨룬 셈이다.

고구려와 백제는 잘 알려진 바와 같이 부여의 한 갈래이다. 부여는 퉁구스의 한 종족으로 중국 전국시대부터 남만주에서 살아오다가 세워진 나라이다. 탁리 지방에서 온 동명성왕이 건국하여 지금으로부터 3200년 전부터 2200년 전까지 약 1천 년 동안 존속했다. 지금의 창춘(長春) 북쪽 눙안(農安) 부근이 중심지였고, 국력이 강해지면서 중부 만주 평지를 영유하기도 했다. 철기문명을 받아들이고 은력(殷曆)을 사용했으며, 농경생활이 중심이었다.

은력이란 바로 음양력(陰陽曆)이다. 인월(寅月, 1월)을 세워 세수(歲首)로 하는 1년의 길이를 365$\frac{1}{4}$일로 한 역법의 하나이다. 현재 음력의 기초다.

부여의 한 갈래였던 백제 역시 은력을 사용하였다. 사중월(四仲月, 2월, 5월, 8월, 11월)에 왕은 하늘[天]과 오제(五帝)의 신에게 제사하였다. 춘분, 하지, 추분, 동지가 있는 달인데, 이러한 세시(歲時)의 출현은 벼 재배의 반복된 학습 결과에서 나온 제사의례의 산물이다.

벼의 주요한 재배 과정에서 행해지는 일련의 의례는 벼의 생육과 풍작 기원, 수확에 대한 감사 등을 목적으로 한다. 생업의 번성을 기원하는 강화의례(强化儀禮)이다. 벼의 의인화 및 죽음과 재생의 관념이 중요한 동기이다. 땅에 뿌린 씨앗이 발아, 생육하여 드디어 많은 열매를 맺고 사멸해가는 과정을 관찰함으로써, 벼에도 영혼과 정령이 머물러 있고, 그것이 해마다 죽어서 되살아난다는 의식에서 나왔다.

논을 만들고, 씻나락을 담그고, 묘판을 만들며, 씻나락을 뿌리는 시기는 음력 2월, 3월, 4월에 해당한다. 2월에는 중춘제(仲春祭, 춘분제), 3월에는 한식제, 4월에는 맹하제(孟夏祭)를 올려 파종한 벼의 무사생장을 빈다. 파종의례(播種儀禮)이다.

모내기를 하고 잡초를 제거하는 시기는 음력 5월, 6월, 7월에 해당한다. 5월에는 중하제(仲夏祭, 단오제, 하지제), 6월에는 계하제(季夏祭, 유두제), 7월에는 맹추제(孟秋祭, 입추제)를 올려 벼의 무사성장을 빈다. 성장의례(成長儀禮)이다. 이 시기에는 비가 너무 많이 와도 문제이고, 비가 너무 적게 와도 걱정이기 때문에 기청제(祈晴祭)와 기우제(祈雨祭)가 주목적이다.

벼를 베고 하늘에 벼 수확을 감사하며, 다음 해 수확을 위한 볍씨를 저장하고, 쌀로 저장음식을 만드는 시기는 음력 8월, 9월, 10월에 해당한다. 8월에는 중추제(仲秋祭, 추분제), 9월에는 계추제(季秋祭), 10월에는 맹동제(孟冬祭)를 올려 하늘에 수확에 대한 감사를 드린다. 수확의례(收穫儀禮)이다.

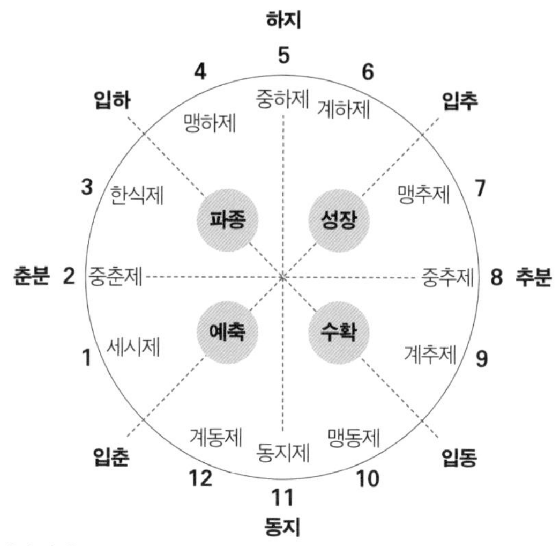

〈그림 1〉 벼농사와 의례

앞으로의 농사가 잘될 것이라고 기대하면서 음력 11월, 12월, 1월을 맞는다. 11월에는 동지제, 12월에는 계동제(季冬祭, 납향제), 1월에는 세시제(歲時祭)를 올려 미래에 수확될 벼 생산을 기대한다. 예축의례(豫祝儀禮)이다. 1월에는 1월 보름까지 연장하여 긴 예축 기간을 갖는다.

현재까지도 이어지는 세시와 절식 음식은 이와 같은 벼의 파종, 성장, 수확, 예축의 반복된 의례를 통하여 생겨났다. 각 제례에서는 쌀을 이용하여 만든 떡이 주인공이 되어 신께 바쳐지고, 그 떡은 음복을 통하여 나누어 먹고 복을 받는다. 그 복은 다음 해의 쌀 수확 풍작으로 이어지게 된다는 것이다.

밭벼와 논벼를 포함한 본격적인 벼 재배의 역사를 적게 잡는다 해도 근 3천 년이 된다. 따라서 떡을 중심으로 한 세시음식을 먹은 역사 또한 3천 년 정도 될 것이다. 시대가 흐르면서 종교 의례의 영향으로 떡은 그 형태와 만드는 법이 지속적으로 발달하게 된다.

앞서도 언급하였지만 백제, 신라, 고구려의 떡은 시루떡, 인절미, 절편류였을 것이다. 이들 떡은 제사 때마다 정성스럽게 만들어 신께 올리고 제사 지낸 후에는 음복을 통하여 그 제장에 모인 모든 사람들이 복을 받는 구조였다. 고대사회에 신은 항상 사람들의 생활 가까이 존재하였다. 세시제, 중춘제, 한식제, 맹하제, 단오제, 계하제, 맹추제, 중추제, 계추제, 맹동제, 동지제, 납향제 외에도 사람들의 평생의례인 관혼상제 혹은 생일잔치와 같은 모임 연회가 있을 때 주인공의 만수무강과 복을 위해서, 주인공을 보살펴주시는 신에게 먼저 음식 대접을 한 다음 연회를 시작했다. 즉 어떤 종류의 연회이든, 그 연회의 주인공을 보살펴주시는 신을 위한 음식상을 마련하여 신께 대접하고, 음복을 통하여 주인공과 연회장에 모인 사람들이 복을 받았다. 이때 신께 바치는 가장 중요한 음식은 물론 떡이었다.

고구려 안악 3호 고분벽화(357)를 보면, 완전히 독립되어 있는 부엌 공간에 부뚜막이 있고 부뚜막 위에는 커다란 시루가 놓여 있다. 오른편에는 시루에서 막 꺼낸 몇 층의 원형 시루떡이 네모난 밥상에 고임 형태로 놓여 있다. 시루떡 등을 만들기 위하여 곡물을 도정, 제분할 수 있는 커다란 방앗간도 그려져 있다. 의례를 위한 시루떡 제조 과정의 단면을 보여준다.

시루떡은 설병(舌餠)이라는 이름으로 상류층에서 통용되었다. 『삼국유사(三國遺事)』에는 효소왕 때 설병 1그릇과 술 1항아리를 갖고 사람을 찾아 나선다는 내용이 있다. 설병은 바로 시루떡이다.

25세에 양나라의 왕부기실(王府記室)과 서기관을 겸하고 이후 30년 가까이 양과 긴밀한 관계를 유지했던 종름이 쓴 남조의 세시풍속인 『형초세시기(荊楚歲時記)』에는 음력 3월 3일에 용설반(龍舌粄)을 만들어 먹는다는 기록이 있다. 용설반은 쌀가루에 꿀을 섞어 만든 시루떡인 설미병(屑

〈그림 2〉 고구려 안악 3호 고분벽화

米餠)이다. 설(屑)은 '가루 설'인데 설(舌) 또한 세(細)라는 의미로 썼기에 '가루 설'로 해석해야 한다.

시루떡은 과일과 꿀을 섞어 쪄야만 맛이 있다. 발해 또한 시루떡이 대세였던 듯, 김육불이 쓴 『발해국지장편(渤海國志長編)』(1935)에는 "발해에서는 쌀가루에 배와 포도를 넣고 시루떡을 만드는데, 모양과 맛이 뛰어났다"고 했다.

불교의 떡과 한과

한반도에 불교가 전래된 시기는 각각 고구려 소수림왕 2년(372), 백제 침류왕 1년(384), 신라 법흥왕 15년(528)의 일이다.

중국의 경우 불교의 살생금지 사상을 적극적으로 받아들인 시기는 남조 양나라 때의 일이다. 양무제(梁武帝, 재위 502~549)는 재위 50년 동안 해외로 널리 교제하여 국력을 과시했는데, 그의 재능은 남조의 모든 왕들을 통틀어 최고였다. 그러나 불교의식에 대한 과도한 낭비가 망국의 원인 가운데 하나가 될 정도로 그는 불교에 심취하였다. 무제는 『반야경(般若經)』과 『열반경(涅槃經)』 등을 강의하고 『어주대품반야경(御注大品般若經)』을 저술할 정도로 독실한 불교신자였다.

재위 10년에 주육(酒肉)을 금하는 법령을 공포하여, 동물 희생을 막기 위해 시의(侍醫)가 만드는 약마저 동물성 재료를 금하였다. 재위 16년에는 선조 묘에 제사 지낼 때 희생수 대신 밀가루, 과일, 채소만을 사용하여 만든 소선을 쓰도록 명령하였다. 100미(味)와 오과(五果)를 갖추어 분(盆, 그릇)에 담되 화식(華飾, 아름답게 꾸밈)하고 전채(剪綵, 비단을 오림)하여 아주 아름다운 상차림을 마련하도록 해서 불교의식인 우란분재(盂蘭盆齋)와 팔관재회(八關齋會)를 공개적으로 거행하였다.

양무제와 가장 긴밀한 관계를 맺은 왕은 백제의 무령왕과 성왕이다. 백제의 사문 발정(發正)은 양무제 때 양으로 건너가 사장(師匠)을 찾아 도를 배우고 30년 동안 양나라에 머물면서 『화엄경(華嚴經)』과 『법화경(法華經)』을 강송하였다. 양무제는 무령왕 21년 12월에 무령왕에게 '便持節都督百濟諸軍事寧東大將軍(편지절도독백제제군사령동대장군)'이라는 작호를 준다. 같은 해 신라 왕 모진은 처음으로 양나라에 사신을 파견하여 방물을 봉헌하였다. 이때 백제 사신이 수행하였다. 이후 신라는 진흥왕 33년 국가적 차원에서 팔관회(八關會)를 열게 된다.

성왕은 재위 19년에 양나라에 사신을 보내 『시경』의 전문가인 모시박사(毛詩博士)와 『열반경』에 밝은 승려, 공장(工匠), 화사(畫師), 강례박사(講禮博士) 등을 보내달라고 청했고, 양무제는 이에 응하여 예학으로 이름이 높던 육허 등을 백제에 파견한다.

이후 법왕은 재위 원년, 전국에 영을 내려 살생을 금하였다. 민가에서 키우던 닭 등의 조류를 놓아주도록 하고 수렵도구도 불태우게 하였다. 살생 금지, 자비 실천을 최고의 덕목으로 삼은 것이다.

불교가 전래된 이후 벌어진 일련의 사건들은 이 땅에 어떻게 소선음식이 전개되고 정착되었는가에 대한 이해를 돕는다. 양나라로부터 전래된 우란분재나 팔관회에서는 불교의 살생을 금하는 교리에 따라 상을 차릴 때 물론 소선으로 100미를 만들어 그릇에 담고, 양나라에서 했던 것처럼 전채하여 상화(床花)를 만들어서 100미에 아름답게 장식한 후 진설하였을 것이다.

통일신라시대가 되자 선종(禪宗)이 확산되고, 이러한 선종사회에서 끽다와 과자(果子)를 즐기는 풍습이 생겨난다. 이 사회적 분위기는 그대로 고려왕조로 이어졌다.

'菓子'는 '果子' 또는 '造果(조과)'라고도 쓰여, 인위적으로 만든 과일 이외에 각종 과일과 과일의 씨를 포괄적으로 포함한다. 그러니까 끽다에서 함께 먹는 과자는 인위적으로 만든 과일인 떡과 각종 유밀과도 포함된다.

한과(韓果)의 특징은 쌀가루, 밀가루, 참기름, 꿀, 생강, 후추, 계핏가루, 조청, 지초, 치자, 감태, 신감초, 석이버섯 등 식물성 재료와 천연 재료를 사용하여 단맛의 강도가 깊으면서도 은은하고 부드럽다. 한과가 이렇게 발전하게 된 배경에는 앞서 우란분재에서 언급한 화식과 전채의 영향을 받은 바 크다. 소선음식의 대표가 되어 불교 1천 년 역사와 함께 꾸준히 발전해온 것이다.

쌀가루로 만든 조과에 속하는 떡은 청동기시대 이후 꾸준히 발전하여, 불교 유입과 더불어 발전에 더욱더 박차를 가하게 되지만, 밀가루로 만든 조과인 한과는 당나라 문화의 유입과 더불어 주로 통일신라시대 이후 한반도로 전해졌다. 당은 618년부터 907년까지 존속한 나라이다. 백제는 663년에, 고구려는 668년에 멸망하였고, 668년부터 935년까지가 통일신라시대이다. 백제, 고구려, 신라 모두 당나라 문화의 영향을 받았지만, 신라는 약 300년 동안 당나라의 지속적 영향 아래 있었다.

당나라시대에는 철산업이 급격히 발전하면서 조리용 철냄비가 보급되었다. 이에 따라 각종 튀김 음식이 발달하는데, 그중에서 당과자(唐菓子)는 밀가루에 꿀과 물을 넣고 반죽하여 다양한 모양을 빚고 기름에 튀겨낸 것이다.

매자(梅子), 도자(桃子), 알호(餲餬), 계심(桂心), 점제(黏臍), 퇴자(䭔

子), 필라(饆饠), 단희(團喜) 등 당과자 8종

부주(餢飳), 환병(糫餅), 결과(結果), 엽두(捻頭), 삭병(索餅), 분숙(粉熟), 혼돈(餛飩), 담모(餤膜), 박탁(餺飥), 어형(魚形), 춘병(椿餅), 병향(餅餉), 거녀(粔籹), 전병(煎餅) 등 과병(果餅) 14종

위의 과자 중 거녀는 한대의 거녀와는 다르다. 재료가 찹쌀가루에서 밀가루로 바뀌었다. 이들 당과자 중 몇 개는 한반도에 전해져 유밀과가 되었다. 유(油, 참기름)와 밀(蜜, 꿀)을 재료로 해서 만든 과자라는 뜻이다.

한과, 다식, 정과(正果)가 포함되는 유밀과는 고려사회에서 상당히 사치한 식품에 속하여, 고려왕실조차도 유밀을 필요만큼 쓰지 못하였다. 이에 따라 유밀과도 마음대로 먹지 못하였다.

의종(毅宗)

11년(1157) 10월, 대부시(大府寺)에서 유밀(油蜜)이 떨어졌으므로 여러 사원(절)에서 유밀을 구하여 초(醮)와 재(齋)에 사용하다.

13년(1159) 3월, 왕이 현화사에 납시었을 때 동서 양원의 승(僧)이 각각 다정(茶亭)을 설치하여 왕을 영접하다.

고종(高宗)

12년(1225) 정월, 연등회와 팔관회 때 유밀과상(油蜜果床)을 복(復)하다.

충렬왕(忠烈王)

8년(1272) 9월, 유밀과를 금하다.

22년(1296) 11월, 연회에서 유밀과를 사용하다.

34년(1308) 9월, 백관이 왕의 탄생일을 축하하여 다과(茶果)를 전의

사에 헌하다.

공민왕(恭愍王)

2년(1353) 8월, 공(公) 사(私)의 유밀과 사용을 금하다.

궁중에 유밀이 없어서 왕실이 사찰에서 유밀을 구했다는 것은, 사찰에서 유와 밀을 항상 비축했음을 뜻한다. 절에서 재를 올릴 때 유와 밀을 재료로 해서 만든 유밀과가 필수품이었다는 뜻이다. 다공양(茶供養)에서는 다(茶)와 과(果)가 반드시 한 조로 올라간다. 다과(茶果)란 끽다와 과자를 한 조로 해서 먹는 선종사회에서 나온 말이기도 하지만, 불교에서 부처님께 다공양을 올릴 때 차와 과자(조과)가 한 조로 올려지기 때문에 나온 말이기도 하다.

의종 13년, 절에서 다정(茶亭)을 설치한 것은 왕에게 다과를 대접할 목적이었다. 이렇듯 다정을 설치하여 유밀과상을 차려서 연등회, 팔관회, 탄생연 등과 같은 국가적 차원의 연향은 물론 귀족들도 연회를 베풀었으므로 유밀이 고갈하여, 국가는 유밀과를 금하기도 하고 허락하기도 하는 등의 반복을 거듭하였다. 공사(公私)의 각종 연회와 사찰에서 공양을 올릴 때 차려진 유밀과는 신에게 올렸다가 그 자리에 모인 사람들에게 음복을 통하여 나누어 먹임으로써 복을 받게 하였다. 다시 말하면 연회상에서 유밀과가 가장 중요한 핵심 소선이었음을 『고려사』는 말해준다.

이렇게 된 것은 선종사회의 다공양이 고려왕실의 연향의례에서 채택되었기 때문이다. 그래서 고려왕실의 연향을 '다연(茶宴)'이라 한다. 통일을 완성한 고려왕실은 제석세계[帝釋世界, 도리천(忉利天)의 수미산정]를 이 땅 위에 실현코자 하였다. 그것은 곧 태조의 신앙심으로 이어졌다.

왕은 천사(天使)라는 중간자를 내세워 제석궁과 궁중 사이를 통하는 자격을 부여받은 살아 있는 제석(帝釋)이었다. 왕의 이승이 궁중이라면 왕의 저승은 제석천의 선견성(善見城)이다. 고려 왕이 거처하고 있는 궁전은 현실의 제석궁으로 왕은 곧 제석이었다. 궁중에서 행해지는 연향은 왕을 둘러싼 불교적 의례와 다름이 없었으며 이것이 다연이다. 사찰에서 부처님께 행하는 공양을 다공양이라 하는데, 이 다공양을 궁중에서 행할 때는 다연이 되는 셈이다.

고려왕실의 연향은 왕을 중심으로 하여 전개된 도리천 세계의 표현이다. 부처님께 다과를 공양하듯 살아 있는 부처인 제석(왕)에게 다과를 올린다. 궁중의 어떠한 대소 연회이든 차[茶]와 과[油蜜果]는 연회음식의 가장 핵심이 되었다. 소선의 핵심인 조과를 다양하고 아름답게 상에 차리고 이를 '유밀과상'이라 했다.

유밀과의 발전과 더불어 떡의 발전도 상대적으로 이루어졌다. 유밀과만으로 상을 채우기에는 유밀과의 값이 너무 비쌌으므로 그 자리를 채운 것이 또 다른 조과인 떡이었다. 고려시대에 화려하게 발전한 과자(果子, 유밀과와 떡)문화를 조선왕조는 고스란히 속례로서 받아들여 계승하였다. 조선왕조에서 보여주는 다양한 종류의 떡과 유밀과 문화의 배경에는 불교 1천 년의 문화가 근간이 되었음을 간과해서는 안 된다.

조선왕실의 떡과 한과

조선시대에 다양한 떡과 한과는 상차림에서 빼놓을 수 없는 찬품이었다. 조선왕조의 각종 연향과 제례, 가례에서 떡과 한과는 구색을 맞추어 화려하게 장식되었다. 어떤 떡과 한과가 배치되었는지 살펴보자.

가례(嘉禮, 혼례)의 떡과 한과

산삼병	찹쌀 · 산삼 · 꿀 · 참기름
송고병	찹쌀 · 송기 · 꿀 · 참기름
자박병	찹쌀 · 콩 · 꿀 · 참기름
구이병	멥쌀 · 콩가루
분자병	찹쌀 · 콩가루
삼식병	찹쌀 · 멥쌀 · 소고기 · 양고기 · 돼지고기 · 참기름
이식병	멥쌀 · 청주
백병	멥쌀
흑병	수수
유병	찹쌀 · 참기름
자박병	찹쌀 · 콩 · 꿀 · 참기름
두단병	찹쌀 · 콩 · 잣 · 꿀
절병	멥쌀 · 참기름
상화병	밀가루 · 콩 · 꿀 · 술 · 잣
당고병	밀가루 · 술
보시병	멥쌀
유사병	찹쌀 · 참기름 · 밀가루 · 꿀
경단병	찹쌀 · 꿀 · 콩 · 잣
송고병	찹쌀 · 송기 · 꿀 · 참기름 · 잣
산삼병	찹쌀 · 산삼 · 꿀 · 참기름 · 잣
병자병	녹두 · 생강 · 후춧가루 · 참기름
병시	밀가루 · 돼지고기 · 간장
병시	밀가루 · 두부 · 간장
중박계	밀가루 · 꿀 · 참기름
홍산자	밀가루 · 꿀 · 참기름 · 사분백미 · 지초
백산자	밀가루 · 꿀 · 참기름 · 사분백미
홍마조	밀가루 · 꿀 · 참기름 · 사분백미 · 지초
유사마조	밀가루 · 꿀 · 참기름 · 유사상말
송고마조	찹쌀 · 송기 · 꿀 · 참기름 · 사분백미
율미자아	찹쌀 · 밤 · 꿀
적미자아	밀가루 · 꿀 · 참기름

유사미자아 밀가루 · 찹쌀 · 꿀 · 참기름 · 사분백미
송고미자아 찹쌀 · 송기 · 꿀 · 참기름 · 사분백미
백미자아 밀가루 · 꿀 · 참기름
운빙 밀가루 · 꿀 · 참기름
홍망구소 밀가루 · 꿀 · 참기름 · 지초 · 사분백미
유사망구소 밀가루 · 꿀 · 참기름 · 유사상말
백다식 밀가루 · 꿀 · 참기름
전단병 밀가루 · 꿀 · 참기름
대약과 밀가루 · 꿀 · 참기름
행인과 밀가루 · 꿀 · 참기름 · 백당
양면과 밀가루 · 꿀 · 참기름 · 사탕 · 계핏가루 · 후춧가루 · 잣
홍요화 찹쌀 · 참기름 · 사분백미 · 지초 · 흑당
백요화 찹쌀 · 참기름 · 사분백미 · 흑당
약과 밀가루 · 꿀 · 참기름
천문동정과 천문동 · 꿀
동과정과 동과 · 꿀
생강정과 생강 · 꿀
연근정과 연근 · 꿀
길경정과 도라지 · 꿀
모과정과 모과 · 꿀
산사정과 산사 · 꿀
고현정과 고현 · 꿀
전은정과 밀가루 · 꿀 · 참기름

제례(祭禮)의 떡과 한과

분자병 찹쌀 · 콩가루
삼식병 찹쌀 · 멥쌀 · 소고기 · 양고기 · 돼지고기 · 참기름
이식병 멥쌀 · 청주
백병 멥쌀
흑병 수수
유병 찹쌀 · 참기름
자박병 찹쌀 · 콩 · 꿀 · 참기름

두단병	찹쌀 · 콩 · 잣 · 꿀
절병	멥쌀 · 참기름
상화병	밀가루 · 콩 · 꿀 · 술 · 잣
당고병	밀가루 · 술
보시병	멥쌀
유사병	찹쌀 · 참기름 · 밀가루 · 꿀
경단병	찹쌀 · 꿀 · 콩 · 잣
송고병	찹쌀 · 송기 · 꿀 · 참기름 · 잣
산삼병	찹쌀 · 산삼 · 꿀 · 참기름 · 잣
병자병	녹두 · 생강 · 후춧가루 · 참기름
병시	밀가루 · 돼지고기 · 간장
병시	밀가루 · 두부 · 간장
중박계	밀가루 · 꿀 · 참기름
소박계	밀가루 · 꿀 · 참기름
백산자	밀가루 · 흑당 · 참기름 · 건반
홍산자	밀가루 · 흑당 · 참기름 · 건반 · 지초
전다식	밀가루 · 꿀 · 참기름
백다식	밀가루 · 꿀
약과	밀가루 · 꿀 · 참기름

영접례(迎接禮)의 떡과 한과

상화병	밀가루 · 두부 · 무 · 잣 · 석이버섯 · 소금 · 후추 · 생강 · 간장 · 참기름 · 술
산삼병	찹쌀 · 산삼 · 꿀 · 참기름 · 잣
녹두병	녹두 · 참기름
전단병	밀가루 · 참기름 · 흑당 · 조청
송고병	찹쌀 · 송기, 꿀, 참기름
인점미	찹쌀 · 꿀 · 적소두
경단	찹쌀 · 꿀 · 콩 · 잣
백두증병	찹쌀 · 건시 · 대추 · 꿀 · 거피팥
적두증병	찹쌀 · 건시 · 대추 · 꿀 · 적소두
약과	밀가루 · 꿀 · 참기름 · 청주

잡과	밀가루 · 꿀 · 참기름
지방과	밀가루 · 콩가루 · 참기름 · 흑당
첨수	밀가루 · 꿀 · 조청 · 참기름
홍요화	찹쌀 · 참기름 · 사분백미 · 지초 · 흑당
백요화	찹쌀 · 참기름 · 사분백미 · 흑당
봉접과	밀가루 · 콩가루 · 참기름 · 흑당
은정과	밀가루 · 조청
서각과	밀가루 · 참기름 · 조청
상방미자	밀가루 · 참기름 · 조청
다식	밀가루 · 참기름 · 조청
모과정과	모과 · 꿀
죽순정과	죽순 · 꿀
인삼정과	인삼 · 꿀
포도정과	포도 · 꿀
유자정과	유자 · 꿀
생강정과	생강 · 꿀
길경정과	도라지 · 꿀
한약과	밀가루 · 꿀 · 조청 · 흑당 · 참기름
홍망구소	밀가루 · 꿀 · 참기름 · 지초 · 사분백미
유사망구소	밀가루 · 꿀 · 참기름 · 유사상말
백다식	밀가루 · 꿀 · 참기름
전단병	밀가루 · 꿀 · 참기름
운빙	밀가루 · 꿀 · 조청 · 흑당 · 참기름
적미자아	밀가루 · 꿀 · 참기름
송고미자아	찹쌀 · 송기 · 꿀 · 참기름 · 사분백미
백미자아	밀가루 · 꿀 · 참기름
홍마조	밀가루 · 꿀 · 참기름 · 사분백미 · 지초
유사마조	밀가루 · 꿀 · 참기름 · 유사상말
송고마조	참쌀 · 송기 · 꿀 · 참기름 · 사분백미
염홍마조	밀가루 · 꿀 · 참기름 · 사분백미 · 지초
율미자아	찹쌀 · 밤 · 꿀
유사미자아	밀가루 · 찹쌀 · 꿀 · 참기름 · 사분백미

홍미자아	밀가루 · 꿀 · 참기름 · 지초
연약과	밀가루 · 꿀 · 참기름
행인과	밀가루 · 꿀 · 참기름 · 백당
소동계	밀가루 · 꿀 · 조청 · 흑당 · 참기름
연사과	찹쌀 · 참기름 · 흑당
소한과	밀가루 · 꿀 · 조청 · 흑당 · 참기름
소박계	밀가루 · 꿀 · 참기름
백산자	밀가루 · 꿀 · 참기름 · 사분백미
홍산자	밀가루 · 꿀 · 참기름 · 사분백미 · 지초

진연례(進宴禮)의 떡과 한과

〔점증병(粘甑餠, 찹쌀시루떡)류〕

백두증병	찹쌀 · 건시 · 대추 · 꿀 · 거피팥
적두증병	찹쌀 · 건시 · 대추 · 꿀 · 적소두
밀점증병	찹쌀 · 콩 · 밤 · 대추 · 잣 · 꿀
석이점증병	찹쌀 · 석이버섯 · 밤 · 대추 · 잣 · 참깨 · 꿀
임자점증병	찹쌀 · 참깨 · 대추 · 밤 · 잣 · 감태 · 꿀
녹두점증병	찹쌀 · 녹두 · 밤 · 대추 · 꿀
초두점증병	찹쌀 · 거피팥 · 대추 · 밤 · 잣 · 꿀
신감초점증병	찹쌀 · 신감초 · 대추 · 밤 · 잣 · 참깨 · 꿀
합병	찹쌀 · 적소두 · 거피팥 · 밤 · 대추 · 잣 · 계핏가루 · 후춧가루 · 꿀
후병	찹쌀 · 거피팥 · 밤 · 대추 · 잣 · 계핏가루 · 꿀
삭병	찹쌀 · 검정콩 · 밤 · 대추 · 계핏가루 · 꿀
사증병	찹쌀 · 참기름 · 신감초 · 잣 · 꿀
석이밀설기	찹쌀 · 석이버섯 · 밤 · 대추 · 잣 · 신감초 · 꿀
밀점설기	찹쌀 · 잣 · 대추 · 밤 · 꿀 · 거피팥
잡과점설기	찹쌀 · 잣 · 대추 · 밤 · 꿀 · 사탕 · 계핏가루
임자점설기	찹쌀 · 참깨 · 잣 · 꿀
인점미	찹쌀 · 콩 · 팥 · 꿀 · 참깨 · 석이버섯 · 대추 · 밤
약반	찹쌀 · 밤 · 대추 · 참기름 · 꿀 · 잣 · 진간장 · 계핏가루 · 귤병

〔경증병(粳甑餠, 멥쌀시루떡)류〕

신감초경증병	멥쌀 · 찹쌀 · 신감초 · 밤 · 대추 · 참깨 · 잣 · 꿀
백두녹두경증병	멥쌀 · 찹쌀 · 녹두 · 거피팥 · 밤 · 대추
석이경증병	멥쌀 · 찹쌀 · 석이버섯 · 밤 · 대추 · 참깨 · 잣 · 꿀
백두경증병	멥쌀 · 찹쌀 · 거피팥 · 밤 · 대추
녹두경증병	멥쌀 · 찹쌀 · 녹두 · 밤 · 대추
신감초말설기	멥쌀 · 찹쌀 · 신감초 · 밤 · 대추 · 잣 · 꿀 · 참기름
잡과밀설기	멥쌀 · 꿀 · 밤 · 대추 · 잣
밀설기	멥쌀 · 찹쌀 · 밤 · 대추 · 잣 · 꿀
백설기	멥쌀 · 찹쌀 · 석이버섯 · 밤 · 대추 · 잣 · 참기름
증병	멥쌀 · 술 · 참깨 · 대추 · 잣 · 꿀 · 참기름
임자절병	멥쌀 · 참깨
오색절병	멥쌀 · 연지 · 치자 · 송기 · 김
산병	멥쌀 · 연지 · 치자 · 김 · 송기 · 참기름
석이설기	멥쌀 · 석이버섯 · 대추 · 잣 · 꿀 · 참기름
임자설기	멥쌀 · 참깨 · 대추 · 잣 · 참기름
백병	멥쌀
석이병	멥쌀 · 찹쌀 · 석이버섯 · 밤 · 대추 · 건시 · 잣 · 꿀
석이밀설기	멥쌀 · 찹쌀 · 석이버섯 · 밤 · 대추 · 참깨 · 잣 · 꿀

〔단자병(團子餠)류〕

석이단자	찹쌀 · 석이버섯 · 밤 · 대추 · 잣 · 거피팥 · 꿀 · 계핏가루 · 참깨
청애단자	찹쌀 · 쑥 · 밤 · 대추 · 잣 · 계핏가루 · 꿀
신감초단자	찹쌀 · 신감초 · 밤 · 대추 · 잣 · 참깨 · 후추 · 계핏가루 · 꿀
석이포	멥쌀 · 석이버섯 · 잣 · 대추 · 밤 · 꿀
잡과고	찹쌀 · 잣 · 참깨 · 대추 · 꿀 · 석이버섯 · 밤 · 계핏가루

〔화전(花煎)과 지짐떡류〕

생강산삼	찹쌀 · 생강 · 잣 · 꿀 · 참기름
황산삼	찹쌀 · 치자 · 꿀 · 참기름
홍산삼	찹쌀 · 지초 · 꿀 · 참기름
연산삼	찹쌀 · 잣 · 꿀 · 참기름

감태산삼	찹쌀 · 감태 · 잣 · 꿀 · 참기름
화전	찹쌀 · 잣 · 계핏가루 · 꿀 · 참기름
당귀엽전	찹쌀 · 당귀엽 · 참기름
국화엽전	찹쌀 · 국화엽 · 참기름
감태화전	찹쌀 · 감태 · 참기름
홍화전	찹쌀 · 지초 · 참기름
황화전	찹쌀 · 치자 · 참기름
대조화전	찹쌀 · 대추 · 참기름
산삼병	찹쌀 · 산삼 · 꿀 · 참기름 · 잣
송고병	찹쌀 · 송기 · 꿀 · 참기름
자박병	찹쌀 · 콩 · 꿀 · 참기름
대조조악	찹쌀 · 거피팥 · 대추 · 잣 · 꿀 · 참기름 · 계핏가루
감태조악	찹쌀 · 거피팥 · 감태 · 잣 · 꿀 · 참기름: 계핏가루
황조악	찹쌀 · 거피팥 · 치자 · 잣 · 꿀 · 참기름 · 계핏가루
청애조악	찹쌀 · 거피팥 · 쑥 · 잣 · 꿀 · 참기름 · 계핏가루
송고조악	찹쌀 · 거피팥 · 송기 · 잣 · 꿀 · 참기름 · 계핏가루
백자조악	찹쌀 · 거피팥 · 잣 · 꿀 · 참기름 · 계핏가루
건시조악병	찹쌀 · 건시 · 검정콩 · 계핏가루 · 꿀 · 참기름
삼색병	찹쌀 · 꿀 · 참기름

〔밀가루로 만든 유밀과류〕

백은정과	밀가루 · 참기름 · 꿀 · 사탕 · 잣 · 계핏가루 · 후춧가루
홍은정과	밀가루 · 참기름 · 꿀 · 지초
홍미자	밀가루 · 참기름 · 꿀 · 백당 · 지초
백미자	밀가루 · 참기름 · 꿀 · 백당
양면과	밀가루 · 참기름 · 꿀 · 후춧가루 · 잣
행인과	밀가루 · 참기름 · 꿀 · 사탕 · 계핏가루
연행인과	밀가루 · 참기름 · 꿀 · 백당
홍세한과	밀가루 · 참기름 · 꿀 · 백당 · 지초
백세한과	밀가루 · 참기름 · 꿀 · 백당
매엽과	밀가루 · 참기름 · 꿀 · 백당 · 사탕 · 계핏가루 · 후춧가루 · 잣
황요화	밀가루 · 참기름 · 백당 · 세건반 · 울금

홍요화	밀가루 · 참기름 · 꿀 · 백당 · 세건반 · 지초
백요화	밀가루 · 참기름 · 꿀 · 백당 · 세건반
백차수과	밀가루 · 참기름
홍차수과	밀가루 · 참기름 · 지초
전은정과	밀가루 · 참기름 · 꿀
약과	밀가루 · 참기름 · 꿀 · 사탕 · 후춧가루 · 계핏가루 · 잣
방약과	밀가루 · 참기름 · 꿀 · 사탕 · 계핏가루 · 후춧가루 · 잣
연약과	밀가루 · 참기름 · 꿀 · 사탕 · 계핏가루 · 후춧가루 · 잣
소약과	밀가루 · 참기름 · 꿀 · 사탕 · 계핏가루
대약과	밀가루 · 참기름 · 꿀 · 사탕 · 계핏가루 · 후춧가루 · 잣
만두과	밀가루 · 참기름 · 꿀 · 사탕 · 밤 · 대추 · 계핏가루 · 후춧가루 ·
소만두과	밀가루 · 참기름 · 꿀 · 사탕 · 밤 · 대추 · 계핏가루 · 후춧가루 · 잣
대만두과	밀가루 · 참기름 · 꿀 · 사탕 · 밤 · 대추 · 계핏가루 · 후춧가루 · 잣
다식과	밀가루 · 참기름 · 꿀 · 사탕 · 계핏가루 · 후춧가루 · 잣
소다식과	밀가루 · 참기름 · 꿀 · 사탕 · 계핏가루 · 후춧가루 · 잣
대다식과	밀가루 · 참기름 · 꿀 · 사탕 · 계핏가루 · 후춧가루 · 잣

〔찹쌀로 만든 유밀과류〕

홍매화연사과	찹쌀 · 차조 · 참기름 · 꿀 · 백당 · 소주 · 지초
백매화연사과	찹쌀 · 차조 · 참기름 · 꿀 · 백당 · 소주
백자연사과	찹쌀 · 참기름 · 꿀 · 백당 · 잣 · 소주
백세건반연사과	찹쌀 · 참기름 · 꿀 · 백당 · 세건반 · 술
홍세건반연사과	찹쌀 · 참기름 · 꿀 · 백당 · 세건반 · 술 · 지초
청입모빙사과	찹쌀 · 참기름 · 꿀 · 백당 · 갈매 · 술
황입모빙사과	찹쌀 · 참기름 · 꿀 · 백당 · 치자 · 술
홍입모빙사과	찹쌀 · 참기름 · 꿀 · 백당 · 지초 · 술
백입모빙사과	찹쌀 · 참기름 · 꿀 · 백당 · 술
백방빙사과	찹쌀 · 참기름 · 꿀 · 백당 · 술
청방빙사과	찹쌀 · 참기름 · 꿀 · 백당 · 술 · 갈매
홍방빙사과	찹쌀 · 참기름 · 꿀 · 백당 · 술 · 지초
백빙사과	찹쌀 · 참기름 · 꿀 · 백당 · 술
청빙사과	찹쌀 · 참기름 · 꿀 · 백당 · 술 · 갈매

홍빙사과	찹쌀 · 참기름 · 꿀 · 백당 · 술 · 지초
황빙사과	찹쌀 · 참기름 · 꿀 · 백당 · 술 · 치자
백감사과	찹쌀 · 참기름 · 꿀 · 백당 · 술
홍감사과	찹쌀 · 참기름 · 꿀 · 백당 · 지초 · 술
황감사과	찹쌀 · 참기름 · 꿀 · 백당 · 울금 · 술
청감사과	찹쌀 · 참기름 · 꿀 · 백당 · 갈매 · 술
홍세건반강정	찹쌀 · 참기름 · 꿀 · 백당 · 세건반 · 지초 · 술
백세건반강정	찹쌀 · 참기름 · 꿀 · 백당 · 세건반 · 술
황세건반강정	찹쌀 · 참기름 · 꿀 · 백당 · 세건반 · 울금 · 술
임자강정	찹쌀 · 참기름 · 꿀 · 백당 · 참깨
계백강정	찹쌀 · 참기름 · 꿀 · 백당 · 계핏가루 · 잣 · 술
백자강정	찹쌀 · 참기름 · 꿀 · 백당 · 잣 · 술
백매화강정	찹쌀 · 참기름 · 꿀 · 백당 · 차조 · 술
홍매화강정	찹쌀 · 참기름 · 꿀 · 백당 · 차조 · 지초 · 술
백령강정	찹쌀 · 참기름 · 꿀 · 백당 · 백세건반 · 술
홍령강정	찹쌀 · 참기름 · 꿀 · 백당 · 홍세건반 · 술
청령강정	찹쌀 · 참기름 · 꿀 · 백당 · 신감초가루 · 술
황령강정	찹쌀 · 참기름 · 꿀 · 백당 · 송화가루 · 술
흑령강정	찹쌀 · 참기름 · 꿀 · 백당 · 흑임자 · 술

〔다식류〕

황률다식	황률 · 꿀
송화다식	찹쌀 · 송홧가루 · 꿀
흑임자다식	흑임자 · 꿀 · 잣
녹말다식	녹말 · 꿀 · 오미자 · 연지
강분다식	강분 · 꿀
계강다식	강분 · 계핏가루 · 꿀
청태다식	청태가루 · 신감초가루 · 꿀

〔기타〕

오미자병	녹말 · 오미자 · 꿀 · 연지
서여병	서여 · 꿀 · 잣

백자병	잣 · 꿀
백녹말병	녹말 · 꿀
홍녹말병	녹말 · 오미자 · 연지 · 꿀
황녹말병	녹말 · 치자 · 꿀
조란	대추 · 밤 · 잣 · 꿀 · 계핏가루
율란	황률 · 잣 · 꿀 · 후춧가루 · 계핏가루
강란	생강 · 잣 · 꿀 · 후춧가루 · 계핏가루

〔정과류〕

연근정과	연근 · 꿀
생강정과	생강 · 꿀
피자정과	백대구어껍질 · 녹말 · 꿀 · 오미자
모과정과	모과 · 꿀
천문동정과	천문동 · 꿀
길경정과	도라지 · 꿀

수륙재(水陸齋)의 떡과 한과

거식

증반

병

유밀과

다식

이상 조선왕조가 국가 차원에서 가례, 제례, 영접례, 진연례, 수륙재를 행할 때 그 음식상에 올랐던 떡류와 유밀과의 재료 구성을 간단히 살펴보았다. 이들 중에는 같은 찬품이지만 재료 구성이 다르게 나타나기도 하는데 이는 시대가 내려오면서 생긴 약간의 차이이다. 떡이든 유밀과이든 각 연향의례에서 위치하는 성격은 같으므로 이해를 높이고자 떡을 중심으로 차림과 역할을 간단히 언급하기로 한다. 먼저 혼례에서 떡의 역할을 보자.

『가례도감의궤(嘉禮都監儀軌)』를 보면, 혼례 동뢰연 때 먹는 떡은 산삼병, 송고병, 자박병이다. 그러나 이것은 다만 신랑과 신부의 합체(合體)를 위한 의례용 떡이다.

혼례를 치른 후에는 신랑이 먹던 떡은 신부의 가족이 먹고, 신부가 먹던 떡은 신랑의 가족이 먹어, 신랑 측 가족과 신부 측 가족이 비로소 친척 관계가 성립된다. 떡이 신랑, 신부, 신랑 가족, 신부 가족 모두를 합체시키는 매개로 작용했다. 물론 신랑과 신부를 지켜주시는 신에게 먼저 제사하고 동뢰연을 치르기 때문에 엄밀히 말하면 음복으로 이루어진 합체이다.

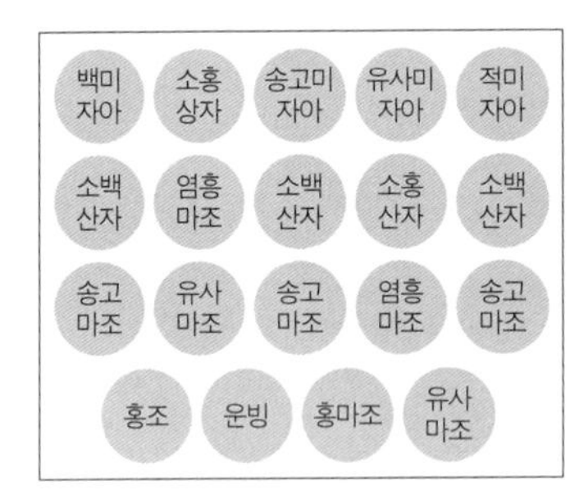

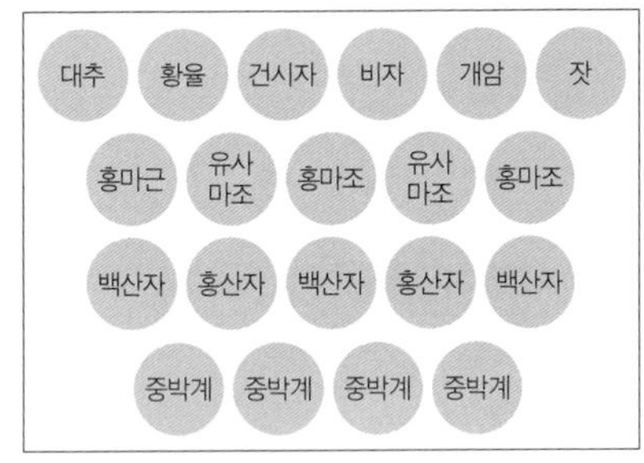

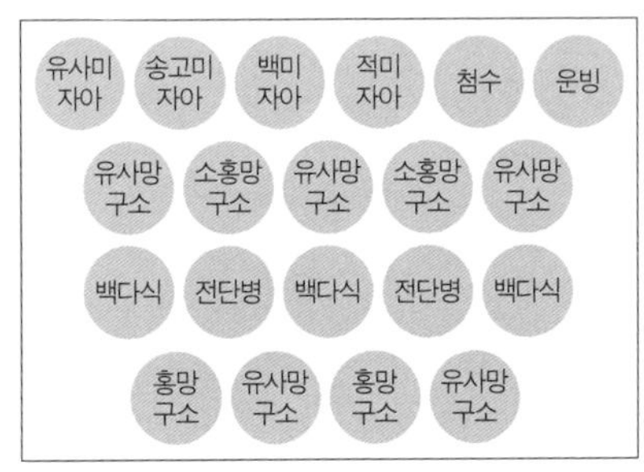

〈그림 3〉 숙종 가례에서의 동뢰연 과상(果床)　　출전: 『조선왕조 혼례연향 음식문화』, 김상보, 2003

합체가 주목적이므로 떡의 재료는 모두 찹쌀이다.

그리고 제례에서의 떡의 역할을 『국조오례의(國朝五禮儀)』와 『국조속오례의(國朝續五禮儀)』로 탐색하면 멥쌀, 찹쌀, 밀가루, 녹두가 주재료이다. 그러나 찹쌀로 만든 산삼병, 송고병, 자박병이 대세를 이룬다. 돌아가신 분이 평소 즐겨 잡수셨던 떡이 주류를 이룬 것이지만, 국가에서 행한 제례에서는 구이병, 분자병, 삼식병, 이식병, 백병, 흑병 등과 같은 『예기(禮記)』 속의 떡도 등장한다.

이들 떡 또한 제사를 지낸 후에 음복을 통하여 복을 받는다. 혼례 때 쓰였던 산삼병, 송고병, 자박병이 제례에도 오른 것은 역시 신과 인간이 제사를 통하여 합체가 이루어져야 음복을 통해서 복을 더 받는다는 뜻일 것이다.

손님(중국 사신) 영접 때의 떡은 얼핏 보면 사신 접대용인 듯하지만, 환송연이나 환영연 때 중국 사신을 보호해주시는 신을 위한 가장 화려한 음식상에 올랐던 떡이다. 환영연과 환송연이 끝나면 연회장에 모인 모든 사람들은 음복을 통하여 복을 받는다. 이들 떡도 신과 인간과의 합체를 위한 떡이다. 제례에 올랐던 상화병, 산삼병, 송고병, 녹두병, 경단병이 영접에도 차려진 것에서, 신이 즐겨 드시는 떡은 살아 있는 사람도 즐겨 먹는다는, 신과 사람을 동격으로 생각했던 고대인의 사상이 드러난다. 역시 찹쌀이 주류를 이룬다.

대왕대비, 왕비, 왕의 생일잔치나, 왕의 등극 10주년 축하 등과 같은 경사스러운 날에 치르는 연회를 진연(進宴) 또는 진찬(進饌)이라 했다. 『원행을묘정리의궤(園幸乙卯整理儀軌)』에 따르면 1795년 환갑을 맞은 정조대왕의 어머님이신 혜경궁홍씨를 위하여 두 번 환갑상을 차려 올렸다. 한 번은 1795년 윤 2월 13일 화성(수원)에서의 봉수당(奉壽堂) 진찬이고, 다른 한 번은 1795년 6월 18일 연희당(延禧堂) 진찬이다.

1795년 윤 2월 13일 봉수당 진찬

〔각색병(各色餠) 1기〕

고임 높이는 1자 5치이다.

백미병	멥쌀 4말 · 찹쌀 1말 · 검정콩 2말 · 대추 7되 · 밤 7되
점미병	찹쌀 3말 · 녹두 1말 2되 · 대추 4되 · 밤 4되 · 건시 4꽂이
삭병	찹쌀 1말 5되 · 검정콩 6되 · 대추 3되 · 밤 3되 · 꿀 3되 · 계핏가루 3냥
밀설기	멥쌀 5되 · 찹쌀 3되 · 대추 3되 · 밤 2되 · 꿀 2되 · 건시 2꽂이 · 잣 5홉
석이병	멥쌀 5되 · 찹쌀 2되 · 꿀 2되 · 석이버섯 1말 · 대추 3되 · 밤 3되 · 건시 2꽂이 · 잣 3홉
각색절병	멥쌀 5되 · 연지 1주발 · 치자 1돈 · 쑥 5홉 · 김 2냥
각색조악	찹쌀 5되 · 참기름 5되 · 검정콩 2되 · 밤 2되 · 참깨 2되 · 송기 10편 · 치자 3돈 · 쑥 5홉 · 김 2냥 · 잣 2홉 · 꿀 1되 5홉
각색사증병	찹쌀 5되 · 참기름 5되 · 신감초 5홉 · 잣 2홉 · 꿀 1되 5홉
각색단자병	찹쌀 5되 · 석이버섯 3되 · 대추 3되 · 밤 3되 · 쑥 5홉 · 잣 5홉 · 꿀 1되 5홉 · 계핏가루 3돈 · 건강가루 2돈

〔약반(藥飯) 1기〕

찹쌀 5되 · 대추 7되 · 밤 7되 · 참기름 7홉 · 꿀 1되 5홉 · 잣 2홉 · 간장 1홉

1795년 6월 18일 연희당 진찬

〔각색설기(各色雪只) 1기〕

고임 높이는 1자 2치이다.

백설기	멥쌀 1말 6되 · 청태 4되 · 잣 2되 · 대추 3되 · 참기름 3홉
밀설기	멥쌀 1말 6되 · 잣 2되 · 대추 3되 · 꿀 3되 · 참기름 2홉
석이설기	멥쌀 1말 6되 · 석이버섯 1말 · 잣 2되 · 대추 3되 · 꿀 3홉 · 참기름 3홉
신감초설기	멥쌀 1말 6되 · 신감초 6되 · 잣 3되 · 꿀 3되 · 대추 2되 ·

	참기름 2홉
임자설기	멥쌀 1말 6되 · 참깨 4되 · 잣 2되 · 대추 3되 · 참기름 3홉

〔각색밀점설기(各色蜜粘雪只) 1기〕

고임 높이는 1자 2치이다.

밀점설기	찹쌀 1말 5되 · 잣 1되 5홉 · 대추 4되 · 꿀 4되 · 황률 2되 · 거피팥 6되
잡과점설기	찹쌀 1말 5되 · 잣 3되 · 대추 7되 · 황률 4되 · 꿀 4되 · 사탕 5원 · 계핏가루 4냥
합병	찹쌀 1말 5되 · 잣 1되 · 대추 6되 · 황률 6되 · 거피팥 9되 · 꿀 4되
임자점설기	찹쌀 1말 5되 · 참깨 3되 · 잣 1되 · 꿀 4되

〔임자절병(荏子切餠) 1기〕

고임 높이는 1자 2치이다.

찹쌀 2말 · 참깨 1말

〔각색절병(各色切餠)과 증병(蒸餠) 1기〕

고임 높이는 1자 2치이다.

오색절병	멥쌀 1말 · 연지 3주발 · 치자 20개 · 김 3장 · 송기 40편
증병	멥쌀 1말 · 잣 1되 · 대추 3되 · 술 1홉
산병	멥쌀 8되 · 연지 2주발 · 치자 15개 · 김 2장 · 송기 20편 · 참기름 3되

〔각색조악(各色助岳)과 화전(花煎) 1기〕

고임 높이는 1자 2치이다.

칠색조악	멥쌀 4말 5되 · 잣 3되 5홉 · 참깨 1말 2되 · 대추 1말 2되 · 꿀 5되 · 계핏가루 1냥 · 치자 50개 · 김 10장 · 참기름 1말 3되
석이포와 석이단자	멥쌀 1말 · 석이버섯 1말 5되 · 잣 4되 · 대추 3되 · 황률 3되 · 꿀 3되
각색산삼	찹쌀 5되 · 참기름 5되 · 잣 1되 · 꿀 3되 · 연지 1주발 · 치자 10개 · 김 3장
잡과고	찹쌀 4되 · 잣 3되 · 참깨 3되 · 대추 3되 · 꿀 2되 · 석이버섯 6되 · 황률 1되 · 계핏가루 3돈
당귀엽전	찹쌀 5되 · 당귀엽 4되 · 참기름 7되

국화엽전　　　　찹쌀 5되 · 국화엽 4되 · 참기름 7되

〔**약반(藥飯) 1기**〕
찹쌀 5되 · 대추 5되 · 황률 4되 · 잣 1되 · 꿀 2되 · 참기름 5홉

봉수당 진찬에서는 각색병 1기와 약반 1기를 합하여 2기가 올랐고, 연희당 진찬에서는 각색설기 1기, 각색밀점설기 1기, 임자절병 1기, 각색절병 1기, 각색조악 1기, 약반 1기를 합하여 6기가 올랐다.

봉수당 진찬에서의 각색병 1기로 보면 고임의 높이를 1자 5치로 했으니까 1m에 가깝게 고여 쌓았다. 백미병, 점미병, 삭병, 밀설기, 석이병, 각색절병, 각색조악, 각색사증병, 각색단자병이 합하여 1기가 되었는데, 그 재료와 분량으로 보았을 때 백미병, 점미병, 삭병으로 고여 쌓은 다음 이들 위에 밀설기, 석이병, 각색절병, 각색조악, 각색사증병, 각색단자병을 장식으로 얹은 형태이다. 이들 장식떡을 민가에서는 '웃기떡'이라고 하였다.

필자가 봉수당 진찬연에 올랐던 각색병 1기를 재현한 일이 있다. 대략 높이는 1m, 둘레는 2.5m가 나오는 엄청난 분량의 떡이 한 그릇으로 차려지는 형태였다.

봉수당 진찬에서 2기의 떡과 연희당 진찬에서 6기의 떡 모두는 주인공 혜경궁홍씨를 위하여 차린 떡이 아니라, 혜경궁홍씨를 60세까지 복되게 살도록 도와주신 신을 위한 떡이다. 민가에서 말하는 소위 '큰상[大卓]'에 올랐던 떡이다.

조선왕실은 환갑잔치가 끝나면 신이 잡숫고 남기신 떡을 음복하도록 청색 보자기에 싸서 연회장에 모인 사람들에게 사찬하였다. 신하의 식구들도 골고루 나누어 먹어서 복을 받도록 배려한 것이다. 큰상의 역할을 담

당했던 궁중의 상은 과상(果床)과 찬안상(饌案床)인데, 떡은 주로 찬안상에 차렸고, 유밀과는 주로 과상에 차렸다(〈그림 3〉 참조).

민중의 떡과 한과

일반 민중들은 멥쌀로 만든 경증병을 메시루편이라 하고, 메시루편에 속하는 석이밀설기를 석이편, 신감초말설기를 승검초편, 밀설기를 꿀편, 백설기를 백편, 잡과밀설기를 잡과편이라 했으며, 증병을 증편, 절병을 절편, 산병을 꼼장떡, 송병을 송편이라 했다.

찹쌀로 만든 점증병은 차시루편이라 하였는데, 차시루편에 속하는 초두점증병을 거피팥고물찰편, 백두점증병을 백두고물찰편, 합병과 후병은 두텁떡, 약반을 약밥 또는 약식, 청애단자를 쑥구리단자, 인점미를 인절미라 했다.

동춘당 송준길(宋浚吉)가에서 300년 이상 해온 제물 진설법을 적은 『사한리삼위세제홀기(沙寒里三位歲祭笏記)』에는 떡과 조과를 고여 담은 방식이 있다.

대추, 대추 고인 것 위에다 율란(栗卵) 약간을 얹는다.

밤, 밤 고인 것 위에다 조란(棗卵) 약간을 얹는다.

떡, 밑에서부터 팥고물메시루떡 · 녹두고물찰시루떡 · 흑임자고물찰시루떡 · 녹두고물찰시루떡 · 백편 · 꿀편 · 조약편을 고인다.

율란은 고인 대추 위의 웃기, 조란은 고인 밤 위의 웃기, 백편 · 꿀편 ·

조약편은 고인 시루떡 위에 얹는 웃기로 해서 고여 담아 아름답게 장식한 것은 앞서 기술한 혜경궁홍씨 환갑연 때에 차렸던 각색병과 같은 고임 방식이다. 송준길가의 제사음식 고여 담는 법은 궁중의 고임음식 담는 법의 영향을 받았다고 볼 수 있다.

혜경궁홍씨께 차린 각색병은 환갑연에서의 고임떡이고, 송준길가의 고임떡은 눈에 보이지 않는 귀한 손님인 돌아가신 조모께 차린 떡이다. 환갑연상과 제사상 모두 연회상의 성격을 갖고 있다. 다만 눈에 보이는 손님이냐 눈에 보이지 않는 손님이냐의 차이밖에 없다. 두 상 모두 귀한 손님을 접대하기 위하여 차렸다는 점에서는 같다. 어쨌든 혜경궁홍씨의 각색병이 혜경궁홍씨가 60세까지 잘 살도록 도와주신 신을 위해서 차린 떡이라는 점에서 본다면 혜경궁홍씨의 각색병과 송준길가의 고임떡은 성격이 같다.

재배(再拜), 소과잔반진설(蔬果盞盤進設), 참신(參神), 강신(降神), 어육(魚肉)과 미식(米食, 떡), 면식(麵食, 국수) 등을 진설한 다음 초헌례(初獻禮), 아헌례(亞獻禮), 종헌례(終獻禮), 진다(進茶), 사신(辭神), 분축(焚祝), 철찬(撤饌)으로 제사의례가 진행되고, 이후에 떡은 제장에 모인 모든 사람들에게 골고루 음복시켜 복을 받는다. 그래서 제상 위에 올라가는 고임떡은 재력이 미치는 한 높게, 둘레도 넓게 많이 쌓아 올린다. 많이 높게 고이면 고일수록 신도 만족하고, 후손들도 복을 많이 받는 것이다.

조선 후기가 되면 반친영혼(半親迎婚)이 정착되어, 신부 집에서 동뢰연을 치르게 된다. 초례를 통하여 신랑과 신부가 합체되어 정식 부부가 된 다음, 혼인을 공표할 주목적으로 잔치를 벌였다. 이때는 신랑과 신부 앞에 큰상을 차리고, 후행[後行, 신랑의 시중을 들기 위해 따라온 손님. 상객(上客)이라고도 함]을 대접하기 위한 후행상, 대객[待客, 후행 접대역, 대반(對盤)이라고도 함]을 위한 대객상을 차렸다.

〈그림 4〉에서 보듯 네 군데에 놓인 떡은 커다란 함지박이나 놋동이 또는 커다란 목판에 담겼을 것이다. 송기편, 인절미, 절편 등의 떡과 과자, 산자, 다식, 빙사과, 약과 등의 유밀과로 구성된 큰상의 음식은 고임음식이다. 흔히 '눈요기상'이라고 했다. 신랑과 신부를 지켜주시는 신께 대접하는 상이기 때문에 잔치하는 동안 먹지 못하고 그저 바라보기만 하기 때문에 붙여진 이름이다. 연회가 끝나야 허물어 그날 온 손님들에게 골고루 나누어주기도 하고, 신부가 신랑 집으로 갈 때 이바지음식이 되었다.

큰상에 올려진 음식의 주인공은 다분히 4군데에 차려져 있는 송기편, 인절미, 절편이다. 공식(共食)을 떡으로 두루 하고자 하는, 그래서 결속을 다지는 혼례의식의 일단을 보여준다. 이 큰상의 음식은 신랑과 신부가 먹을 수 없는 까닭에, 신랑과 신부가 먹을 수 있는, 국수장국과 떡을 비롯하

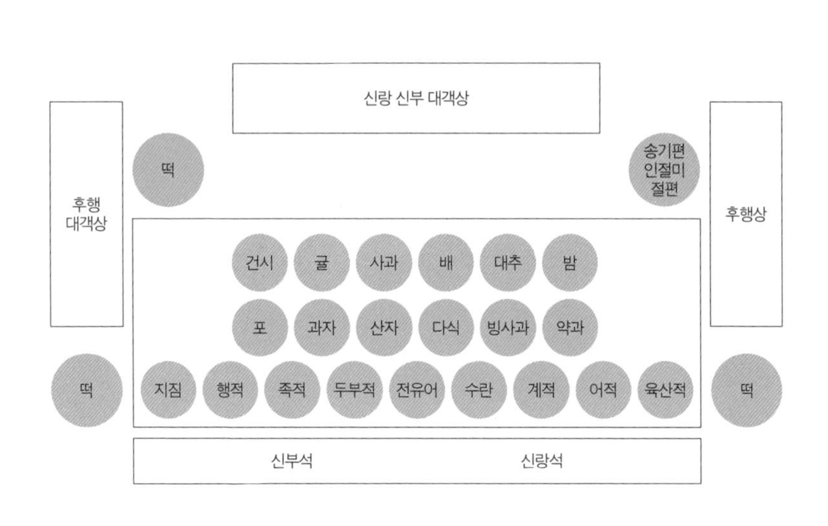

〈그림 4〉 동뢰연을 치른 후 신랑과 신부가 받는 큰상

여 전유아와 술을 차린 작은 상이 별도로 제공되었다. 이 상을 '입매상'이라 했다.

정조임금 때의 서민 혼례 기록인 『동상기(東廂記)』에는 당시의 큰상차림에 올랐던 음식이 잘 나타나 있다.

증병, 인절미, 백설기, 권모(백병), 송편, 난면(卵麵), 산면(酸麵)
유밀과, 홍산자, 중박계, 다식, 양색요화, 양색강정, 약과
화채, 아가위, 능금, 유행, 자두, 배, 황률, 대추, 참외, 수박
어만두, 어채, 구장(狗醬), 연계증, 어회, 육회, 양지머리수육, 전유아

혼례 때에도 음식을 높게 고여서 차렸다. 많이 높게 고이면 고일수록 신랑과 신부가 복을 많이 받는다고 하여 재력이 미치는 한 높였다.

1825년 혹은 1885년에 쓰인 『무당내력(巫黨來歷)』에는 「부정거리」, 「감응청배」, 「제석거리」, 「별성거리」, 「대거리」, 「호구거리」, 「조상거리」, 「만신말명거리」, 「축귀거리」, 「창부거리」, 「성조거리」, 「구릉거리」, 「뒷전」에 대한 굿거리가 채색 그림으로 묘사되어 있다. 이 중 「제석거리」, 「별성거리」, 「대거리」, 「호구거리」에는 떡과 유밀과가 주가 된 제상차림을 비교적 사실적으로 그렸다. 이를 통하여 당시 서울굿(나랏굿 포함)의 모습을 엿볼 수 있다.

〈그림 5〉는 별성거리에서 최영 장군 청배 때 차려지는 제상이다. 높게 고인 떡이 제물의 중심이 되었다. 고여 담은 거피팥시루편 위에 웃기떡으로 아름답게 장식하고 그 위에 상화를 꽂아 화려하게 하였다. 고임떡 앞에는 약과와 산자 등으로 보이는 유밀과 4기가 떡을 에워싸고 있고, 1기에는 음식 위에 수저가 놓여 있다. 이 수저가 놓인 음식은 수육[熟肉]일지도 모른다. 무속제사 때의 주 제물은 양으로 보았을 때 떡이 주이고, 다음이

〈그림 5〉『무당내력』 중「별성거리」

	열양세시기	동국세시기
1월	권모, 병탕, 약반, 강정, 약과	백병, 병탕, 팥시루떡, 약반, 적두죽
2월		송병(松餠, 송편)
3월		두견화전, 산병, 환병, 증병
4월	유엽고(楡葉餻)	증병(蒸餠, 증편)
5월		쑥절편(수리취떡)
6월	수단 · 수각	수단, 건단, 상화병, 연병
7월		우란분재의 오과백미(五果百味)
8월		밤단자, 토란단자, 송병, 청근증병, 남과증병, 인병(引餠, 인절미)
9월	국화화전, 국병	국화전
10월		붉은팥시루떡, 증병, 애단자, 밀단고, 강정, 만두
11월	적두죽	적두죽
12월		

〈표 1〉『열양세시기』와『동국세시기』 속의 떡과 유밀과

유밀과임을 분명히 드러내는 그림이다. 물론 이 떡과 유밀과도 별성거리가 끝나면 음복하여 복을 받게 된다.

일반 민중들이 명절날 먹었던 떡과 한과를 『열양세시기(洌陽歲時記)』와 『동국세시기(東國歲時記)』를 통해서 본 것이 〈표 1〉이다. 거의 대부분이 떡이고 유밀과는 1월의 약과(『열양세시기』)와 10월의 강정(『동국세시기』)에 불과하다. 시식음식으로 이렇듯 떡이 대세를 이룬 것은 쌀농사에 따른 예축의례, 파종의례, 성장의례, 수확의례와 깊게 관련되어 있기 때문이기도 하지만, 고려사회와 마찬가지로 약과 등의 유밀과는 여전히 비싸고 사치스러운 음식의 범주에 들어 있었던 탓이다.

매달 신에게 감사드리는 제사를 지낸 다음 음복을 하였던 기나긴 세월 동안에 이어진 결과가 시식과 절식이다. 대부분이 떡으로 구성된 것은 3천~4천 년의 도작 역사를 대변한다.

유중림은 『증보산림경제』에서 "사명절(四名節)은 정조(1월 1일), 한식, 단오, 추석이고, 속절(俗節)은 정월 15일(대보름), 3월 3일(삼짇날), 9월 9일(중양절) 등으로서 시식에다 나물 한 그릇을 더 얹어서 다례(茶禮, 茶祀, 차례, 차사)를 행한다" 하였다.

원단(설날)다례	떡국
상원다례	약밥
한식다례	쑥절편
삼짇다례	두견화편
입하다례	증편
단오다례(앵두치사)	수리취떡 · 앵두편 · 앵두화채
유두다례	상화병

삼복다례	적소두죽(복죽)
중추(추석)다례	송편
중양다례	국화편
동지다례(팥죽차사)	적소두죽(동지팥죽)
납월다례	납육구이

21세기 현재도 우리 전 국민은 여전히 설날과 추석에 떡국과 송편을 만들어 차례를 올린다. 이날을 위해 귀성 인파로 전국이 들썩인다. 실로 민족의 대이동이 일어나는 날이기도 하다. 세월이 흘러 현대로 오면서 전통 민속이 많이 없어졌지만 최소한 설날과 추석만큼은 조상께 차례를 올려야 하기 때문에 1년 중 가장 큰 명절이 되어 면면히 이어져오고 있다. 차례[茶禮]란 차[茶, 술]로써 조상신께 예를 올린다는 뜻이다. 곧 제사이다.

쌀을 주식으로 삼는 국가에서 가장 소중한 것은 쌀이다. 그러므로 유교, 불교, 무속 등 어떤 형태의 제사건 각 제사 때에는 반드시 쌀로 만든 가공품 떡이 제물의 핵심이었다.

약 1500년 전에 이 땅에 들어온 불교문화는 다양한 떡으로 분화 발전하는 데 커다란 공헌을 하였다. 선종사회의 끽다와 함께한 과자문화와, 다공양에서 다(茶)와 과(果)가 한 조가 되면서, 소선으로서의 떡문화는 대표가 되어 비약적으로 발전하였다. 이 시기에 떡 외에 과자의 범주에 들어간 것이 한과, 소위 유밀과이다. 당과자의 영향으로 우리 땅에서는 기름에 튀긴 과자인 유밀과가 생겨났다.

조선왕실은 고려왕실의 문화를 속례로서 받아들였다. 유밀과와 떡 등을 차리는 다연을 고스란히 계승하여 국가적 차원의 의례에 반영하였다. 관례, 가례, 상례, 제례, 영접례, 진연례 등에서 당연히 떡과 유밀과는 가장 중요한 찬품이 되어 장식되었다. 특히 약과를 중심으로 한 한과(유밀과)는 호화스러운 계층에서만 먹는 음식, 혹은 제례와 혼례 등 아주 특별한 날에만 먹는 음식으로 조선왕조 말까지도 인식되었다.

물이 높은 곳에서 낮은 곳으로 흐르듯, 조선왕실의 문화는 일반 대중에게 영향을 미쳤다. 민중의 관례, 혼례, 제례, 환갑례 등에 궁중의 떡문화와 유밀과문화가 파급 정착되었다. 조선왕조든 민중이든 각 의례에 올라가는 떡과 유밀과는 모두 고임음식으로 차렸다. 의례가 행해질 때에는 먼저 신에게 제사 올리는 것이 관행이자 규범이었으므로 모든 의례에 올려진 음식은 음복이라는 형태로 나누어 먹었다.

현재에도 제사떡, 생일떡, 환갑떡, 돌떡, 백일떡, 명절떡, 이사떡 등 어떤 행사에서든 떡이 주인공이 되어 등장하고, 부수적으로 한과가 따라온다. 다음에 나오는 속담은 이를 잘 반영한다.

가는 떡이 커야 오는 떡도 크다.
고사떡을 먹으면 재수가 좋다.
귀신 떡 먹듯 한다.
귀신은 떡으로 사귀고 사람은 정으로 사귄다.
떡도 못 얻어먹는 제사에 무르팍이 벗어지게 절만 한다.
떡 본 귀신이다.
떡이 있어야 굿도 한다.
떡 본 김에 굿한다.
떡 본 김에 설 쇤다.
떡 본 김에 제사 지낸다.
떡에 웃기떡이다.

떡을 얻어먹으면 떡으로 갚으랬다.

부잣집 잔치떡 나누어 먹듯 한다.

붉은 팥고물떡은 제사에 안 쓴다.

삭차례(朔茶禮, 매달 음력 초하루에 해당하는 제사) 떡 맛 보듯 한다.

서낭당 떡을 먹으면 재수가 있다.

섣달그믐에 떡 치듯 하다.

없으면 맏아들 돌떡도 못 해준다.

약과 먹기다.

약과 먹은 벙어리다.

우리 민족에게 떡은 신성함의 상징이었고, 풍요로운 삶을 기원하는 마음이 담겨 있다. 화려함에서 소박함까지 다채로운 떡의 종류는 우리 조상의 높은 심미안과 함께 수공예적인 아름다움, 정성스러움을 그대로 보여준다. 우리 민족의 떡에는 음식 이상의 가치가 내재되어 있는 것이다.

고구려 안악 3호 고분벽화는 김이 모락모락 나는 시루 앞에서 여인네가 주걱을 들고 떡이 잘 되었는지 살피는 모습을 그렸다. 우리 고대 조상들에게 떡은 생활 가까이에서 중요한 부분을 차지하는 먹거리였다. 우리 전 국민은 떡과 한과를 매개로 해서 신과 결속하고 신으로부터 보호받고 있는 민족이다.

한식 밥상문화의 뿌리를 찾아서

한식의 기본, 탕반문화

밥과 국을 기본으로 하는 우리의 식생활에는 오랜 내력과 이야기가 숨어 있다.

한식의 특징을 들라고 하면 첫째는 밥과 국으로 이루어지는 탕반문화(湯飯文化, 국밥문화)라고 할 수 있다. 우리 한국인들은 유독 국물 맛에 매료된다. 시원하고 얼큰한 국물이 주는 카타르시스. 뭉근히 끓인 진한 국물은 쓰린 속을 달래주고 지친 몸을 회복시킨다. 많은 음식을 차리지 않은 한식 상차림은 밥과 국만으로도 맛으로나 질로 훌륭하다. 반찬 한 가지만 놓아도 충분하고, 영양 면에서도 손색이 없다. 된장국, 김치찌개, 육개장, 설렁탕 등 구수하고 진한 국물 맛은 오랜 탕반의 역사가 만들어낸 산물이다.

탕은 원래 약 달인 것을 뜻했다. 허준(許浚, ?~1615)이 쓴 『동의보감(東醫寶鑑)』에는 "약성(藥性)의 재료를 뜨거운 물에 달여서 질병 또는 보강제로 사용하는 것"을 탕이라 했다.

중국에서도 탕은 약을 뜻하여 『위지(魏志)』에서는 "탕이란 약을 달인 것", 『거가필용(居家必用)』에서는 "국은 갱이고 탕은 약"이라 했다. 그러던 것이 이재(李縡, 1680~1746)

는 『사례편람(四禮便覽)』에서 "탕도 이제 국이 되었다"고 하였다.

그래서 그런지 1795년에 출간된 『원행을묘정리의궤(園幸乙卯整理儀軌)』를 보면 탕은 밥과 미음, 국수와도 한 조가 되게 차리게끔 기술하였다. 정조는 어머님 혜경궁홍씨께 수라상을 올릴 때 혜경궁홍씨가 환갑을 맞이했기 때문에 공경하는 마음을 나타내기 위하여 원반과 협반으로 흑칠원족반 두 개의 상에 차려 올렸다. 원반은 정찬, 협반은 가찬의 의미로 차렸을 것이다.

그런데 원반에 차린 국을 '갱(羹)', 협반에 차린 국을 '탕(湯)'이라 했다. 원반에는 갱 외에 조치류도 배선되었는데 다음과 같은 차림이었다.

원반(흑칠원족반)의 갱과 조치

갱

어장탕, 명태탕, 대구탕, 토련탕, 수어탕, 제채탕, 양숙탕. 눌어탕, 생치연포탕, 백채탕, 애탕, 태포탕, 소로장탕, 잡탕, 골만두탕

조치

골탕, 수전지, 부어잡탕, 잡장자, 생복만두탕, 수어장자, 수어잡장, 수어증, 잡장전, 생복증, 봉충증, 건수어증, 저포증, 수어장증, 연계증, 양볶기, 생복초, 생치볶기, 낙제초, 반대구초, 황육볶기, 저포초, 건청어초, 천엽볶기, 진계볶기, 수육초, 토화초, 죽합볶기

협반(흑칠원족반)의 탕

잡탕, 초계탕, 양숙탕, 수어탕, 합탕, 낙제탕, 우미탕, 숙합탕, 추복탕

비록 원반에 차린 것을 갱, 협반에 차린 것을 탕이라 했지만, 갱이란 항목을 넣고 그 속에 탕을 포함시키고 있으니, 갱과 탕의 구분은 없어 보인다. 그러나 협반 쪽이 양질로 보이기 때문에 협반 쪽을 탕이라 했을지 모른다. 어쨌든 1795년이 되면 국보다는 탕이 대세를 이룬다.

형갱(鉶羹, '국그릇에 담은 국'이라는 뜻)의 부류로 보이는 조치를 보니 탕, 찜, 초, 볶기가 그 범주에 들어 있다. 조(助)는 '도울 조'이고 치(致)는 '이를 치'이다. 국 이외에 밥 먹는 데 도와주는 국물이 있는 것을 조치라 하고, 국물의 농도 정도에 따라 구분된 것이다.

이러한 조치의 기능에 근거한다면 오늘날 우리의 밥상에 등장하는 찜, 초, 볶음, 찌개류는 조치에서 분화 발전된 것이며, 이들은 밥과 국을 먹을 수 있도록 도와주는 찬품에 불과하다고 볼 수 있다.

국수상은 아침밥과 점심밥 사이, 점심밥과 저녁밥 사이, 저녁밥 이후 취침 전 사이에 올렸다. 이를 반과상이라 해서 조다소반과(朝茶小盤果), 주다소반과(晝茶小盤果), 야다소반과(夜茶小盤果)라 했다. 탕과 국수가 한 조가 되게 차려 술과 곁들이고 술안주로 먹게끔 배려한 것이다.

반과상의 탕

별잡탕, 완자탕, 생치탕, 열구자탕, 간막기탕, 초계탕, 금중탕, 수어백숙탕, 전철

그 밖에 원행(園幸) 길 도중에 혹시 허기지실까 봐 연세 드신 혜경궁홍씨께만 특별히 배려해서 미음상을 올렸다. 미음상에는 미음, 고음, 정과를 한 조가 되게끔 차렸다. 한 종류 재료로 만든 고음(膏飮, 고기나 생선을 푹 삶아 우린 국) 외에 3가지 혹은 4가지 종류로 만든 고음도 보인다.

붕어고음, 계고음, 양고음

양, 전복, 진계(陳鷄), 홍합으로 만든 고음

양, 도가니, 진계로 만든 고음

양, 전복, 진계, 우둔으로 만든 고음

양, 진계, 생치로 만든 고음

이렇게 『원행을묘정리의궤』에 기술된 내용을 종합해보면 탕과 고음은 약선(藥膳)으로서 보강제(補强劑) 역할을 한 것이다. 탕이 보강제로서 발달했음을 알 수 있는 확실한 자료는 1719년부터 1902년까지 나온 조선왕실의 각종 연향식의궤이다. 여기에는 연향에서 술과 곁들이는 각종 탕이 소개되어 있다.

과제탕, 추복탕, 심어탕, 생선화양탕, 해삼탕, 용봉탕, 금린어탕, 홍어탕, 당저장포, 염수당안, 염수, 저육장방탕, 완자탕, 금중탕, 잡탕, 열구자탕, 칠지탕, 골탕, 만증탕, 초계탕, 칠계탕, 저포탕, 양탕, 양숙탕, 승기아탕, 가리탕, 임수탕, 계탕, 전철

『원행을묘정리의궤』의 탕이든 조선왕조 궁중연향식의궤의 탕이든 밥과 국 한 그릇만으로 2첩반상을 차려 밥을 먹어도 충분한 영양 섭취가 가능할 만큼 탕은 그 재료 구성이 탁월한데, 1719년 술안주로 오른 잡탕(雜湯)을 예로 그 재료 구성을 보면 채소류, 수조육류, 어패류, 곡류, 과일류, 양념류 등이 골고루 조합되어 있음을 알 수 있다.

술 마시는 사람의 오장과 비위를 보하기 위해 마련된 탕이 잡탕이다. 그러면서 완성된 탕의 성질을 냉(冷)하게 하여 술로 인한 열독(熱毒)을 없

애도록 만든 술안주이다.

결론적으로 말하면 현재 우리가 즐겨 먹는 탕은 약식동원 사상의 산물이다.

밥과 국의 조합에는 음양의 조화가 숨어 있다. 밥에, 신성한 고기를 불로 조리하여 만든 국의 결합에는 균형의 법칙이 있다. 『예기』에 따르면 술과 육류로 만든 음식은 양(陽)이고, 물과 흙에서 나온 음식은 음(陰)이라 하여 음과 양의 대항적 성질을 언급한다. 하지만 둘의 조화가 밥상의 토대를 이루며 다른 반찬의 구성까지도 좌우하는 특성을 가진다.

밥과 국을 기본으로 한 상차림에는 음과 양의 결합을 중시한 우리의 식문화 의식이 숨어 있다. 이것이 탕반문화(국밥문화)이다. 1800년대 초 봇짐장수와 등짐장수로 대변되는 시장의 발달은 외식산업의 근원이 된 국밥문화를 탄생시킨다. 『규합총서』에서는 충주의 금부(禁府) 앞 설렁탕이 전국적으로 유명하다고 언급하고 있다. 시간이 100년 정도 내려와서 서울의 전통 있는 탕반가(湯飯家, 곰탕집)는 무교동에 있어서 이를 무교탕반(武橋湯飯)이라고 일컬었다고 전한다.

채소류		**수조육류**		**어패류**		**곡류 · 과일류**		**양념류**	
박고지	2주먹	소고기 등심육	1/2척	생선	1/2마리	밀가루	1되	간장	5홉
송이버섯	10개	양	1/4부	전복	5개	녹말	7홉	참기름	3홉
무	5개	꿩	1마리			잣	1홉	파	1주지
토란	1되	닭	1마리					후춧가루	5작
표고버섯	3냥	계란	10개						

〈표 2〉『진연의궤(進宴儀軌)』(1719)에 기록된 잡탕의 재료 구성

장국밥은 순전히 양지머리로만 삶기 마련이다. (중략) 서울에 유명한 무교탕반의 전신은 '양보장국밥집'이고 양보는 갑오경장 전후의 사람이다. 이 집의 장국밥은 양지머리만 삶아도 맛이 좋은데 유통을 넣어주고 갖가지 양념으로 고명을 한 산적을 뜨끈뜨끈하게 구워서 넣어주니 유통 맛과 산적 맛이 서로 어우러져 천하진미가 되었다. (박종화)

양지머리를 탕거리로 한 것 외에도 갈이(乫伊, 갈비), 도가니, 우족, 소머리, 소꼬리, 소양, 소껍데기가 주재료가 되어 갈비탕, 우족탕, 설렁탕, 꼬리곰탕, 곰탕 등이 되었다. 특히 소머리는 설렁탕의 재료가 되었는데, 소머리를 통째로 간판 삼아 가게 앞에 장식물로 진열해놓고 탕반(설렁탕)을 팔기도 하였다. 『조선만화(朝鮮漫畫)』의 저자인 일본인 우스다 잔운(薄田斬雲)은 소머리를 재료로 한 설렁탕의 보양 가치를 칭찬하였는데, 다음 글에 잘 나타나 있다.

조선 음식점 가게 앞의 광경이다. 우도(牛刀)를 막대기 식으로 잡은 주인의 모습이 재미있다. (···) 눈을 돌리면 옆집에서는 커다란 대 위에 날 소머리가 얹혀 있다. 국물을 만드는 소의 머리가 장식물로 얹혀 있는 것이다. 음식점의 진수성찬은 소고기와 야채가 들어간 국이다. 커다란 솥에 소머리, 뼈, 껍질, 우족을 넣어서 서서히 끓인 것이 국물이다. 별도의 작은 솥에 국물을 퍼 담아 간장으로 맛을 내고 고춧가루를 얹는다. 의사의 감정에 의하면 소머리국은 정말로 좋은 것으로서 닭 국물이나 우유에 비길 바가 아니다. (···) 이것을 정제하면 아마도 세계에서 둘도 없는 자양품이 되고 통조림으로 하면 한국 특유의 수출품으로 상용될 것임에 틀림없다.

–『조선만화』

한식 밥상의 뿌리는 『의례』의 「공식대부례」

지금까지 우리의 한식은 밥과 국이 가장 핵심적이면서도 기본이 됨을 살펴보았다. 그렇다면 한식을 어떻게 정의할 것인가. 이 물음에 대한 답을 얻으려면 고문헌을 통해 우리 한식 밥상의 뿌리, 한식의 역사성을 살펴봐야 한다.

밥과 국을 기본으로 한 상차림을 최초로 언급한 문헌은 약 3100년 전 주나라의 정치가 주공(周公)이 기록했다고 전해지는 『의례』의 「공식대부례」이다. 『의례』는 조선시대의 식문화를 포함한 생활문화 예법의 준거 틀이었기에 과거의 우리 풍습을 알려면 반드시 살펴볼 필요가 있다.

최초로 밥상이 등장한 시기는 춘추전국시대 이후이다. 밥상이 등장하기 전에는 굽다리그릇인 두(豆)가 밥상을 대신하였다. 두는 사람이 무릎을 꿇고 앉아 먹을 수 있을 만큼 높았다. 두 하나하나가 밥상을 대신한 셈이다(〈그림 6〉 참조).

사대부(벼슬이나 문벌이 높은 사람)의 자격을 갖추는 가장 중요한 조건은 식사에 관한 예의와 지식이었다. 예기(禮器)란 제기(祭器)를 가리키기도 하는데, 눈에 보이지 않는 최고의 손님인 신(神)에게 예의를 다하여 음식을 담아 차리는 까닭에 예기라 하였다. 또한 제기로 쓰였던 굽다리그릇인 두 하나하나가 밥상을 대신했으므로 두에 음식을 어떻게 담고 어느 위치에 차릴 것인가가 신을 대접하는 예의에서 중요한 작법 중 하나였다.

살아 있는 사람을 대접할 때도 마찬가지였다. 대접받는 사람이 귀할수록 음식 담는 그릇을 예기와 같은 수준으로 갖췄다. 신위(神位)를 북쪽에 모시고 신위의 남쪽에 음식을 차려 제사를 올리듯, 손님의 자리를 북쪽에 마련하고 손님의 남쪽에 대접할 음식을 정성스럽게 차렸다.

손님맞이 상차림법을 기록한 가장 오래된 문헌은 「공식대부례」이다. 「공식대부례」에 등장하는 대부는 하대부(下大夫)를 말한다. 나라의 주인인 공[君, 공작]이 예를 다하여 집정관인 하대부에게 음식을 차려 베푸는 상차림법을 기록하였다(〈그림 7〉).

〈그림 6〉 두에 담긴 음식을 먹기 위해 무릎을 꿇고 앉아 있는 모습을 형상화한 갑골문자.

검은 비단을 깔아놓은 손님 자리는 북쪽이다. 상은 손님의 남쪽에, 정찬은 7번에 걸쳐서, 가찬은 2번에 걸쳐서 차렸다. 정찬은 반드시 차려야만 하는 음식이고, 가찬은 대부를 존경하는 공의 마음을 나타내기 위하여 진설하는 음식이다.

정찬 1은 공이 직접 진설하는 혜장(醯醬, 초장으로 육장에 매실즙을 합한 것)이다. 두에 담았다.

정찬 2는 구저(韭菹, 부추소금절임)와 탐해(醓醢, 소고기젓), 창본(昌本, 창포뿌리소금절임)과 미니(麋臡, 노루고기젓), 청저(菁菹, 순무소금절임)와 녹니(鹿臡, 사슴고기젓)를 두에 담아 재부(宰夫)가 진설한다.

정찬 3은 조(俎)에 담은 소[牛], 양(羊), 돼지[豕], 어(魚), 석(腊, 토끼 등과 같은 작은 짐승으로 말린 포), 장위(腸胃), 부륜(膚倫, 돼지삼겹살)을 삶아 익힌 수육[熟肉]이다. 소 · 양 · 돼지는 각각 오른쪽 부위의 어깨 · 앞다리 · 등 · 갈비 · 겨드랑이 고기를 사용하며, 석 역시 오른쪽 부위만을 담는데 등 쪽을 북쪽으로 가게 하고 머리 쪽을 오른쪽에 오도록 담는다. 장위는 양과 소의 장과 위이다. 양의 장을 7편(片), 소의 장을 7편, 양의 위를 7편, 소의 위를 7편으로 썰어서 합계 28편을 1조에 담는다. 부륜도 7편으로 썰어 1조에 담고, 천어(川魚)도 7마리를 1조에 담는다. 사(士)가 진설한다.

정찬 4는 궤(簋)에 담은 서(黍, 기장밥)와 직(稷, 메조밥) 6그릇이다. 재부가 진설한다.

정찬 5는 질그릇 등(甄)에 담은, 소고기의 육즙으로 만든 급(湆)이다. 간을 하지 않는 소미(素味)를 귀하게 여겼기 때문에 이를 대갱(大羹)이라 한다. 공이 진설한다.

정찬 6은 형(鉶)에 담은, 채소를 넣고 만든 4그릇의 갱이다. 형갱이라고 한다. 우형(牛鉶)은 소고기에 콩잎을 넣고 끓인 것이고, 양형(羊鉶)은 양고기에 씀바귀를 넣고 끓인 것이며, 시형(豕鉶)은 돼지고기에 고비를 넣고 끓인 것이다. 재부가 진설한다.

정찬 7은 술이다. 재부가 오른손에 술잔 치(觶)를, 왼손에 술잔 받침

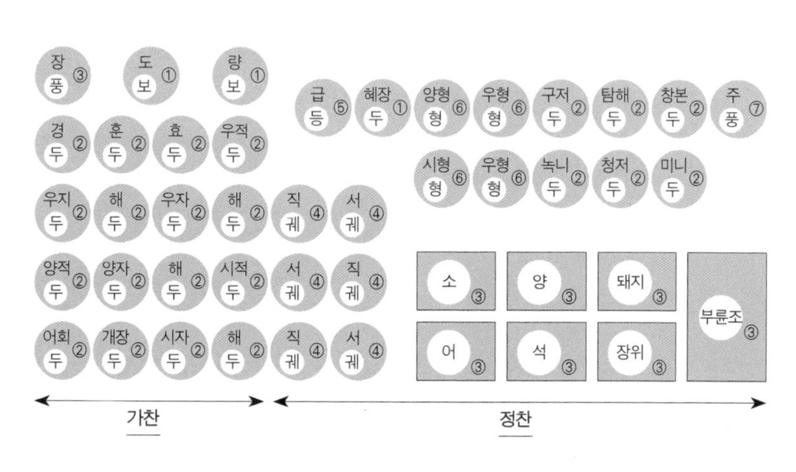

〈그림 7〉『의례』「공식대부례」에서 제시한 손님맞이 상차림

풍(豊)을 잡고 진설한다.

이상 정찬 차리기가 끝나면 공이 손님에게 먹도록 권유하고, 손님은 정찬 2, 정찬 4, 정찬 3, 정찬 6, 정찬 7을 차례로 제사 올리고 먹는다.

다음은 가찬을 진설한다.

공이 보(簠)에 담은 도(稻, 찹쌀밥)와 량(粱, 차조밥)을 진설한다. 가찬 1이다.

가찬 2는 소, 양, 돼지의 왼쪽 절반으로 만든 반찬 16그릇이다. 두에 담아 사(士)가 진설한다. 우지(牛脂, 소기름), 우자(牛胾, 소고기육회), 양자(羊胾, 양고기육회), 시자(豕胾, 돼지고기육회) 각각을 해(醢, 육젓)와 한 조가 되게 차리며, 생선회[魚膾]는 겨자장[芥醬]과 한 조가 되게 차린다. 간을 해서 구운 우적(牛炙, 소고기꼬치구이), 양적(羊炙, 양고기꼬치구이), 시적(豕炙, 돼지고기꼬치구이)과 경(臐, 소고기로 만든 곰국), 훈(臐, 양고기로 만든 곰국), 효(膮, 돼지고기로 만든 곰국)도 진설한다.

가찬의 진설이 끝나면 손님인 대부는 도와 량을 제사하고 나서 서수(庶羞, 맛있는 반찬) 16그릇의 음식을 조금씩 모아 합하여 하나로 해서 제사를 올린다. 제사를 올리고 나서 손님은 량을 정찬의 급 및 혜장과 함께 먹는다.

〈그림 7〉의 가찬에 차려진 장(漿)은 다만 입을 가시는 데 사용한다. 손님이 가찬을 먹고 나면 재부가 오른손에 장이 들어 있는 치를 들고, 왼손에 치를 받치는 풍을 들고서 손님에게 입을 가시도록 권한다. 손님은 치를 받아 들고 재부는 풍을 도가 차려진 서쪽에 놓는다. 손님은 무릎 꿇고 앉아 장을 제사한 후 입가심을 위하여 마시고 치를 풍 위에 놓는다.

정찬 1 혜장, 정찬 5 급, 가찬 1 도와 량은 공이 직접 진설하고, 정찬 3 수육과 가찬 2의 반찬 16그릇은 사가 진설하며, 정찬 2의 저와 해, 정찬 4

의 서와 직, 정찬 6의 갱, 정찬 7의 술 그리고 제일 마지막에 올라가는 음료 장은 재부가 진설한다는 것이다. 진설을 맡은 각각의 몫을 다시 한 번 검토해보자.

공: 혜장(초장), 급(대갱), 도(찹쌀밥)와 량(차조밥)

사: 각종 수육, 각종 육회와 육젓, 어회와 겨자장, 각종 구이, 각종 곰국

재부: 소금절임채소와 육젓, 서(기장밥)와 직(메조밥), 각종 갱, 술, 장(음료)

이렇듯 공, 사, 재부가 정찬과 가찬의 음식을 나누어 진설했다는 것은 상차림에서 차지하는 음식의 비중을 제시하는 것이다. 즉 음식의 대표는 공이 직접 차린 도와 량 및 급 그리고 혜장이다.

밥 중에서도 미미(美味, 맛있음)의 도와 량 및 모든 찬의 대표인 국(급, 대갱)이 상차림의 가장 기본이라는 뜻이며, 혜장은 모든 반찬의 간을 맞추어준다는 의미에서 반찬의 대표가 된다는 것이다. 그러니까 상차림에서 서열을 따지면 공이 차린 음식 → 사가 차린 음식 → 재부가 차린 음식이 되는 셈이다.

「공식대부례」가 쓰였을 당시 격식 있는 식사 예법은 상을 차리고 나서 먼저 각각의 음식을 제사한 후 식사하는 것이었다. 정찬을 차리고 나서 제사한 다음 식사하고, 가찬을 차리고 나서 제사한 후 식사한다. 그 후 입가심 음료를 마시고 식사가 끝난다.

중국에서 상차림의 기본이 밥과 국이었음은 「공식대부례」 이후에도 상당히 오랫동안 지속되었다. 『예기』에는 "식(食)과 갱(羹)은 제후부터 서민에 이르기까지 똑같다"라고 하였다. 이러한 사실은 여러 기록에서 언급된다.

현명하구나, 안회(顏回) 단식(簞食)에, 한 바가지의 물[飮]. 좁고 구차한 곳에서 머물고 있는데, 사람들은 근심으로 참을 수 없으나 안회는 즐거워하고 있다.

-『논어(論語)』「옹야(雍也)」

제(齊)나라, 기아에 허덕이고 있다. 금오(黔敖)가 식(食)을 거리에 놓아두고 있다. (…) 금오가 왼손으로 식을 올리고 오른손으로 물[飮]을 집어서 말하기를, 아아 어서 와 잡수세요, 라고.

-『예기』「단궁하(檀弓下)」

단(簞)의 식, 두(豆)의 갱(羹)

-『맹자(孟子)』「고자(告子)」

두(豆)의 반(飯), 곽갱(藿羹, 콩잎을 넣고 끓인 국)

-『전국책(戰國策)』「한책(韓策)」

식(食)은 물론 밥을 말한다. 밥과 국이 국민 모두에게는 상차림의 기본이지만, 밥과 국을 먹을 수 없을 정도로 형편이 어려워지면 물이 국을 대신하고 있음을 보여준다.

그러니까 공과 같이 대부보다 높은 지위에 있는 사람이 대접받을 때에는 「공식대부례」의 상차림보다 더 잘 차려 먹었고, 일반 평민일 때에는 밥과 국이 상차림의 기본이 된다는 이야기이다. 『예기』를 근거로 한다면 적어도 전한시대까지는 밥과 국이 기본이 되고 있었다. 밥과 국이 기본이었다는 사실을 근거로 「공식대부례」의 상차림을 몇 개로 나누어본다.

첫째 상차림

정찬	혜장 1기
	소금절임채소 3기와 육젓 3기
	수육 7기
	기장밥 3기와 메조밥 3기
	대갱 1기
	갱 4기
	술 1잔
가찬	찹쌀밥 1기와 차조밥 1기
	곰국 3기, 구이 3기, 육회 4기와 육젓 4기
	어회 1기와 겨자장 1기
	음료 1잔

둘째 상차림

정찬	혜장 1기
	소금절임채소 1기와 육젓 1기
	수육 1기
	기장밥 또는 메조밥 1기
	대갱 1기
	갱 1기
	술 1잔
가찬	찹쌀밥 또는 차조밥 1기
	곰국 1기, 구이 1기, 육회 1기와 육젓 1기
	어회 1기와 겨자장 1기

	음료 1잔

셋째 상차림	
정찬	혜장 1기
	소금절임채소 1기와 육젓 1기
	수육 1기
	기장밥 또는 메조밥 1기
	대갱 1기
	갱 1기
	술 1잔

넷째 상차림	
정찬	혜장 1기
	대갱 1기
가찬	찹쌀밥 1기 또는 차조밥 1기

첫째 상차림은 「공식대부례」 상차림 그대로이고, 둘째 상차림은 「공식대부례」 상차림에서 종류별로 한 종류만을 뽑아내었다. 셋째 상차림은 「공식대부례」의 정찬에서 종류별로 한 종류만을 뽑아낸 것이고, 넷째 상차림은 「공식대부례」의 상차림에서 공이 몸소 진설한 음식만을 발췌하였다. 넷째 상차림은 공이 직접 진설했다는 점에서 상차림의 기본으로 설정할 수 있을 것이다.

여기서 혜장은 초장이기 때문에 이를 제외하면 상차림의 기본은 밥과 갱이라는 설명이 가능하다. 앞서 『예기』, 『논어』, 『맹자』, 『전국책』에서 보여주는 밥과 갱이 제후부터 서민에 이르기까지 똑같고, 구차한 생활이 되면 갱 대신에 물이 차지하였다는 이해가 가능하다.

다만 생활수준에 따라 갱이나 밥의 종류도 달리하여 고깃국이 채소국으로, 쌀밥과 차조밥이 기장밥이나 메조밥이 되었을 것이다. 밥상만큼 높은 굽다리그릇인 두에 음식을 고여 담아 무릎 꿇고 앉아 식사하는, 다시 말하면 굽다리그릇이 밥상을 대신했던 「공식대부례」 식 차림법은 적어도 서주(西周)시대(BC 1100~770)를 거쳐 춘추시대까지 지속되었으리라고 볼 수 있는 다음과 같은 기록이 있다.

美食方丈, 目不能遍視, 口不能遍味

맛있는 음식이 많이 있는데도 두루 볼 수도 없고 두루 먹을 수도 없다.

- 묵자

우리의 밥상차림과 유사한 한대의 밥상차림

그렇다면 밥상의 원형은 어디에서 출발했으며, 한반도에는 어떻게 유입되었는지 살펴보자. 놀랍게도 밥상의 원형은 유목민 흉노족에게서 찾을 수 있다.

혼란기였던 고대 중국으로 거슬러 올라가보자.

견고한 봉건체제 아래 엄격한 신분질서와 제사의식을 확립한 주나라는 춘추시대(BC 770~453)를 맞으며 국운이 쇠락한다. 노(魯), 위(衛), 진(晉), 정(鄭), 조(曹), 채(蔡), 연(燕), 제(齊), 진(陳), 송(宋), 초(楚), 진(秦) 등 열국들의 전쟁이 끊이지 않았다. 춘추시대 이후 열국의 하나였던 진(晉)

나라의 대부(大夫) 한건, 위사, 조적이 집정관 지백을 쓰러뜨리고 한(韓), 위(魏), 조(趙) 세 나라로 분리 독립한 이후 제(齊), 초(楚), 연(燕), 진(秦)과 함께 대표적 열국이었던 시대가 전국시대(BC 453~221)이다. 전국시대 역시 전쟁이 끊이질 않았으며, 이 틈을 타고 북에서는 흉노족의 침입이 빈번해지면서 유목민 문화가 대거 유입된다. 진(秦)의 시황제가 중국을 통일한 기원전 221년, 극성스럽게 쳐들어오곤 하는 북쪽 흉노족의 침입을 막기 위해 만리장성을 정비하기도 한다.

흉노는 기원전 3세기에서 1세기 사이에 장성(長城) 지대와 몽고 지방에서 활약한 북적(北狄)의 일파인 유목민족이다. 흉노는 수장을 선우(單于)라 칭했는데, 묵돌(冒頓) 선우가 집권한 이후 약 150년간이 전성기이다. 그들은 우수한 청동기 무기를 보유하고 동쪽으로는 열하[熱河, 중국 승덕의 과거 이름]부터 서쪽으로는 지금의 신장성까지 광대한 지역을 지배하였다.

흉노는 남중국의 혼란기를 틈타 빈번히 내륙 깊숙이 쳐들어오곤 하였다. 이 시기에 북방 유목민 문화가 중국 내륙에 유입되었다. 그중 하나가 좌식생활에 적합한 원반이나 사각반 밥상과 쟁반이다.

유목민족은 농경민과 같은 붙박이 주택에서 살지 않는다. 양과 말, 소가 풀을 다 뜯어 먹으면 곧 풀이 많은 새로운 초원지대로 이동해야 하기 때문에 이동식 주택을 지어 살았다. 철거와 축조가 쉬운 이동식 주택은 천장이 낮으며 그 속에서의 생활은 대부분 좌식생활일 수밖에 없다. 따라서 양탄자 위에 우리의 안방에서나 볼 수 있는 작은 원반이나 사각반을 놓고 음식을 차려 먹는다. 이 밥상문화가 중국 내륙 깊숙이 유입된 것이다.

자전(字典)의 원류인 후한시대의 『설문(說文)』에 "두(豆)란 옛날 고기를 먹을 때의 식기이다(豆古食肉器也)"라고 밝힌 것을 보면 한나라 때 이미 두를 옛 식기로 간주하고 있었음을 알 수 있다. 이는 좌식생활에 적합한 유목민의 원반이나 사각반 유입의 결과이다.

기원전 2세기 전한 장사국(長沙國)의 재상 대후이창(軑候利倉)의 부인 묘로 알려진 마왕퇴 1호 묘에서 발굴된 각양각색의 식기와 반은 당시 상차림 모습을 가늠하게 해준다(〈그림 8〉). 다리가 짧은 식기를 담는 옻칠기 궐(蕨), 역시 식기를 담는 쟁반 모양의 평반(平盤), 구운 고기를 담는 식기 비사(椑榹), 고깃덩어리를 담는 식기 우(盂), 술잔인 옻칠기 배(杯) 등이 출토되었다.

이는 비사와 우 등에 음식을 담아 궐과 평반에 차려 먹는 형태로 굽다리그릇인 두보다 사용하기 편한 그릇들이다. 부장품들은 전한시대의 상

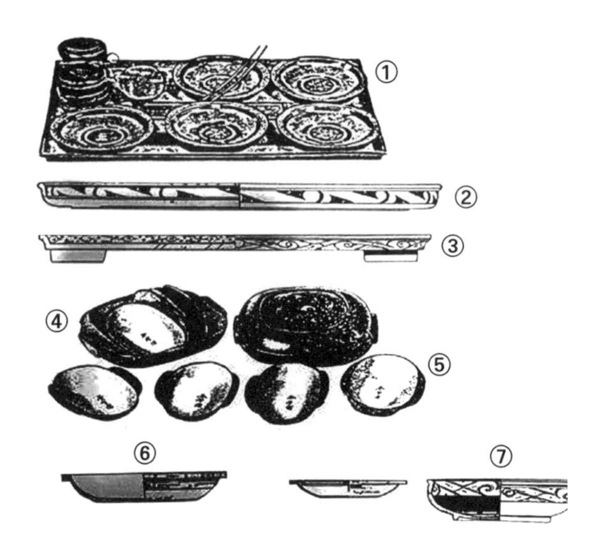

〈그림 8〉 전한시대 장사마왕퇴 1호 묘에서 출토된 식기와 밥상. 위부터 ① 반(盤) ② 평반(平盤) ③ 궐(蕨) ④ 합(盒) ⑤ 배(杯) ⑥ 식반(食槃)과 비사(椑榹) ⑦ 우(盂)

류층이 깔자리에 앉아서 반 혹은 궐 위에 식기를 차려 식사하였음을 보여준다.「공식대부례」에 등장한 굽다리그릇이 밥상을 겸했던 양식은 사라지고, 전한시대에는 밥상을 차려서 그 위에 음식을 담은 식기를 놓고 식사하였던 것이다.

이러한 밥상문화는 춘추전국시대 550년이라는 긴 시간 동안 유목민들이 영위했던 밥상문화의 영향이라고 볼 수 있는데, 보다 급속한 도입 시기는 흉노족이 흥성했던 전국시대였을 것이다.

밥상이 보급되면서 두가 밥상처럼 높아서는 안 되었기에 굽다리는 점점 짧아졌다. 제기로 쓰이는 두는 밥상 위에 두를 차리는 형태가 되어 오늘날 굽다리그릇으로 남아 있는 제기의 모습을 간직하게 되었다. 밥상에 차리는 그릇은 굽다리가 높으면 불편했기에 굽다리가 짧아져 점차 접시나 사발 형태가 된다. 이러한 접시와 사발 유형이 장사마왕퇴 1호 묘에서 발굴되었다.

후한시대가 되면 상(牀), 탑(榻), 평(枰), 혹은 깔자리에 앉아서 식사하는 모습이 화상석(畫像石)에 많이 나타난다(〈그림 9〉). 깔자리에 앉아서 하는 식사는 네모난 소반 혹은 둥근 소반을 사용하고, 상 또는 탑에 앉아서 하는 식사는 궤(几)를 사용하고 있다.

「공식대부례」의 상차림은 한 사람이 무릎을 꿇고 앉아 정찬과 가찬으로 구성된 한 조의 상을 받는 독상 형태였다. 이 독상은 후한시대에도 계속 이어졌다. 독상이긴 하나「공식대부례」시절보다 상당히 간소화된 상차림법(〈그림 9〉)은 전국시대 사람이었던 굴원(屈原)이 쓴『초사(楚辭)』에 이미 나타난다. 그는 한 끼 식사에서 주식이 2종류, 점심이 2종류, 반찬이 10종류, 합계 14종류뿐인 상차림을 기술하였다. 음식을 많이 차린 춘추시대에 비하여 전국시대에는 적게 차렸음을 말하는데, 화상석에서 드러난 것처럼 두를 사용하지 않고 네모난 소반이나 둥근 원반에 음식을 차리는 상차림법은 전국시대에 이미 채택되었을지도 모르겠다.

어쨌든 『사기(史記)』 「맹상군열전(孟嘗君列傳)」에서는 전국시대의 식사는 한 사람이 독상을 받는 형태임을 기술하고 있다. 양나라시대로 거슬러 올라가 『문선(文選)』에서도 많이 차리는 것에 대한 낭비를 지적하여

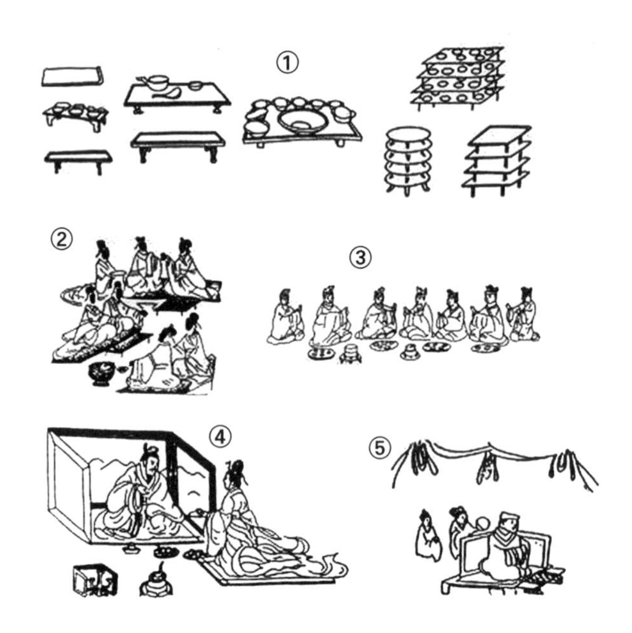

〈그림 9〉 화상석에 그려진 후한시대의 상차림

① 궤 · 안(네모난 밥상) · 둥근 밥상 · 합 · 배 · 접시가 그려져 있다.
② 깔자리를 깔고 무릎 꿇고 앉아 안을 앞에 놓고 연음하는 모습.
③ 7명의 남자가 접시를 차린 반과 둥근 밥상을 앞에 놓고 술을 마시고 있다
④ 평과 깔자리에 앉아 부부가 식사하는 장면으로 앞에는 젓가락과 음식 담은 그릇을 반에 차려놓았다.
⑤ 탑에 무릎을 꿇고 앉아 식사하는 장면으로 앞에 궤에 차린 음식을 받고 있다.

"사치스럽게 음식을 많이 차리는 것은 안 될 일"이라고 하였다.

〈그림 9〉의 궤, 반, 안은 신분에 따라 사용되었다. 최상급 신분은 궤, 그다음이 안, 또 그다음이 반이었고, 낮은 신분은 서서 먹기도 하였다.

궤로 차리든, 반과 안으로 차리든 밥상차림은 앞서 기술한 「공식대부례」의 '둘째 상차림' '셋째 상차림' '넷째 상차림'을 크게 벗어나지 않았을

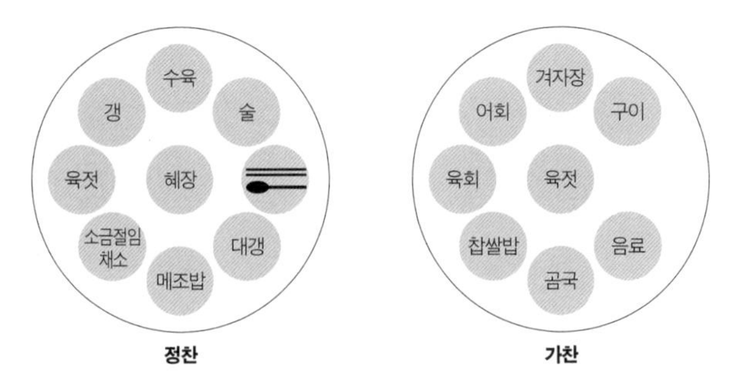

〈그림 10〉 한나라 시대의 상차림법. 둘째 상차림, 1인분

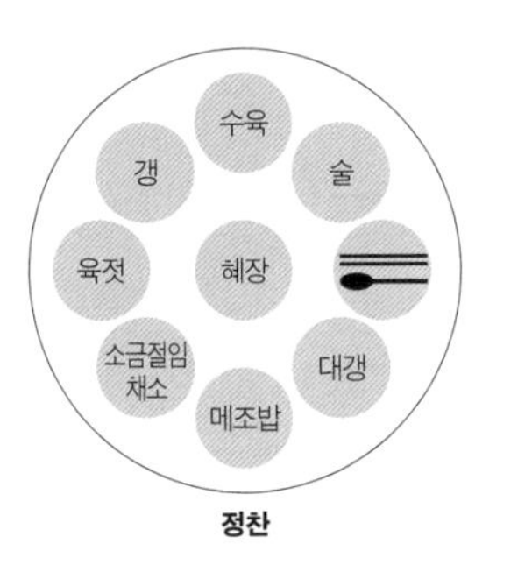

〈그림 11〉 한나라 시대의 상차림법. 셋째 상차림, 1인분

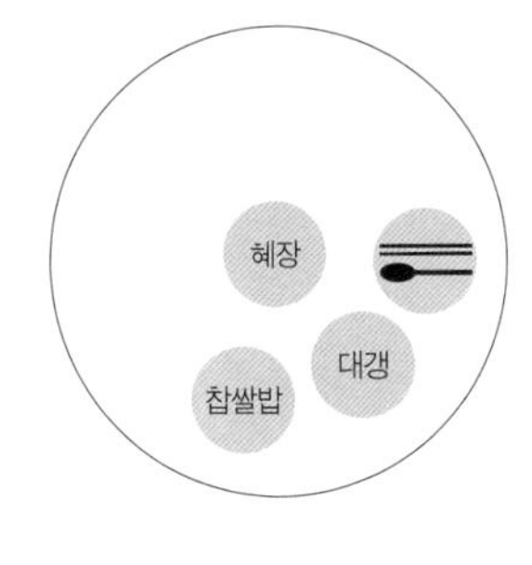

〈그림 12〉 한나라 시대의 상차림법. 넷째 상차림, 1인분

것이다.

둘째 상차림에 해당하는 <그림 10>은 정찬과 가찬을 한 조로 해서 받는 독상이니까 신분이 높은 상류층의 밥상차림이다. 그림의 밥상을 궤로 대체하는 것이 좋을 듯하다.

셋째 상차림에 해당하는 <그림 11>은 정찬만을 차린 밥상차림이지만 역시 상류층의 밥상차림이다. 이 역시 궤가 더 타당할지도 모르겠다.

넷째 상차림에 해당하는 <그림 12>도 상류층의 밥상차림이라고 보는데, 안 또는 반에 차렸을 것이다.

평민이나 가난한 계층의 경우에는 메조밥과 채소국으로 한 조가 되도록 하여 반에 차리든가, 혹은 밥상 없이 소쿠리로 만든 칸막이 도시락에 메조밥을 담아 국 없이 물과 한 조가 되도록 차리고 식사하였을 것이다.

고구려인의 밥상차림

기원전 4세기 말, 고조선과 연나라의 무력 충돌로 인해 고조선은 서쪽 영토의 200여 리를 상실하게 되었다. 이때 고조선의 피난민 일부는 랴오둥반도에서 바닷길을 통해 한반도의 서해안으로 흘러 들어왔고, 일부는 육로로 대동강 유역으로 유입된다. 이들은 한반도 지역의 원주민들보다 정치 사회적으로 진보적이었고 기술 수준도 앞서 있었다. 이들의 유입은 결국 기존 농경공동체 사회의 질서를 붕괴시키는 원인으로 작동하여 한반도는 일대 사회적 개편기를 맞이하게 된다.

이주민들은 토착사회와 곧 융화된다. 앞선 기술과 정치 사회적 경험을 바탕으로 고인돌 사회를 장악하여 토착사회의 사회질서를 완전히 재편한다. 새로운 사회의 수장으로 부상한 사람들은 세형동검을 비롯한 다양한 청동기를 소유하며 자신의 권위를 과시하였다.

기원전 2세기 초, 고조선은 위만(衛滿)에 의해 왕위를 찬탈당한다. 그 후 88년 동안 위만이 통치한 위만조선(衛滿朝鮮)은 전한 무제(武帝)와의 무력 충돌에서 패하여 나라를 잃게 된다. 패배한 유민집단은 단조철기(鍛造鐵器) 기술을 가지고 남쪽으로 내려온다. 위만조선이 다스렸던 땅에 무제가 한사군(漢四郡)을 설치한 것은 기원전 108년의 일이다.

한편 고조선과 위만의 유민집단을 받아들인 한반도 남쪽에는 마한, 진한, 변한이 있었다. 마한은 기원전 3~4세기경에 지금의 충청남도와 전라북도, 전라남도에 걸쳐 살아간 50여 개의 부족국가로 이루어진 나라로 농경을 주로 하는 부락공동체를 형성하고 있었고, 기원전 18년에 백제에 멸망하였다.

진한은 1세기에서 3세기 말경까지 한반도 남부에 거주한 한족 78부락 국가 중 동북부 12국의 총칭으로, 지금의 경상북도 영해, 안동, 상주를 북쪽 경계로 하고, 경상남도의 언양, 창녕, 가야산을 남쪽 경계로 하며, 서쪽은 추풍령을 넘어 황간, 옥천의 돌출부를 경계로 하였다. 4세기 중엽 진한 12국 중의 하나인 사로(斯盧)에 패망하고 후에 신라에 통일되었다.

변한은 지금의 경상남도, 경상북도, 경기도, 강원도 일부를 차지하는 20부락 국가로 이루어진 나라였다. 농경을 기반으로 직포와 철의 산출로 유명했다. 변한 또한 후에 신라에 병합되었다.

또한 만주에는 동이(東夷)라고 불리며 철기문명을 적극 받아들일 정도로 앞선 나라, 부여가 있었다. 부여는 궁궐, 성책, 창고, 감옥 등 진보된 제도와 조직을 바탕으로 다스려진 가장 진보적인 나라였다. 중국의 사서(史書)는 고구려와 백제가 부여의 별종(別種)으로 부여에서 파생되었다고 하였다.

이러한 한반도 상황으로 미루어보건대 한사군 설치 이후 지속적으로 한(漢) 문화가 유입되었을 것이다. 당시 상차림 상황을 중국의 사서를 통하여 살펴보자.

낙랑군(樂浪郡), 전민(田民)은 음식을 변(籩)과 두(豆)를
사용하여 먹는다.

-『한서(漢書)』「지리지(地理志)」

부여국(夫餘國), 음식에는 조(俎)와 두(豆)를 사용한다.

-『후한서(後漢書)』「동이전(東夷傳)」

부여, 음식은 전부 조와 두를 사용한다.

-『삼국지(三國志)』「위지동이전(魏志, 東夷傳)」

고구려, 식(食)에는 조(俎)와 궤(几)를 사용한다.

-『위서(魏書)』「고구려전(高句麗傳)」

고구려, 식에는 조판(俎板)을 이용한다.

-『북사(北史)』「동이전(東夷傳)」.

고구려, 식에는 변, 두, 보(簠), 궤(簋)를 사용한다.

-『신당서(新唐書)』「동이전(東夷傳)」

낙랑군은 음식을 변(籩, 대나무로 만든 굽다리그릇)과 두에 담아 먹는데 부여 역시 두를 사용한다는 것이며, 고구려는 변과 두 외에 보(簠, 네모지게 만든 밥그릇)와 궤(簋, 둥글게 만든 밥그릇)에 음식을 담아 먹는다 하였다.

「공식대부례」를 근거로 한다면 변과 두는 반찬그릇이고, 보와 궤는 밥

그릇이다. 중국은 한나라 시대에 이미 원반이나 사각반과 같은 밥상을 사용하고 있었으나, 부여나 고구려는 중국으로부터의 유입이 늦어져, 한나라에서는 이미 옛날 그릇으로 취급되어 제사 때나 사용되었던 굽다리그릇에 반찬과 밥을 담아 먹었다는 이야기이다.

고구려에서는 조(俎, 고기를 얹어놓는 그릇)와 궤(几)를 사용한다고도 하였다. 조는 조판(俎板)이라고도 하기 때문에 조와 조판은 같다. 조는 원래 도마에서 출발한 것이 고기를 얹는 용도로 변하였다. 「공식대부례」에서도 수육을 조에 담아 차렸다. 부여와 고구려에서 조를 언급한 것은 고기 담는 그릇을 뜻하거나 밥상을 대신하여 사용했을 가능성이 있다.

궤는 일종의 탁상이다. 고구려에서 '식에 궤를 사용한다' 한 것은 무용총 고분벽화(〈그림 14〉)에도 나타나는 바와 같이 중 · 후기 고구려 상류사회의 식사 모습을 기록한 것으로 보인다.

어찌 되었든 낙랑군의 점령지였던 평양에서 한대의 장사마왕퇴 유물과 거의 비슷한 유물들이 출토되었다. 모피로 만든 깔자리에 앉아 있는 왕의 모습, 반(盤)과 유사한 선(椗), 굽다리가 달려 있는 두, 술잔 배(桮) 등이 그것이다. 두의 굽다리는 상당히 짧다(〈그림 13〉). 아마도 원반이나 사각반을 차리고 그 위에 굽다리가 짧은 굽다리그릇에 음식을 담아 진설하는 상차림법을 채택했을 것이다. 낙랑의 사정이 이러하다면 부여나 고구려의 밥상차림도 이러하였을 것이다.

5세기 말로 추정되는 고구려 무용총 고분벽화에는 좌식생활이 그려져 있다(〈그림 14〉). 기다란 다리가 달린 상인 궤(几)가 부부인 듯한 두 사람 앞에 놓여 있다. 한 사람 앞에 2개씩 한 조로 구성되어 있어 위의 궤에는 굽다리그릇이지만 굽다리가 짧은 커다란 두에 과일인 듯한 것이 담겨 있다. 독상을 받은 주인공 앞의 궤에는 옻칠기인 듯한 작은 그릇이 5개 놓여 있다.

동천왕 원년(227), 왕비가 왕의 마음을 알아보기 위해, 밥상을 올릴 때 근시를 시켜 왕의 옷에 국을 엎지르게 하였다는 『삼국사기』의 기록을 근거로 한다면, 아마도 이 속에는 밥과 국 그리고 3종류의 반찬을 담았을 것이다. 그 앞에는 음식 시중을 들기 위해 하인이 무릎을 꿇고 앉아 있다.

또 하나의 그림에는 음식을 담은 작은 궤와 반을 들고 부엌을 나서는 두 여인의 모습이 보인다. 앞의 여인은 본처이고 뒤의 여인은 첩일 것이다. 그릇은 역시 옻칠기로 보인다. 당시 고구려 상층부의 사람들은 음식을 반이나 궤에 차려 먹고, 음식 담는 그릇은 굽이 짧은 굽다리그릇 두와 오늘날 우리들이 사용하는 주발, 사발, 종지 등과 같은 모양의 옻칠기 모두를 사용하였음을 보여준다.

무용총 고분벽화에서 드러난 독상차림, 궤와 반의 사용, 굽이 짧은 굽

〈그림 13〉 평양에서 출토된 낙랑시대 유물들. 위에서부터 왕이 모피로 된 깔자리에 앉아 있는 모습과 궐(厥), 굽다리가 짧은 두(豆), 배(桮)

다리그릇과 주발 · 사발 · 종지 사용, 간소한 밥상차림, 입식생활은 비록 5세기 말경이라고 하지만 놀라운 사실이다. 현재 우리들의 생활과 거의 유사하기 때문이다. 이때의 굽다리그릇은 오늘날 굽다리그릇처럼 굽다리가 완전히 짧아진 형태로 예기(禮器)로 쓰였다. 과일인 듯한 것이 담겨 있고, 굽다리가 짧은 커다란 두는 밥 먹기 전 제사를 위한 것일 가능성이 있다.

신분에 따라 다른 조선의 밥상차림

『해동제국기(海東諸國記)』는 1471년 신숙주 등이 지은 책으로 그 출간 배경이 주목할 만하다.

14세기 이후 일본에서는 산업과 상업이 발달하였다. 상업자본이 활성

〈그림 14〉 고구려 무용총 고분벽화(5세기 말 만주의 집안(輯安) 지역)

화되고 연해민의 활동도 자유로워지면서 해외 물자를 갖고자 하는 욕구도 커졌다. 이때 출현한 것이 왜구이다. 고려 말 공민왕과 우왕 양대 37년간, 왜구가 452회나 침입한 것은 통제 불능했던 고려 말의 시대 상황을 짐작하게 한다. 왜구 침입은 공민왕 때 74회, 우왕 때 378회에 이르고, 이러한 혼란스러운 시대 상황은 조선왕조에 커다란 과제로 넘겨졌다.

조선왕조는 중국 명나라에 대해서는 사대(事大)를, 일본에 대해서는 교린(交隣)을 외교의 2대 지주로 삼았다. 일본에 대한 교린외교는 왜구를 막기 위한 정책의 일환이었고, 이에 따라 조선 전기에는 일본으로부터 2천여 명의 사신이 조선 땅을 드나들었다.

아시카가막부(足利幕釜)가 약체였기 때문에 막부뿐만 아니라 왜구 발생지인 서부 일본의 여러 호족과도 교빙하는 다원적 외교를 취한 까닭이다. 당시 일본 사신 내조 상황에 대하여 『세종실록(世宗實錄)』에 다음과 같은 기록이 있다.

허조가 말하기를, 처음에는 일본에서 사신으로 오는 자들이 얼마 되지 않더니만, 몇 해째부터 칼 한 자루를 바치는 자도 사신이라 하면서 장사 목적으로 재물을 가지고 꼬리를 물고 드나듭니다. (…) 왜관을 수도 밖에 만들어서 성 안으로 들어오지 못하게 해야 합니다.

(세종 1년 9월)

임금이 말하기를, 왜인에 대한 접대를 다시 시작하겠으니 예조에서는 의정부와 함께 대책을 논의하여 시행할 것이다. 성 밖에다 왜인의 객관을 짓는 일이 당면한 급한 문제이다.

(세종 1년 10월)

꼬리를 물고 드나드는 일본 사신을 접대하기 위해 성 밖에 객관(客館)을 짓도록 기술한 실록의 한 대목이다. 이러한 상황에 대응하기 위해 세종은 25년(1443) 변효문을 정사(正使)로 하고 윤인보를 부사(副使)로, 신숙주를 서장관(書狀官)으로 하는 통신사를 일본에 파견한다. 그러면서 일본에 대해 상세히 조사하여 기록할 것을 명한다. 신숙주는 일본에 직접 가서 보고 들은 상황을 『해동제국기』에 담아 1471년 성종임금께 올린다.

『해동제국기』에는 일본의 정치, 사회, 풍속에 관한 것들이 풍부하게 기술되어 있다. 삼포(三浦, 부산포 · 제포 · 염포) 및 경성에서 일본 사신에게 접대하는 숙공(熟供) 등에 대해서도 언급하였다.

조선 전기에 내방한 일본 사신들은 크게 네 부류이다. 첫째는 막부(幕府)의 사신이고, 둘째는 여러 큰 제후[巨酋]의 사신이며, 셋째는 구주절도사(九州節度使)와 대마도주(對馬島主)의 특송사(特送使)이고, 마지막으로 각 주 제후의 사신과 대마도 사람으로서 관직을 받은 사람이다.

내방한 사신에게는 대략 두 부류로 분류하여 밥상을 제공했다. 계급별로 분류한 숙공은 아침과 저녁 밥상에 7첩상과 5첩상을, 점심 밥상은 5첩상과 3첩상을 차렸다(〈그림 15〉 〈그림 16〉).

3첩상, 5첩상, 7첩상은 반드시 차려야 하는 정찬이다. 술이 제공될 때에는 정찬 외에 탕과 적이 별도로 제공되었다.

문헌에는 밥과 국 외의 찬에 대해서는 구체적인 기술이 없다. 하지만 『해동제국기』가 나온 지 324년 후에 간행된 『원행을묘정리의궤』에 3첩상, 5첩상, 7첩상이 제시되어 있으므로 이들 차림법이 조선왕조 전기 동안 왕실에서 채택한 밥상차림으로 보아도 좋다.

『영접도감의궤』에 나타난 밥상차림

명나라와의 외교를 중시한 조선왕조는 사신이 오면 극진히 대접하였다. 명 사신에 대한 소홀한 태도는 명 황제에 대해 예의를 다하지 못한 것으로 간주되기 때문에 좋든 싫든 조정 상하가 사신을 영접하는 데 최선을 다하였다. 사신들은 조선 국왕의 즉위 승인, 왕세자 책봉 승인, 명나라 황제의 등극 및 황태자 책봉 등을 알려오는 조서와 칙서 등을 들고 내왕했다. 외교 문제 외에도 공사(公私) 무역의 목적도 있었다.

사신이 오면 차질 없는 접대를 위하여 조정에서는 임시로 영접도감이

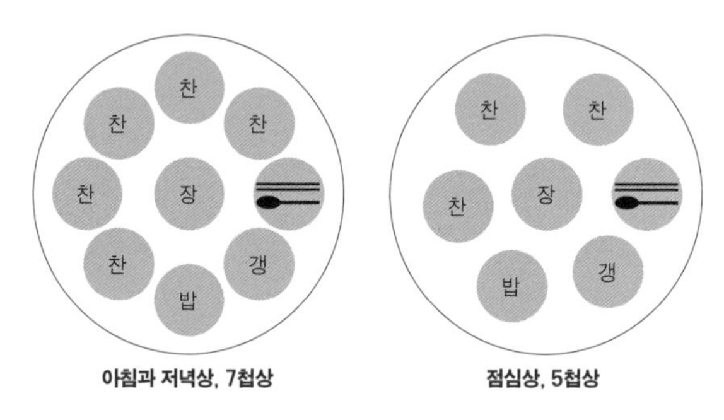

〈그림 15〉 일본 사신인 정사, 부사, 정관을 위한 밥상차림

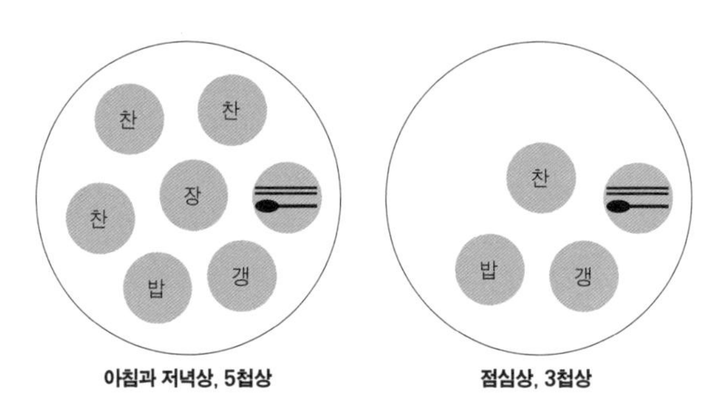

〈그림 16〉 막부의 사신 수행원을 위한 밥상차림

라는 관청을 세웠다. 사신이 돌아가면 영접도감에서 접대한 전후 사실을 기록으로 남겼고, 이것이 『영접도감의궤(迎接都監儀軌)』이다.

1609년 6월 2일, 광해군 책봉 문제로 유용(劉用)이라는 책봉천사(冊封天使, 책봉을 하러 온 천국의 사자) 등이 입경했는데, 이때 그들을 접대한 밥상차림이 〈그림 17〉이다.

은접시에 담은 젓가락과 숟가락, 중국제 중간 크기의 자기 사발에 담은 국[羹], 은바리에 담은 밥, 중간 크기의 자기 접시 1그릇에 5종류의 구이를 합하여 담았는데, 이는 좇바디[追奉持]라 하여 시중 드는 사람이 받들어 올리라는 뜻에서 뒷줄에 차린 어육구이 5사발로 구성하였는데, 이 5사발은 중국제 중간 크기의 자기 사발[唐製磁中椀]에 담았다.

중국제 작은 크기의 자기 접시에 담은 여러 종류의 젓갈, 역시 중국제 작은 크기의 자기 접시에 담은 여러 종류의 장과, 중국제 작은 크기의 자기 종지에 담은 겨자장과 간장, 중간 크기의 자기 접시에 담은 여러 종류

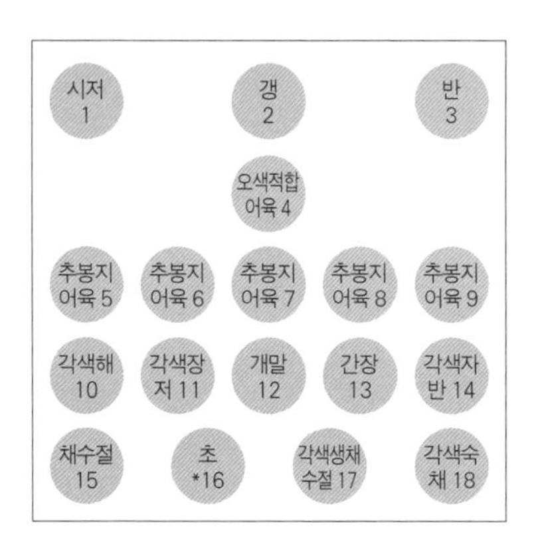

1. 은첩
2. 당제자중완
3. 은발
4. 자중접시
5~9. 당제자중완
10. 당제자소접시
11. 당제자소접시
12, 13. 당제자소종지
14. 자중접시
15. 당제자소접시
16. 당제자소종지
17, 18 당제자소접시
* 첩수에 넣지 않음.

〈그림 17〉 1609년 명나라 사신에게 제공된 아침밥, 점심밥, 저녁밥

의 자반[各色佐飯], 중국제 작은 크기의 자기 접시에 담은 계절 침채, 중국제 작은 크기의 자기 종지에 담고 첩수에 넣지 않는 초, 중국제 작은 크기의 자기 접시에 담은 여러 종류의 계절 생채, 역시 중국제 작은 크기의 자기 접시에 담은 여러 종류의 숙채를 찬품단자로 해서 네모난 밥상에 차려 아침밥, 점심밥, 저녁밥으로 올렸다.

언뜻 보면 많이 차린 듯 보이지만 밥, 국, 구이, 젓갈, 장과, 자반, 침채(채수절), 생채, 숙채로 구성된 9첩반상이다. 장과는 겨자장, 자반은 간장, 생채는 초와 한 조가 되게 하고, 5종류로 구성된 어육구이는 시중 드는 사람이 한 그릇에 담아 올리는 형태이다.

사신께 공경하는 마음을 드러내 보이기 위해 이렇게 화려한 9첩반상을 차린 것은 사신을 황제 대하듯 정성을 다하고자 했기 때문이다.

『원행을묘정리의궤』에 나타난 밥상차림

영조 52년(1776)에 영조가 돌아가시자 영조의 둘째 손자였던 정조임금이 왕위에 올랐다. 정조임금의 아버지는 영조 11년(1735, 을묘년)에 영빈이씨의 소생으로 태어난 사도세자(1735~1762)이고, 어머니는 홍봉한의 딸인 혜경궁홍씨(1735~1815)이다.

아버지 사도세자가 뒤주에서 참변당하는 것을 겪은 정조임금은 즉위한 해 3월 20일, 영조가 내린 시호 사도를 장헌(莊獻)으로 추존하고 수은묘(垂恩墓)라 했던 묘소를 영우원(永祐園)으로 봉호하였다. 또 즉위한 지 13년이 되는 해인 1789년, 양주 배봉산에 있던 영우원을 수원의 화산(花山) 아래로 이장하였다. 사도세자가 돌아가시고 27년 후의 일이다. 이때 정조임금은 영우원이라 했던 묘명을 다시 현륭원(顯隆園)으로 바꾸었다.

아버지 묘를 이장하고 6년이 지난 해인 정조 19년(1795)은 장헌세자와 자궁(慈宮, 혜경궁홍씨)이 갑년(甲年)이 되고, 자전(慈殿, 정순왕후, 영조의 계비)이 51세가 되며, 정조 즉위 20년 등이 겹치는 해였다. 정조임금은 이에 자궁과 자전께 존호를 올린 다음, 자궁을 모시고 청연군주, 청선군주(정조임금의 여동생)와 함께 화성(華城, 지금의 수원)의 현륭원으로 가서 부모님께 환갑잔치를 베풀어드릴 결심을 하고 연회를 개최한다.

『원행을묘정리의궤』는 이때의 사건 전말을 기록한 책이다. 윤 2월 9일 창덕궁을 출발하여 윤 2월 16일 환궁하기까지 8일 동안의 행사 내용과, 행사를 준비하고 행사를 마친 후의 상황을 기술하였다.

왕 일행은 윤 2월 9일 원행 길에 올랐다. 당일 노량참 행궁에서 만든 조수라와 시흥참 행궁에서 만든 석수라를 잡수신 후 시흥참에서 하룻밤을 머무르셨다.

10일 시흥참 행궁에서 만든 조수라를 드시고 길을 떠나 도중에 사근참 행궁에서 만든 주수라를 드신 후 다시 길을 떠나 화성참으로 향하였다. 이후 화성참 행궁에서 만든 석수라를 잡수시고 잠자리에 드셨다.

11일 화성참 행궁에서 만든 조수라를 잡수신 다음에 현륭원을 배알하셨다. 이후 낙남헌에 나아가서 문무(文武)의 시(試)를 보았다. 문은 최지성 등 5명, 무는 김관 등 56명을 뽑았다. 화성으로 돌아와 화성참 행궁에서 만든 석수라를 드시고 경숙하셨다.

12일 화성참 행궁에서 만든 조수라를 드신 다음에 다시 현륭원을 배알하셨다. 원소참에서 만든 주수라를 드시고 화성참 행궁으로 돌아와 석수라를 드셨다.

13일은 화성참 행궁에서 환갑연이 있었다. 봉수당에서 진찬을 올리고 나서 조수라와 석수라를 드셨다.

14일에는 신풍루에서 쌀을 내리고[賜米] 낙남헌에서 양로연을 열었다. 이후 화성참 행궁에서 올린 조수라와 석수라를 드시고 경숙하셨다.

15일 화성참 행궁에서 만든 조수라를 드시고 환궁 길에 올랐다. 중로(中路) 사근참 행궁에서 주수라, 시흥참 행궁에서 석수라를 드시고 그곳에서 경숙하셨다.

다음 날 16일 아침 시흥참 행궁에서 만든 조수라를 드시고 길을 떠났다. 중로 노량참 행궁에서 주수라를 드시고 환궁하셨다.

'수라(水剌)'라는 말은 왕과 어머님 혜경궁홍씨께 올리는 '진지(進止)'를 말한다. 군주에게 올리는 음식을 진지라 했고, 궁인 및 당상 이하의 음식은 '밥상[飯床]'이라 했다.

8일 동안 제공된 밥상차림은 계급별로 달랐다. 최상층부가 자궁이고 다음이 정조임금, 청선군주, 청연군주, 내빈(왕족)이다.

환갑을 맞은 당사자인 어머님 혜경궁홍씨께는 원반과 협반 2개의 상을 한 조로 해서 독상으로 올렸는데, 밥과 탕을 중심으로 차린 원반은 정찬, 밥 없이 맛있는 반찬 3종류로 구성된 협반은 가찬으로 설명이 가능하다(〈그림 18〉).

그런데 『원행을묘정리의궤』는 밥, 갱, 조치, 침채, 장을 기본이라 하고 기본 이외의 것을 찬이라 기술하면서, 기본 중 간장, 초장, 겨자장 등의 장류는 첩수에 넣지 않는다 하였다.

〈그림 18〉로 설명하면 원반에서 젓갈 · 자반 · 구이 · 생선회 · 전, 협반에서 적이 찬에 해당하고, 나머지는 기본 음식이 되며, 기본 중 초장을 첩수에 넣지 않으니 원반 12기 협반 3기 합해서 15첩반상이 되는 셈이다. 이 15첩반상은 찬이 6기이다.

이렇듯 찬이 6기가 되는 것은 『원행을묘정리의궤』에서는 조치의 범주에 증(蒸, 찜), 초(炒), 볶기(卜只), 탕을 넣고 있기 때문이다. 국물이 있으면서 밥 먹을 때 도와주는 음식인 조치는 국물의 농도에 따라 많은 것부터 탕→증→초→볶기로 분류하였다. 당시의 초와 볶기도 어느 정도 국물이 있게 조리했을 것이다. 그러므로 가찬(협반)의 찜과 탕은 모두 조치에 들어가기 때문에 찬은 6기이다.

〈그림 19〉와 〈그림 20〉은 정조임금과 청선군주 · 청연군주 · 내빈께 올린 찬 3기로 구성된 7첩반상이다. 가장 경사스러운 환갑날 올린 수라상과 진지상이니 평상시에는 훨씬 축소된 검소한 밥상을 받았을 것이다.

엄격한 신분사회였던 조선시대, 사람 수를 세는 호칭에 의하여 신분이 가려지기도 하였는데, 외빈(外賓), 당상(堂上), 낭청(郎廳), 각신(閣臣), 제조(提調), 도총관(都摠官), 내외책응감관(內外策應監官), 검서관(檢書官), 장관(將官), 장교(將校)들은 그들 사이에서 비록 지위가 높고 낮더라도 원(員)이라 했다.

〈그림 21〉에서 〈그림 23〉까지는 이들 원에 대한 상차림이다. 외빈을 비롯한 정3품 통정대부(通政大夫) 이상의 관직을 지칭하는 당상부터 각리까지를 포함하는 이들에게는 4첩반상과 2첩반상이 제공되었다.

4첩반상은 독상차림일 경우 소우판(小隅板, 작은 귓판)에, 두레상일 경우 대우판(大隅板, 큰 귓판)에 차렸다. 이들은 기본 중 조치 없이 찬 1기가 채택된 상차림이다. 그러니까 당시 같은 등급의 원에 속하는 계급일지라도, 국가에 소속된 공무원이 아닌 경우에는 두레상으로도 차렸음을 알려주는 항목이다.

2첩반상은 소우판에 차린 독상차림이다. 원에 속하지만 직위가 낮은 내외책응감관, 검서관, 각리에게 제공되었다. 조선왕조의 관직제도를 더 연구하여야 되겠지만, 인(人)에 소속된 규장각 아전인 각리에게도 내외책응감관과 똑같은 대접을 하고 있다. 이는 규장각 아전을 특별히 대우한 것

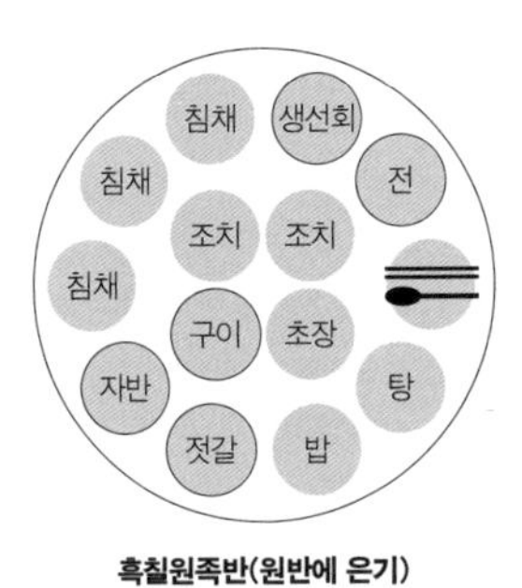

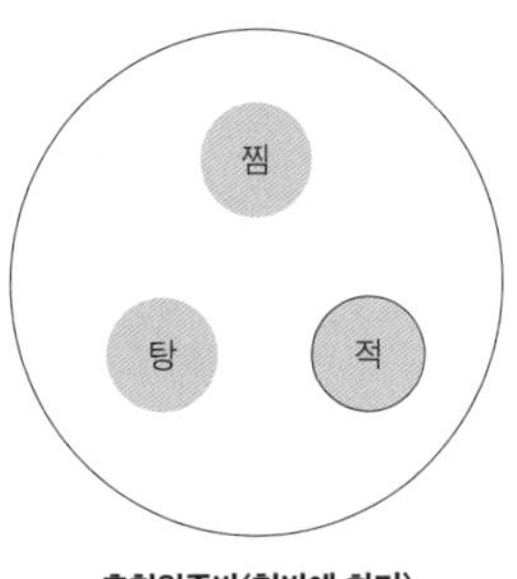

〈그림 18〉 환갑을 맞은 혜경궁홍씨의 수라상, 15첩반상. 출전: 『원행을묘정리의궤』

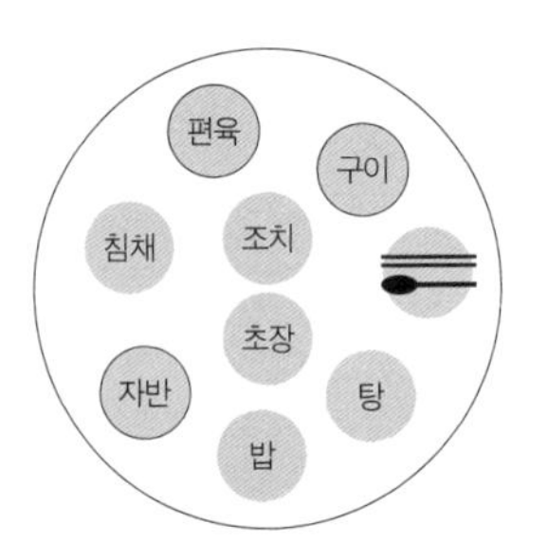

〈그림 19〉 혜경궁홍씨 환갑연에 정조께 올린 수라상, 7첩반상

출전: 『원행을묘정리의궤』

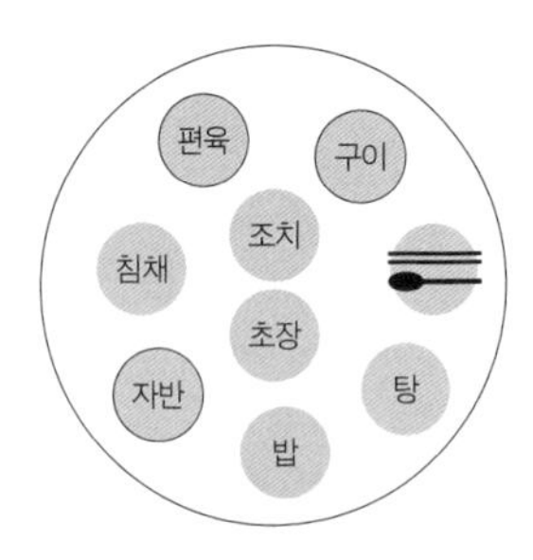

〈그림 20〉 혜경궁홍씨 환갑연에 군주와 내빈께 올린 진지상, 7첩반상

출전: 『원행을묘정리의궤』

소우판(밥과 탕은 유기, 찬은 자기)

〈그림 21〉 혜경궁홍씨 환갑연에 당상, 낭청, 각신, 제조, 도총관에게 제공된 아침, 점심, 저녁 상차림, 4첩반상

출전: 『원행을묘정리의궤』

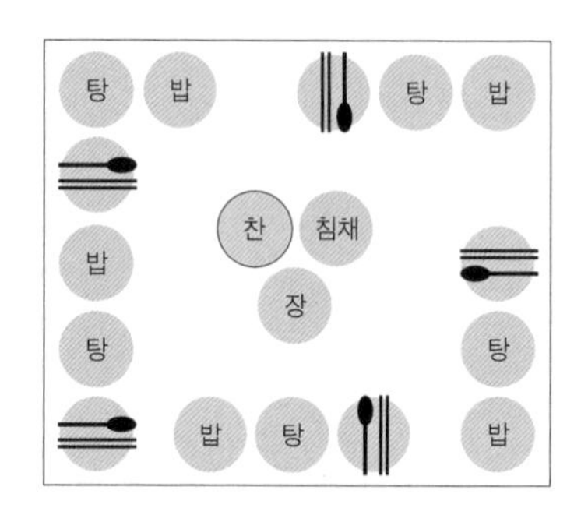

대우판(밥과 탕은 유기, 찬은 자기)

〈그림 22〉 혜경궁홍씨 환갑연에 외빈 5원에게 제공된 아침, 점심, 저녁 상차림. 4첩반상

출전: 『원행을묘정리의궤』

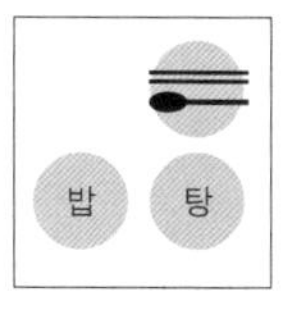

소우판(유기)

〈그림 23〉 혜경궁홍씨 환갑연에 내외책응감관, 검서관, 각리에게 제공된 아침, 점심, 저녁 상차림, 2첩반상

출전: 『원행을묘정리의궤』

이리라.

이 밖에 원에 속하지만 임금의 대가(大駕)를 수행해 움직여야만 하는 장관 23원에게는 밥 2행[飯二行], 담탕(擔湯) 2동해(東海), 찬 1쟁반, 침채 2항(缸)을 제공하였다. 역시 4첩반상이다.

각리, 서리(書吏), 서사(書寫), 궁인(宮人)은 인(人)이라 했다. 〈그림 24〉는 궁인 30인에게 제공한 밥상이다. 3그릇에 밥, 국, 채, 구이를 각각 담아 30명이 먹도록 한 두레상 4첩반상이다. 그런데 서리와 서사 등에게

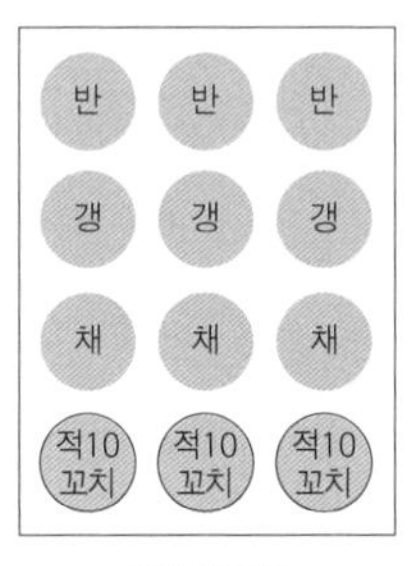

〈그림 24〉 혜경궁홍씨 환갑연에 궁인 30인에게 제공된 아침, 점심, 저녁 상차림

15첩반상	혜경궁홍씨	독상(흑칠원족반)
7첩반상	정조임금, 내빈, 군주	독상(흑칠원족반)
4첩반상	당상, 낭청, 각신, 제조, 도총관	독상(소우판)
4첩반상	외빈	두레상(대우판)
2첩반상	내외책응감관, 검서관, 각리	독상(소우판)
4첩반상	궁인	두레상(대우판)
2첩반상	서리, 서사, 고지기, 장인	밥과 담탕

〈표 3〉 신분에 따라 달리한 조선시대의 밥상

밥 2행, 담탕 1동해를 세 끼의 밥으로 제공한 것과 비교하면 4첩반상은 인에게는 어울리지 않는 밥상차림이다. 왕 가까이에서 일하는 궁인에 대한 배려이다.

고지기[庫直]와 석수, 목수, 야장, 와벽장 등과 같은 장인은 명(名)에 속하였다. 이들을 위한 세 끼의 식사는 2첩으로 밥과 담탕이 제공되었다.

지금까지의 내용을 간단히 정리해보자.

밥과 국이 밥상차림의 기본이면서 이 기본도 신분에 따라 침채, 조치의 순으로 점차 늘어나고, 더 화려하게 차릴 때에는 찬이 추가되는 것이 법칙이다. 그래서 2첩은 밥과 국, 4첩은 밥과 국과 침채와 찬, 7첩은 밥 · 국 · 조치 및 침채와 찬 3종류, 15첩은 밥 · 국 · 조치 4종류와 침채 3종류 및 찬 6종류이다.

사치스러워진 『시의전서』의 밥상차림

조선왕조의 신분제도는 법제적 측면에서 양인과 천인으로 나뉜 종적인 사회였다. 그러나 신분적 측면에서는 양반, 중인, 양인, 천인의 4계급 신분제로 구분되었다.

중인이란 중간 신분의 계급층을 말한다. 각종 기술직을 비롯하여 서리(胥吏), 향리(鄕吏), 군교(軍校), 서얼(庶孼) 등이 속하였다. 기술직이란 의관(醫官), 역관(譯官), 음양관(陰陽官), 산관(算官), 율관(律官), 화원(畫員) 등이다. 즉 양반에는 미치지 못하고 양인보다는 상위에 있었던 하층 지배계급이 곧 중인이다.

그뿐만 아니라 장유의 차례, 남녀의 구별, 적서의 차별 등 횡적으로 구분되어 있었다. 같은 귀족이라도 문반과 무반, 평민이라도 중인, 승려, 환관, 기녀, 상공인, 농민, 무당, 백정 등으로 분류되어 종횡으로 얽혀서 유지된 것이 조선시대의 신분적 특징이다.

임진왜란 이후 조선왕조의 신분제도는 서서히 붕괴하기 시작했다. 그 시초는 역관이 통신사 일행으로 일본을 빈번히 왕래하고, 중국에는 연행사로 오가면서 무역에 참여해 부를 축적한 일이었다. 신분 변화와 계층 이동은 지연스레 이루어졌다.

통신사로 파견된 역관은 연행사로 파견된 역관으로부터 사들인 백사(白絲, 염색하지 않은 명주)를 일본에 가서 팔고 그 대가로 은을 받아왔다. 은은 다시 백사 구입에 동원되었다. 이 역관들은 일본과 청나라 간의 역관무역을 통해 상당한 부를 축적했다. 이러한 역관자본은 고리대자본으로 전환되어 금융계를 장악함으로써 부의 축적은 더 심화되어갔다.

1800년대에 진입하면서 일본으로 가는 통신사의 길이 막히자, 백사 대신에 중국을 대상으로 하는 인삼과 담배 무역으로 눈을 돌리게 됨에 따라 점차 사상(私商)의 규모는 커졌다. 이제 양반들은 잘사는 중인들을 부러워하고, 양반들이 나서서 솔거노비(率居奴婢, 양반의 주거 안에서 생계를 꾸린 노비)에게 장사를 시키는 일까지 생겨났다.

규모가 커진 사상은 각지에 장시를 만들었고 봇짐장수와 등짐장수가 늘어났다. 이들은 역관자본과의 경쟁에서도 서서히 우위를 차지했다. 이 무렵에는 양반들 소유였던 외거노비(外居奴婢, 양반 소유의 노비로서 논밭 등에서 일하면서 생계를 꾸리던 노비)들도 끊임없이 도망쳐서 장사를 시작했다. 부를 축적한 중인, 양인, 천민들은 관리를 매수해 양반증을 사들여 호적을 뜯어고쳤다. 그러고는 양반 행세를 했다.

가짜 양반, 가짜 유학자가 속출해서 정도가 심했던 시기는 1800년대

들어 순조와 철종 연간이었다. 조선시대 말인 1800년대 말에 이르면 양인의 수는 대폭 줄어들고 양반의 수는 급격히 늘어났다.

인구 대다수가 지배층이 되고 피지배층은 점차 소수가 되어 급기야 양반의 수가 전체 인구의 70퍼센트를 차지했다. 사정이 이러했으므로 원래 양반이 아닌데도 양반으로 변신한 신흥 양반 부자 계층들이 양반 본연의 검박한 생활을 얼마나 유지했는지는 의문이다.

『시의전서(是議全書)』는 이러한 사회 분위기 속에서 탄생한 필사본이다. 『시의전서』를 쓴 저자는 알려져 있지 않다. 아마도 상당한 부를 축적한 계층의 안주인이었으리라고 생각된다.

『시의전서』에는 5첩반상, 7첩반상, 9첩반상에 대한 밥상차림법이 기술되어 있다(〈그림 25〉). 이는 앞서 밝힌 조선왕실의 밥상차림법과는 너무도 맞지 않는 상차림법이다.

밥, 국, 조치, 장류, 김치를 제외한 찬의 숫자에 따라 밥상차림법을 제시한 『시의전서』의 차림법은 찬이 5종류, 찬이 7종류, 찬이 9종류이면 5첩반상, 7첩반상, 9첩반상이라 했다.

기본에 속하는 밥, 국, 조치, 장류, 김치와 그 밖의 찬을 포함하되, 장류만 첩수에 넣지 않고 음식의 가짓수에 따라 첩수를 정한 것은 『해동제국기』(1471) 이후 『영접도감의궤』(1609)와 1795년의 『원행을묘정리의궤』, 그리고 1910년의 『진연의궤(進宴儀軌)』에 이르기까지, 문헌으로만 보더라도 약 400년 동안 지속된 상차림법인데 『시의전서』 시대에 이렇게 사치스럽게 변질된 까닭은 무엇일까?

그것은 조선 후기에 생겨난 부의 집중과, 매관매직에 따른 양반사회의 붕괴가 근원을 제공하지 않았을까 한다.

그럼 여기서 밥상차림법의 차이점을 알아본다.

〈그림 26〉은 『시의전서』의 5첩반상과 『원행을묘정리의궤』의 7첩반상이다. 『시의전서』의 5첩반상은 기본(밥, 국, 장류, 김치, 조치)을 제외한 찬 5기를 5첩반상이라 한 것이며, 『원행을묘정리의궤』의 7첩반상은 장류만을 제외한 기본 4기와 찬 3기를 합해서 7첩반상이라 한 것이다. 『시의전서』 식대로 한다면 『원행을묘정리의궤』의 7첩반상은 3첩반상이 된다.

『원행을묘정리의궤』에서 제시한 7첩반상은 정조임금과 임금의 여동생인 군주 그리고 왕족인 내빈에게 제공된 밥상차림이다. 이 차림법이 정조임금의 어머니 혜경궁홍씨 환갑잔치 때 제공된 것임을 감안한다면, 이

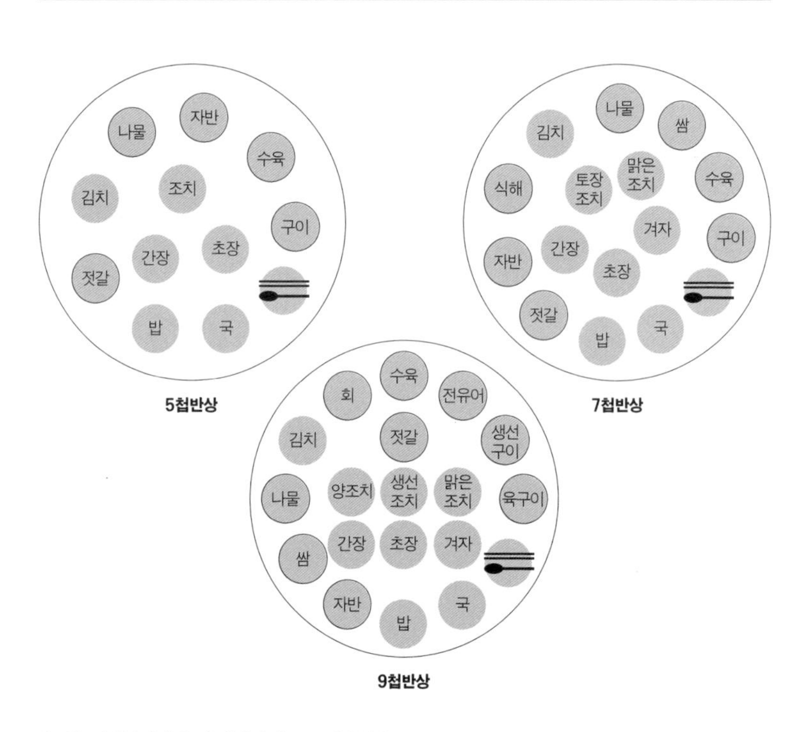

〈그림 25〉『시의전서』의 밥상차림(1800년대 말경)

〈그림 26〉『시의전서』의 5첩반상과『원행을묘정리의궤』의 7첩 반상

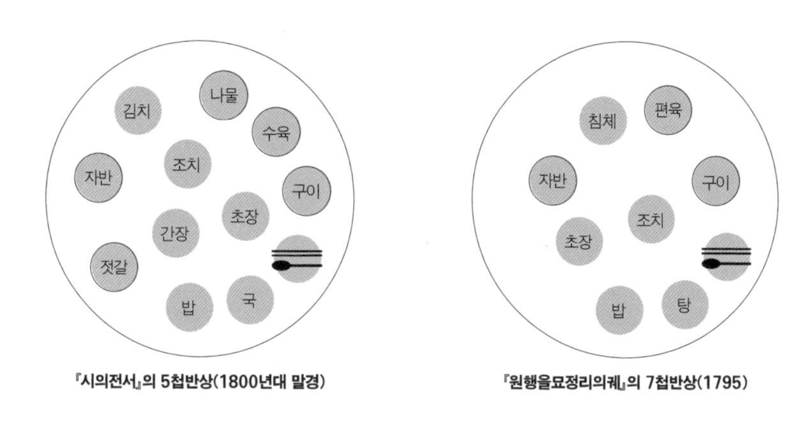

『시의전서』의 5첩반상(1800년대 말경)

『원행을묘정리의궤』의 7첩반상(1795)

7첩반상은 가장 사치스럽고 화려한 일상식이었고, 평소에는 이보다 훨씬 검소하게 차려 올렸을 것임은 앞서도 기술하였다.

사치스러운 일상식 7첩반상이 『시의전서』 식대로 하면 3첩반상에 불과하고 『시의전서』의 7첩반상은 『원행을묘정리의궤』 식대로 하면 12첩반상이 된다. 환갑을 맞은 혜경궁홍씨께 올린 〈그림 18〉의 15첩반상 수라상은 『시의전서』 식으로는 불과 6첩반상이 되니, 『시의전서』 차림법은 확실히 잘못된 것이다. 지극히 사치스러운 『시의전서』 식 상차림법은 양반의 숫자가 전체 인구의 70퍼센트를 차지했던 어수선한 사회 분위기만큼이나 흐트러지고 왜곡, 변질된 차림법이다. 그런데 문제는 『시의전서』 식 차림법이 정통성 있는 조선시대 밥상차림처럼 호도되어 오늘날까지 이어지고 있다는 사실이다.

『시의전서』식 차림법을 계승한 황혜성의 밥상차림

황혜성과 그의 딸 한복려, 한복진은 『한국의 전통음식』(1990)을 공저로 저술하였다. 여기에는 일상식 상차림법에 대하여 다음과 같이 기술하고 있다.

반상차림

밥을 주식으로 하고 찬품을 부식으로 차린다. 반상에 차려지는 찬품의 수에 따라 3첩, 5첩, 7첩, 12첩으로 나누는데, 3첩은 서민의 상차림이고 여유가 있는 가정에서는 첩수가 더 많은 반상을 차린다. 조선시대에는 궁중에서는 12첩반상을 차렸으나 사대부집에서는 9첩반상까지만 차리도록 제한하였다고 한다.

반상의 첩수는 밥, 국, 김치, 장류, 찌개, 찜, 전골 등의 기본이 되는 음식을 제외하고, 뚜껑이 있는 찬을 담은 그릇인 쟁첩에 담겨진 찬품의 수를 가리킨다. 원래 우리의 반상차림은 한 사람 앞에 한 상씩을 차리는 외상차림이 원칙이었으나 차츰 겸상 또는 두레반 형식을 취하게 되었다. 현대의 대부분 가정에서는 입식 식탁에서 가족이 함께 모여 앉아서 먹는 두레반 형식으로 식사를 한다.

현대에는 외국과의 교류가 많아서 식생활에도 많은 변화를 가져왔다. 외국 조리법도 들어오고, 음식에 대한 기호도 다양해져서 반드시 한국음식만으로서 상차림을 고집할 수 없게 되었다.

그러나 우리의 상차림 중 반상차림의 원칙에 맞게 3첩 또는 5첩반상을 차린다면 고른 조리법과 다양한 식품의 활용으로 기호도 만족되고 영양적으로 풍족된 훌륭한 한국형 식사의 표본이 될 것이다.

우선 반상차림의 일반적인 원칙을 살펴보기로 한다. 반상에 기본적으로 차리는 음식은 밥, 국, 김치, 장류, 찜, 찌개로 첩수에 세지 않는다. 첩수에 들어가는 찬품으로는 생채, 숙채, 구이, 조림, 전, 장과, 마른 찬, 젓갈, 회, 편육 등으로 쟁첩에 담는다.

- 『한국의 전통음식』, 황혜성 · 한복려 · 한복진, 1990, 511~513쪽

위의 주장에는 오류가 많다. 찬품의 한자어는 '饌品'이다. 찬의 종류를 뜻하는 말이다. '饌'이란 '饍'으로 '식(食)'을 가리킨다. 따라서 찬품에는 밥과 국이 포함된다. "밥을 주식으로, 찬품을 부식으로 차린다"는 말은 잘못된 것이다.

"반상에 차려지는 찬품의 수에 따라 3첩, 5첩, 7첩, 12첩으로 나누는데, 3첩은 서민의 상차림이고 여유가 있는 가정에서는 첩수가 더 많은 반상을 차린다. 조선시대에는 궁중에서는 12첩반상을 차렸으나 사대부집에서는 9첩반상까지만 차리도록 하였다"를 보자.

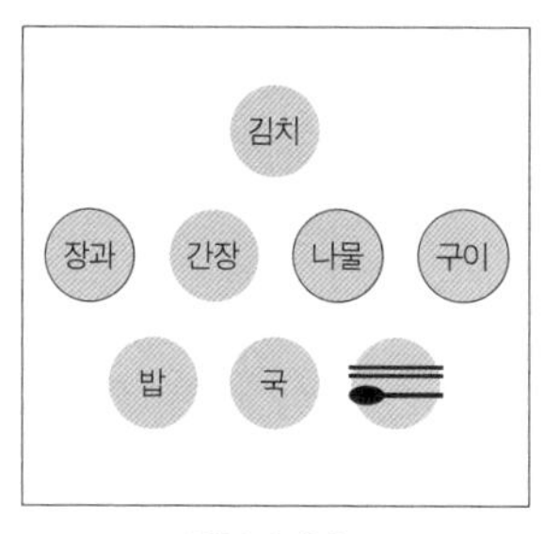

3첩반상 반배도

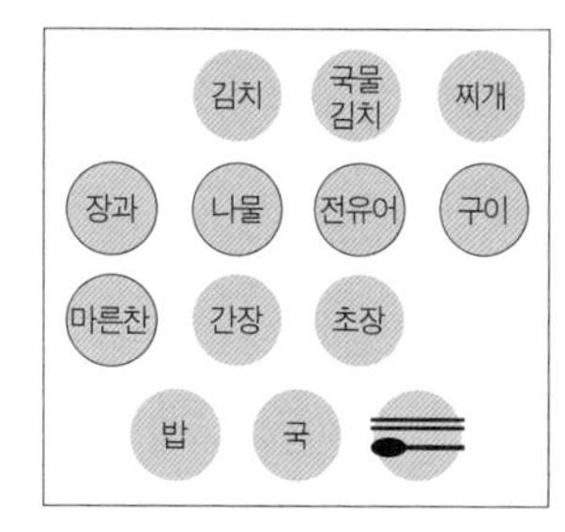

5첩반상 반배도

〈그림 27〉 황혜성 등이 제시한 밥상차림법. 검은 선을 두른 접시가 찬에 속하고 나머지는 기본이라 하였다.

출전: 『한국의 전통음식』, 513쪽

이 글의 내용은 『시의전서』 식대로 기본(밥, 국, 장류, 김치, 조치)을 제외한 반찬의 가짓수가 3, 5, 7, 12일 때 3첩, 5첩, 7첩, 12첩반상이 된다는 이야기이다. 〈그림 27〉의 3첩반상과 5첩반상은 『원행을묘정리의궤』 식대로 하면 6첩반상과 10첩반상이 된다. 그러니까 서민은 6첩반상을 차려 먹었다는 이야기인데, 무엇에 근거를 두고 제시했는지 묻고 싶다.

또 조선시대 사대부가에서는 9첩반상까지만 차리도록 하였다 했다. 여기에서의 9첩반상이란 기본을 제외한 찬이 9종류를 뜻하니 기본에서 밥, 국, 김치 3종, 조치 4종을 넣어 제대로 바로잡으면 18첩에 해당한다(〈그림 28〉). 이는 정조임금께 올린 7첩반상을 능가할 뿐만 아니라 황제를 접대하듯 올렸던 명나라 사신의 밥상차림인 9첩반상(13기)을 훨씬 능가하며(〈그림 17〉 참조), 환갑연에 혜경궁홍씨께 올린 15첩반상보다도 훨씬 많다.

사대부의 전형적인 밥상차림은 혜경궁홍씨 환갑연에서 제공된 4첩반상일 것이다(〈그림 21〉 참조). 환갑연에 4첩반상이니, 평상시에는 이보다 더 검박하였을 것이다.

사실 조선왕조는 식생활이 사치스러워지는 것을 늘 경계하였다. 고려왕실의 재(齋)문화를 속례(俗禮)로 받아들인 조선왕조 초기, 사람이 죽은 다음에 올리는 7번의 재 대신에 수륙재(水陸齋)로써 대치할 것을 예조에서 제의함에 따라 세종 2년(1420) 9월에는 수륙재 때 사용되는 공물과 진설법을 새로이 제정하였다.

새로이 제정한 수륙재 방식이 사치에 흐르지 않도록 하기 위하여 태종 사후에 수륙재에 참석하는 사람의 숫자와 그들을 위해 차리는 밥상차림의 규모를 제한한 것이다.

대언	1명
속고치	8명
별감과 내시	10명
향불 피우는 관리	1명
임금의 집안 사람	1명
예조의 당상관	1명
예조의 당하관	1명
축문 읽는 관리	1명

대언과 속고치의 밥상은 5첩 넘지 않게 차린다.

진전, 부처님, 스님을 대접하는 이외에는 만두, 국수, 떡과 같은 사치한 음식은 일절 금지한다.

-『세종실록』 권9

그러니까 돌아가신 태종을 위하여 불교식으로 제사를 올릴 때 만두, 국수, 떡은 사치한 음식이니 부처님과 진전 그리고 스님께만 드리고 그 밖의 참석자들에게는 음복하게 하지 말라는 것이며, 음복도 정3품의 대언(代言)과 속고치(速古赤, 임금의 시중을 드는 사람)의 밥상은 5첩을 넘지 말게 차리라는 내용이다.

살아 있는 손님을 위해 잘 차리는 것이 연회상이라 한다면, 눈에 보이지 않는 손님(귀신)을 위해 잘 차리는 것이 제사상이다. 더군다나 돌아가신 태종의 천도를 위해 부처님께 올리는 공양음식은 일반 제사상과도 비교가 되지 않을 정도로 화려했다. 이 행사에서 5첩을 넘지 않게 음복상을 차렸다.

앞서 세종의 명을 받아 신숙주가 저술한 『해동제국기』의 밥상차림을 알아보았다. 『원행을묘정리의궤』 식대로 반상차림법을 제시한 것이기 때문에 5첩을 넘지 않게 차리라는 것은 밥과 국을 포함하여 찬 3기가 된다.

결론적으로 말하면 조선시대 사대부집에서는 잘 차려 먹었을 때가 밥과 국에 찬 2기를 포함하거나 밥과 국에 찬 3기를 포함한 4첩반상이나 5첩반상이라고 말할 수 있기 때문에, 18첩반상에 해당하는 황혜성 등이 제시한 "사대부집에서의 9첩반상"은 전혀 근거가 없는 사실이다.

다음 "원래 우리의 반상차림은 한 사람 앞에 한 상씩을 차리는 외상차림이 원칙이었으나 차츰 겸상 또는 두레반 형식을 취하게 되었다"라 하였는데, 『원행을묘정리의궤』에서 보았듯이 신분에 따라 흑칠원족반과 소우판을 사용한 독상부터 대우판에 두레상으로 차린 것까지 있었음을 알았다. 이는 신분에 따라 차리는 밥상을 달리한 것이다(〈그림 18〉~〈그림 24〉 참조).

흑칠원족반과 소우판, 대우판을 사용할 수 없는 낮은 신분인 서리, 서사, 고지기, 장인 등에게는 상차림 없이 음식만 제공되었다. 신분에 따라 엄격한 차림법을 적용한 것이니 한 사람 앞에 한 상씩을 차리는 외상차림이 원칙이라는 것은 잘못된 설정이다.

또한 다음 내용 "우리의 상차림 중 반상차림의 원칙에 맞게 3첩 또는 5첩반상을 차린다면 고른 조리법과 다양한 식품의 활용으로 기호도 만족되고 영양적으로도 풍족된 훌륭한 한국형 식사의 표본이 될 것이다"를 보자.

『원행을묘정리의궤』는 내외책응감관, 검서관, 각리에게 밥과 국만을 제공한 2첩반상 독상차림을 제공한다고 기술하였다(〈그림 23〉). 밥과 국만으로 아침, 점심, 저녁 세 끼를 제공할 수 있는 것은 밥과 국만을 먹어도 영양적으로 훌륭했기 때문이다. 각종 탕을 예로 제시한 것이 〈표 4〉이다. 어떠한 탕이든 단백질(수조육류와 어패류), 비타민과 무기질(채소류와 과일 및 양념류), 지방(수조육류와 양념류), 탄수화물(기타)의 5대 영양소가 골고루 함유되게끔 재료 구성을 갖췄음을 보여준다.

이렇듯 탕이 훌륭했기에, 밥과 국만으로 2첩반상, 밥과 국 · 김치만으로 3첩반상을 차려서 세 끼를 먹을 경우 영양에 하등 지장이 없다. 우리의 식생활에서 차지하는 국문화는 대단히 중요하다.

따라서 4첩반상 이상은 사치한 밥상차림일 수밖에 없는데, 황혜성 등이 영양적으로 훌륭한 한국형 식사의 표본이 될 것이라고 제시한 3첩반상과 5첩반상은 6첩반상과 10첩반상이므로 이는 영양 과잉을 초래하면서 먹고도 남는 차림법이다.

마지막으로 "반상에 기본적으로 차리는 음식은 밥, 국, 김치, 장류, 찜, 찌개로서 이는 첩수에 세지 않는다. 첩수에 들어가는 찬품으로는 생채, 숙채, 구이, 조림, 전, 장과, 마른 찬, 젓갈, 회, 편육 등으로 쟁첩에 담는다"고 기술한 부분은 『시의전서』식 차림법을 그대로 계승한 것이다.

	채소류	수조육류	어패류	양념류	과일	기타
과제탕	오이, 표고버섯	소, 닭, 꿩, 계란	숭어	참기름, 간장, 생강, 후춧가루	잣	녹말
삼어탕	무, 석이, 표고버섯	소, 닭, 계란	생선	참기름, 후춧가루, 간장, 깨		밀가루, 녹말
완자탕	표고버섯, 토란	소, 닭, 꿩, 계란	전복, 해삼, 홍합, 생선	간장, 초, 후춧가루, 참기름	잣	녹말
금중탕	박고지, 참버섯, 표고버섯, 고사리	닭 · 계란		참기름, 간장, 후춧가루	잣	밀가루
잡탕	박고지, 송이버섯, 무, 표고버섯, 토란	소, 꿩, 닭, 계란	생선, 전복	간장, 파, 참기름, 후춧가루	잣	밀가루, 녹말
양숙탕	무, 미나리, 표고버섯	소, 계란		참기름, 간장, 파, 후춧가루	잣	밀가루

〈표 4〉 각종 탕의 재료 구성

출전: 『조선왕조 궁중의궤 음식문화』, 김상보, 1995

『시의전서』 식 차림		『원행을묘정리의궤』 식 차림
5첩반상	→	9첩반상
7첩반상	→	12첩반상
9첩반상	→	15첩반상

『한국의 전통음식』 식 차림		『원행을묘정리의궤』 식 차림
3첩반상	→	6첩반상
5첩반상	→	10첩반상
7첩반상	→	13첩반상
9첩반상	→	18첩반상

즉 황혜성 등이 제시한 『한국의 전통음식』에서 소개한 차림법은 『시의전서』의 방식을 계승했지만 『시의전서』를 다시 왜곡해 규모를 키워서 7첩반상은 13첩반상(『시의전서』에서는 12첩반상)으로, 9첩반상은 18첩반상(『시의전서』에서는 15첩반상)으로 만들어버렸다.

황혜성은 '중요무형문화재 제38호 조선왕조궁중음식'의 제2대 기능보유자이다. 제1대 기능보유자는 한희순(韓熙純)이다. 황혜성은 문화재 전문위원의 자격으로 문화공보부 문화재관리국(문화재청의 전신)에 1970년 12월 무형문화재 조사보고서 「조선왕조의 궁중음식」을 제출하였다.

1971년 1월 6일 「조선왕조의 궁중음식」은 중요무형문화재 제38호로 지정되었고 한희순이 제1대 기능보유자가 되었다.

얼마 안 있어 한희순이 사망함에 따라 한희순의 뒤를 이어 1972년 황혜성이 제2대 기능보유자가 되었다. 본인이 제출한 자료로 제1대 기능보유자를 만들고, 그 뒤를 이어 본인이 제2대 기능보유자가 된 셈이다.

1889년 10월 21일에 태어난 한희순은 한일병합 때인 1910년에는 21세였다. 그녀는 1901년 12세의 나이로 덕수궁에 입궁하였다. 1932

년, 43세 때 비로소 상궁 첩지를 받았다고 한다.

황혜성은 1944년부터 낙선재에서 한희순으로부터 궁중음식을 전수받은 것으로 되어 있다. 황혜성이 1970년에 문화재관리국에 제출한 보고서 「조선왕조의 궁중음식」은 그때 전수받은 것을 토대로 하였다 한다.

2017년 현재 황혜성의 맏딸 한복려가 제3대 기능보유자이다. 황혜성 · 한복려 · 한복진이 저자로 되어 있는, 1990년에 교문사에서 발행한 『한국의 전통음식』이 한식계와 학계에 미친 영향은 크다. 또한 황혜성은 숙명여자대학교, 한양대학교, 성균관대학교에 재직하면서 많은 제자를 배출하였다.

황혜성이 한국의 음식문화에 미친 영향은 황혜성이 제2대 기능보유자가 된 1972년부터 2017년까지로만 잡더라도 근 50년인 반백년의 역사이다. 밥상차림으로만 국한해서 보더라도 황혜성 등은 6첩반상을 3첩반상으로, 10첩반상을 5첩반상으로, 13첩반상을 7첩반상으로, 18첩반상을 9첩반상으로 왜곡하여 국민들에게 보급하였고, 2첩반상 · 4첩반상 · 6첩반상 · 8첩반상차림은 없고 3첩반상 · 5첩반상 · 7첩반상 · 9첩반상 상차림법이 규범이라는 잘못된 사실을 제시했다.

상황이 이러한 까닭에 각 가정에서는 상다리가 부러지도록 음식을 차려 먹는 것을 잘 먹었다고 생각하는 풍토가 조성되었으며, 외식산업계에서도 많이 차리는 것이 관행처럼 되었다.

정확한 통계는 나와 있지 않지만 한국이 음식쓰레기 세계 1위가 될는지도 모르겠다. 이러한 풍토는 다른 어떤 나라보다도 정성이 많이 가는 한국음식을 싸구려 음식으로 전락시키는 데 그 원인을 제공하게 된다.

상다리가 부러지도록 차려도 제값을 받지 못하는 한국음식에 대한 수술이 절대적으로 필요한 것이 오늘의 현실이며, 그 수술은 정조임금 시대의 간소한 밥상차림법으로 돌아가는 것이다. 그러고 나서 할 일은 전통 찬품 하나하나에 대한 정통성을 회복하는 연구와 구명이다.

또 하나 간과할 수 없는 사실은 황혜성이 새롭게 만든 '왕의 일상식 12첩반상'이다.

조선왕조 궁중음식 기능보유자 황혜성은 『시의전서』 식 밥상차림법에 따라 3첩반상, 5첩반상, 7첩반상, 9첩반상을 제시하는 데 그치지 않고 12첩반상이란 것을 새롭게 탄생시켰다. 황혜성은 이를 임금님이 매일 잡수시는 일상식이라고 주장하였다.

황혜성의 12첩반상을 올바르게 적용하면 22첩반상으로서 실로 엄청난 차림이 아닐 수 없다. 이는 근검절약을 몸소 실천하고자 했던 조선왕조의 통치철학을 부정하는 일이기도 하다.

임금은 인군(人君)으로서 백성의 군자(君子)란 의미이다. 덕을 갖춘 군자는 백성의 본보기가 되고, 그 길은 검소와 겸양을 실천하는 것이었다. 음식을 먹는 마음가짐은 음식지도를 따랐으며, 음식지도의 첩경은 검소한 상차림을 받는 것이었다. 이것이 군자의 미덕이었다.

정조임금이 어머님 환갑연 때에나 잡수셨던 7첩반상에 비하면 15첩이 많고, 명나라 사신 접대 때의 9첩반상에 비하면 13첩이나 많은, 황혜성이 제시한 왕의 일상식 12첩반상(〈그림 29〉)은 문헌적 근거나 사실적 자료가 현재로선 없다.

만일 일본에 의해 강제로 개혁이 이루어졌던 갑오경장(1894) 이후 한말에 고종임금의 밥상차림이 22첩이어서 이를 한희순 상궁이 황혜성에게 전수했다면, 이는 조선왕조 임금의 일상식 범주에 넣어서는 안 되는 구한말의 특수한 경우이다.

한식 조리법과 이론 등 지금 알려진 한식 관련 지식들은 고문헌이나 고증된 학문적 사실로 밝혀진 정통 한식과 많은 차이가 존재한다. 그동안 한식이 연구 발굴 및 조사, 학문적 고찰로 계승되지 못한 채 세태에 따라 변질된 한식을 구전으로, 고증 없는 조리법 위주로 전승한 탓이다. 고문헌에 대한 연구 조사와 치밀한 해석을 통해 한식의 정통성을 보존하고자 했다면 지금처럼 잘못 알려지거나 왜곡된 한식 밥상이 확산되지 않았을 것이다.

한식에는 우리 선조들의 정신과 가치가 깃들어 있다. 한식을 우리 민족 5천 년의 정신문화 유산으로 계승하여 그 가치를 온전히 발전시켜 나가고자 한다면 지금 바로잡아야 할 한식의 진실이 대단히 많다. 따라서 한식학계와 한식 관련자들에게 주어진 과제가 많다. 그것은 잘못 알려진 사실을 인정하고 잘못 계승된 한식 밥상차림을 수정하는 일에서 시작될 것이다.

한식의 정신, 음식지도와 약선

정성, 검소함, 공음공식과 함께하는 음식지도

음식은 사람의 생명 유지와 건강한 삶에 필수 요건이다. 따라서 먹을거리, 먹는 행위에는 인간, 그리고 생명 존중 의식이 깃들어 있어야 한다. 음식과 음식문화를 윤리적으로 해석할 수 있는 여지가 많은 것은 이런 이유이다. 먹는 일은 분명 좋은 삶을 영위하는 기반이며, 먹거리는 유사 이래 인류의 물적 토대를 형성하는 중심이었기에 음식에 깃들어 있는 의식과 문화를 들여다보는 일은 중요하다.

이런 관점에서 한식을 들여다보면 다양한 해석이 가능하다. 중국과 일본, 한국이 포함되어 있는 동아시아 식문화, 그리고 전 세계의 음식문화를 비교해보면 한식만의 독특한 정신을 발견할 수 있다.

우리 선조들은 먹는 이를 위해 손수 음식을 준비하고, 먹는 이를 대접하기 위한 상차림에 공을 들였다. 한식 상차림에는 나와 너, 우리의 문화가 깃들어 있다. 먹는 사람의 건강을 생각한 재료 선택, 음양의 균형을 갖춘 조리법, 마음을 담은 상차림을 구현하고자 한 것이 한식이다. 그래서 나는 세계에서 가장 훌륭한 식문화를 지니고 있는 음식이 한식이라고 생각한다. 한식은 음식에 대한 기본적인 윤리를 가장 잘 반영한 문화적 산물이다.

우리 선조들의 음식철학을 좀 더 상세히 들여다보자.

고려시대나 조선시대는 신분 질서를 기반으로 유지되는 사회였기에 계층마다 향유하는 음식문화가 달랐다. 하지만 음식문화를 관통하는 정신이 있었으니 바로 '음식지도(飮食之道)'다. 음식에서 도리를 지킨다는 것인데, 먹고 마시는 기본적인 욕구를 충족할 때에도 욕심과 집착을 버려야 한다는 금욕주의 정신이 스며 있다.

조선 초기부터 임진왜란 이후까지 군자가 지향했던 생활은 '존천리거인욕(存天理去人欲)'이었다. 즉 하늘의 뜻[天道] 안에 지도(地道)와 사람의 갈 길인 인도(人道)가 있으므로 하늘의 뜻에 따라 개인의 욕심을 버리고 겸양하게 살아야 한다는 것이다. 이러한 삶을 살아가는 군자의 생활 도리를 '군자지도(君子之道)'라 했고, 이 속에는 군자가 매일 먹는 음식에 대한 도리인 음식지도가 포함되어 있었다.

음식지도는 한마디로 검박한 식생활이다. 미식이나 탐식, 과식을 경계하는 것이다. 군자의 검박한 식생활은 위로는 임금부터 아래로는 유학자 선비들까지 실천하는 규범이었다. 유학자들은 음식을 통해 천도, 즉 음양의 이치를 실천하고자 한 자들이었다. 그들에게 음식이란 생명을 유지시켜주는 도였고, 양생론적 사고는 내노경신(耐老輕身, 몸을 가벼이 하면 가히 늙음을 이길 수 있음)을 위하여 가능한 한 적고 가볍게 먹는 것이었다. 진실로 유학자란 물질보다 정신을 중시하는 자들로, 가난을 미덕으로 삼았다. 욕망과 사치를 경계하는 음식 생활문화는 조선시대를 관통하는 정신이었다.

특히 조선왕실은 유교를 기초로 한 덕치(德治)를 근간으로 삼았다. 덕

약선으로 몸을 다스리다

전 세계적으로 살펴봐도 약식동원(藥食同源)이라는 말이 한식에서처럼 딱 들어맞는 음식은 없다. 우리가 먹는 것이 우리를 만든다, 고로 먹는 것으로 몸을 이롭게 하라는 우리 선조들의 음식철학은 조리법과 음식문화에 고스란히 스며들어 있다. 음식을 약으로 먹는 약선(藥膳)의 개념이 유독 발달한 이유이다.

우리 선조들은 몸속 기의 흐름을 중시하였다. 사람이 생명을 유지하는 것은 기와 혈이 몸 구석구석을 순환하기 때문이라고 본 것이다. 아직 병이 생기지는 않았더라도 몸의 기에 문제가 생기면 이를 잠재적인 병으로 보고 평소 먹는 음식을 조절하여 몸을 치유하라고 했다.

우리가 먹는 모든 음식에는 한(寒, 차가운 기운), 양(凉, 서늘한 기운), 평(平, 평한 기운), 온(溫, 따뜻한 기운), 열(熱, 뜨거운 기운) 등의 성질이 있다. 이렇듯 음식이 가지고 있는 고유한 성질을 파악하여 자신에 맞는 섭생을 유지함으로써 온전히 생명을 유지할 수 있다고 보았다.

녹두를 예로 들어보자. 녹두의 성질은 차갑다. 녹두로 만든 음식이 술

한寒 (찬 기운)	녹두, 메밀, 참깨, 참기름, 버터, 치자, 고사리, 다시마, 오이, 가지, 아욱, 근대, 박, 참외, 배, 차, 우렁이, 바지락, 잉어, 꿩, 돼지고기 등
양凉 (서늘한 기운)	찹쌀, 장, 상추, 시금치, 귤, 우유, 대합, 오리 등
평平 (평한 기운)	멥쌀, 팥, 대두, 백두, 무청, 당근, 순무, 미나리, 매실, 자두, 뱅어, 농어, 청어, 자라, 닭, 붕어, 숭어, 표고버섯 등
온溫 (따뜻한 기운)	보리, 후추, 소금, 초, 오미자, 연지, 꿀, 마늘, 쑥, 도라지, 부추, 인삼, 갓, 무, 연근, 산약, 배추, 밤, 모과, 사과, 오골계, 개고기 등
열熱 (뜨거운 기운)	천초, 생강, 건강, 고추 등

안주로 좋은 것은 술 마신 후의 열을 녹두가 풀어주기 때문이다. 녹두 음식은 오한이 든 환자가 먹으면 안 좋고, 겨울철에 먹어도 안 좋으며, 여름철 음식이다. 녹두가 인체의 기에 영향을 미치지 않도록 하기 위해서는 녹두로 조리할 때 녹두의 차가운 성질을 잡아주는 따뜻한 식품을 첨가하는 것이 바람직하다. 몸을 따뜻하게 보하거나 덥히는 생강, 후추, 파, 마늘 등을 넣어주는 것이다. 여기에서 바로 양념이라는 말이 생겨났다. 양념은 약(藥)과 염(塩)에서 나온 말로, 녹두의 찬 성질을 잡아주는 '약'인 생강 · 후추 · 파 · 마늘을 넣고, 간을 하는 '염'인 소금을 넣어준다는 의미이다.

최고의 약선음식을 들라면 단연 궁중음식이다. 우리의 음식문화에서 약선문화가 발달하게 된 것은 궁중음식의 영향이다. 궁중음식은 곧 약선이라고 할 만큼 조선왕실은 약선을 중시했다. 따라서 약선에 대한 이해가 있어야 궁중음식이 이해된다.

약선이 처음 등장한 문헌은 1236년에 간행된 『향약구급방(鄕藥救急方)』이다. 이 책에는 한식 식재료와 식품이 가지는 고유한 약리적 효능과 성질이 기록되어 있어 영양과 보건의 지침서가 되었다. 원나라 침입 이후 고려왕실에는 원나라에서 온 왕비들이 왕들을 위하여 장수와 건강을 기원하는 마음으로 수라를 올렸을 것이다. 조선왕실에서 사용되었던 '수라(水剌)'라는 말은 한자 어원이 따로 없고 몽골어에서 파생된 말이다. 원나라 여인이 왕의 비가 되면서 사용한 이 말이 조선왕조로 이어져 임금의 '진지(進止)'를 뜻하게 되었다.

고려 충숙왕 17년(1330), 원나라에서는 홀사혜라는 어의가 『음선정요(飮膳正要)』라는 의서를 펴내면서 음식의 약선화가 진행되고 있었다. 원나라의 부마국이었던 고려왕실도 분명 이런 영향을 받았을 것이다. 고려왕실에서 먹던 약선 궁중음식은 그대로 전수되어 조선왕조 말까지 이어졌다. 그 증거는 많다. 1609년에서 1902년 사이에 간행된 조선왕조 연향의궤를 보면, 소의 내장과 고기를 넣고 끓여 만든 탕류 등이 고려시대의 기록과 일치한다. 그뿐만 아니라 『음선정요』에 기록된 식품의 약리적 효능과 성질이 허준의 『동의보감』(1613)에도 인용되었다는 것은 또 다른 증거이다.

음식을 단지 음식으로만 먹는 것이 아니라 질병에 대비하고 건강을 고려하여 약으로 먹는 연구는 조선왕조에서 더욱 발전했다. 그 예로 메밀을 살펴보자. 『음선정요』와 『동의보감』에는 "무독하고 기력에 좋고 위장을 충실히 하지만 오랫동안 먹으면 어지럽고 돼지고기와 함께 먹으면 풍사(風邪)가 침입하여 수염과 눈썹이 빠진다"고 하였다. 그렇다면 메밀 음식을 실제로 어떻게 먹었을까?

조선왕조 연향의궤에서 메밀을 주재료로 만든 냉면을 보면 알 수 있다. 헌종 14년(1848)의 『진찬의궤』와 고종 10년(1873)의 『진찬의궤』에 의하면, 냉면의 주재료로 메밀국수, 동치미, 돼지고기, 배가 등장한다. 이는 메밀의 면독을 동치미가 보완해주고, 돼지고기의 풍(風)을 배가 억제하도록 재료를 구성한 것이다. 냉면을 먹을 때 발생할 수 있는 여러 가지 단점을 약선적 관점에서 보완하고 있다. 메밀과 돼지고기를 먹을 때에는 무로 만든 동치미와 배를 함께 먹도록 재료 구성을 하여 조리 방법을 채택한 것이다. 이렇듯 조선왕실에서 먹던 찬품 하나하나는 거의 약선적 기능이 존재했다.

각 식품에 고유한 성질만 있는 것은 아니다. 신맛[酸], 쓴맛[苦], 단맛[甘], 매운맛[辛], 짠맛[鹹]의 5가지 맛도 존재한다. 신맛(木)은 간(木)에, 쓴맛(火)은 심장(火)에, 단맛(土)은 비장(土)에, 매운맛(金)은 허파(金)에, 짠맛(水)은 콩팥(水)에 해당된다. 물론 이들 각각은 적당한 양을 섭취해야

지, 무엇이든 정도가 지나치면 병에 걸린다. 즉 지나치게 시게 먹으면 위장병, 지나치게 짜게 먹으면 심장병, 지나치게 달게 먹으면 당뇨병, 지나치게 맵게 먹으면 간장병에 걸린다는 것이다. 이것을 소의소기(所宜所忌, 정도를 지나치지 말 것)라 하며, 청 · 적 · 황 · 백 · 흑 등 식품의 색깔에도 적용되었다.

약선에는 이류보류(以類補類, 무리로서 무리를 보한다)라는 말이 있다. 체내에 부족한 것을 다른 동물의 같은 것으로 보충한다는 뜻이다. 예컨대 폐를 튼튼히 하려면 소의 허파나 돼지의 허파를, 간을 튼튼히 하려면 소의 간이나 돼지의 간을, 무릎을 튼튼히 하려면 소의 도가니를 식재료로 구성해 조리해 먹으면 사람의 폐, 간, 무릎 등이 튼튼해진다는 논리이다.

우리의 음식을 약으로서 먹기 위해서는 음양조화, 오미상생, 오색상생, 소의소기, 이류보류가 이루어져야 된다는 것이다.

우리의 전통 음식문화를 이해하기 위해 선조들이 이해한 음식과 자연 만물의 원리를 좀 더 구체적으로 살펴보자.

세상 만물은 음과 양으로 이루어져 있다. 이것이 바로 생명의 이치이

음양조화 (陰陽造化)	식물성과 동물성을 균등하게 섭취할 것. 항상 평(平)이 되도록 식품을 조리할 것. 지나치게 뜨겁거나 찬 것을 먹지 말 것.
오미상생 (五味相生)	신맛과 쓴맛, 쓴맛과 단맛, 단맛과 매운맛, 매운맛과 짠맛, 짠맛과 신맛을 알맞게 섞어서 섭취할 것.
오색상생 (五色相生)	청색과 적색, 적색과 황색, 황색과 백색, 백색과 흑색, 흑색과 청색의 식품을 알맞게 섞어서 섭취할 것.
소의소기 (所宜所忌)	무엇이든지 적당히 골고루 섭취할 것.
이류보류 (以類補類)	간이 나쁠 때는 소나 돼지의 간을, 폐가 나쁠 때는 소나 돼지의 허파 등을 먹을 것.

다. 음과 양이 어우러지고 변화하면서 하루(밤과 낮), 한 달(삭과 망), 일 년(가을 · 겨울은 음, 봄 · 여름은 양)이 흘러가고, 씨앗은 싹을 틔워 성장하고 열매를 맺는다. 인간의 경우는 남(양)과 여(음)가 결합하여 생명을 잉태하고 성장, 출산, 죽음의 윤회를 맞이한다.

인간의 매일매일 삶의 연속성[地道 위의 人道]도 음과 양의 법칙[天道]으로 이어지며, 하루하루 삶을 유지하는 식생활도 같은 논리로 유지해야 수명을 지키고[天道] 일생 동안 건강하게 살 수 있다. 음과 양이 화합된 식생활을 해야만 자연의 법칙에 순응하여 불로장수가 가능해진다. 따라서 자연의 시간이 만들어낸 제철 식품을 먹어야 하는 이유가 분명해진다. 계절마다 생산되는 재료를 잘 활용해서 조리해 먹으면 천수를 누릴 수 있다는 뜻이다.

예를 들면 어린 싹은 봄에, 참외 · 수박 · 오이 · 옥수수 · 건어물 등은 여름에, 감 · 밤 · 고구마 · 마늘 · 꿀 · 연근, · 사과 · 산약 등은 가을에, 꿩 · 생선 · 멧돼지 · 밀감 · 유자 등은 겨울에 먹으면 좋다. 겨울에 수박을 먹거나 여름에 꿩을 먹는 것은 음양 원리에 맞지 않는다.

밥상을 차릴 때도 찬품의 온도는 음과 양이 조화되어야 한다. 밥은 봄처럼 따뜻하게, 국은 여름처럼 뜨겁게, 장은 가을처럼 서늘하게, 술을 포함한 음료는 겨울처럼 차게 차려 먹어야 좋다.

한식의 기본 상차림인 국과 밥은 매우 훌륭한 조합이다. 국과 밥이 한 조가 되어야 하는 것은 국은 본디 소고기 · 양고기 · 돼지고기 · 꿩고기 · 닭고기 등과 같이 육류를 주재료로 한 것으로 양성(陽性) 식품이며, 밥은 조 · 수수 · 보리 · 쌀 등과 같이 곡류를 주재료로 한 음성(陰性) 식품인 까닭이다. 이는 단백질과 탄수화물의 조합, 양과 음의 조합이다.

계절과 조미료는 식품의 성질과 서로 조화되어야 한다. 찬 기운을 가진 식품은 뜨거운 기운으로 생긴 병[陽症]을 다스리고, 여름철에 먹으면 좋지만 몸이 찰 때 먹으면 병이 된다. 이 식품들을 먹을 때는 뜨거운 기운을 가진 식품을 조미료로 써서 평한 성질을 갖도록 해야 하는데, 이른바 양념[藥鹽]을 하는 것이다.

뜨거운 기운을 가진 식품은 차가운 기운으로 생긴 병[陰症]을 다스리는데, 탕약으로 쓰이거나 차가운 식품을 평하게 만들어주는 양념의 조미료로 사용한다. 겨울철 식품이다.

따뜻한 기운을 가진 식품은 음증을 다스리는 데 쓰이고, 차가운 기운 또는 서늘한 기운을 가진 식품을 평한 기운으로 만들기 위한 양념 조미료로 사용한다. 가을철 식품이다

차가운 기운과 서늘한 기운을 가진 식품은 뜨거운 기운으로 생긴 병증[陽症]을 다스리고, 따뜻한 식품 또는 뜨거운 식품을 평하게 만들기 위한 양념 조미료로 사용한다. 여름철 식품이다.

평한 기운을 가진 식품은 매일 다른 양념을 하지 않고 조리해 먹어도 기의 균형을 깨뜨리지 않는 중성 식품이다. 사시사철 먹어도 되는 식품이다.

건강하게 먹기 위해서는 음식의 음양 원리를 이해해야 함은 물론, 음양에서 파생된 오행(五行)을 알아야 비로소 양생법을 터득할 수 있다. 음양오행사상은 목(木, 봄), 화(火, 여름), 금(金, 가을), 수(水, 겨울), 토(土, 사계절의 토기)의 변화와 움직임으로 만물을 해석한다. 오행의 끊임없는 움직임은 상생과 상극 작용을 일으켜 좋음이 있으면 나쁨이 있고, 나쁨이 있으면 좋음도 있다.

상생론과 상극론을 맛과 관련해서 간단히 살펴보자.

목생화(木生火), 화생토(火生土), 토생금(土生金), 금생수(金生水), 수생목(水生木)은 상생관계이다. 목(木)은 간에 해당하고 신맛을 나타내며,

화(火)는 심장에 해당하고 쓴맛을 나타내니, 심장을 튼튼히 하고 피를 많이 만들려면 목생화에 의하여 간을 충실히 해주는 음식을 먹어야 한다.

토(土)는 비장과 위장에 해당하고 단맛에 해당한다. 비위를 튼튼하게 하려면 화생토에 의하여 심장을 충실히 해주는 음식을 섭취해야 한다.

금(金)은 폐에 해당하고 매운맛에 해당한다. 폐를 튼튼하게 하려면 토생금에 의하여 비위를 충실히 해주는 음식을 먹어야 한다.

수(水)는 신장에 해당하고 짠맛에 해당한다. 신장을 튼튼히 하려면 금생수에 의하여 폐를 건강하게 해주는 음식을 먹어야 한다.

목(木)은 간장에 해당하고 신맛에 해당한다. 간을 튼튼하게 하려면 수생목에 의하여 신장을 보완해주는 음식을 먹어야 한다. 그러나 어디까지나 보완되는 맛의 양은 적량이어야 하고 정도가 지나치면 오히려 해롭다.

목극토(木剋土), 토극수(土剋水), 수극화(水剋火), 화극금(火剋金), 금극목(金剋木)은 상극관계이다. 상극론에 의하면 화는 적색이고 금인 흰색을 극한다. 쌀밥(흰색)을 먹을 때 지나친 붉은색 반찬은 건강에 좋지 않다. 또 목은 신맛이고 토는 비장과 위장이니 비위가 나쁠 때는 신맛을 금한다. 토는 단맛이고 수는 신장이니 신장이 나쁠 때는 단맛을 금한다. 수는 짠맛이고 화는 심장이니 심장이 나쁠 때는 짠맛을 금한다. 화는 쓴맛이고 금은

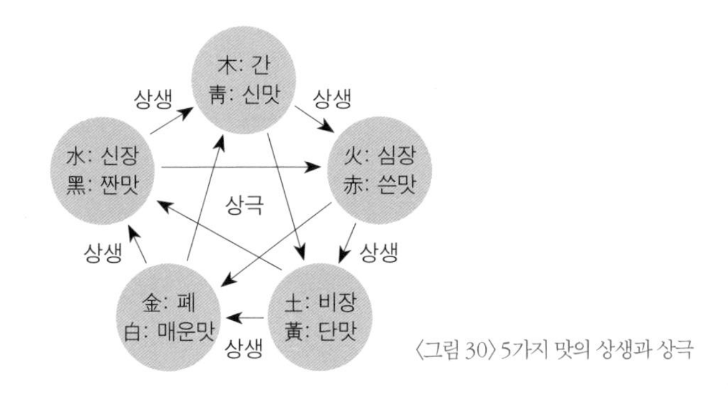

〈그림 30〉 5가지 맛의 상생과 상극

폐이니 폐가 나쁠 때는 쓴맛을 금한다. 금은 매운맛이고 목은 간이니 간이 나쁠 때는 매운맛을 금한다.

신맛 → 쓴맛, 쓴맛 → 단맛, 단맛 → 매운맛, 매운맛 → 짠맛, 짠맛 → 신맛으로 이행하는 맛의 오미상생이란 신맛과 쓴맛, 쓴맛과 단맛, 단맛과 매운맛, 매운맛과 짠맛, 짠맛과 신맛이 알맞게 섞이면 건강에도 좋고 맛도 좋아진다는 것이다.

음식을 조미할 때에는 단맛은 신맛에 의하여, 짠맛은 단맛에 의하여, 쓴맛은 짠맛에 의하여, 매운맛은 쓴맛에 의하여, 신맛은 매운맛에 의하여 맛이 각각 억제된다는 오미상극(五味相剋)에 따라 간을 한다. 예를 들면, 부패를 방지하기 위하여 소금을 많이 넣은 육포를 건조할 때 꿀을 넣으면 짠맛을 덜 느끼게 된다. 토극수에 의하여 단맛이 짠맛을 극하기 때문이다.

우리가 먹는 식품에는 각각 고유의 맛이 있음은 잘 알려진 사실이다. 예를 들면 식초는 신맛을, 쑥은 쓴맛을, 고구마는 단맛을, 마늘은 매운맛을, 굴은 짠맛을 지니고 있다. 이들 식품이 가진 맛은 우리 몸에 들어와 신맛은 수렴 작용을, 쓴맛은 건조와 결집 작용을, 단맛은 보력(補力)과 완화 작용을, 매운맛은 발산과 확산 작용을, 짠맛은 사하(瀉下)와 해응(解凝) 작용을 한다. 그래서 신맛을 과식하면 비장이 상하게 되고[목극토] 근육 수축이 일어나며, 쓴맛을 과식하면 폐가 상하여[화극금] 피부가 건조해진다. 단맛을 과식하면 신장이 상하여[토극수] 탈모가 촉진되고, 매운맛을 과식하면 간장이 상하여[금극목] 근육 각질이 생긴다. 아울러 짠맛을 과식하면 심장이 상하여[수극화] 혈압이 상승한다.

아무리 약을 많이 먹어도 매일 골고루 섭취하는 좋은 음식에 미치지 못하는 것은 이상과 같이 먹을거리 하나하나에 몸에 유효한 순기능이 있기 때문이다. 한식에서 약선이 강조되는 이유는 바로 이것이다.

우리가 계승해야 할 제사상차림의 정신

죽음은 곧 재생, 길례로서의 제사

음식과 제의는 식문화사적으로 볼 때 떼려야 뗄 수 없는 불가분의 관계에 있다. 삼국시대와 통일신라, 고려, 조선으로 이어지며 군주가 바뀔지라도 제의의식은 곧 국가의 중대한 예로서 왕실은 도를 다하였다. 따라서 제의음식과 궁중음식은 별개가 아니었다. 사대부가와 서민 또한 제례는 1년 365일 평안과 축수, 생업의 풍요로움을 기원하는 큰 행사로서 제례음식은 우리 선조의 생활과 밀접한 연관 속에서 발전해왔다.

따라서 제의음식과 제사상차림에 스며 있는 사상을 살펴보는 일은 우리 음식 연구의 기본을 이해하는 중요한 근간이다.

우리 조상들에게 제사는 즐거운 의례인 길례(吉禮)에 속했다. 제삿날에 대비하여 한[大] 항아리의 술을 빚어 제삿날 조상님께 제사를 올리고 한[大] 가족은 제사가 끝나면 한[大] 항아리 술을 나누어 마시게 된다. 우리는 이것을 '음복(飮福)'이라고 했다. 신과 함께 술을 나누어 마시는 행위는 앞서도 지적했듯이 조상신과 자손 사이에 뜻이 오고가 조상신이 자손에게 베푸니 조상신이 돕는 것이고, 조상신이 하고자 하는 의도를 자손들이 따르니 조상신을 돕는 것이다. 천도(天道)가 가득한 술을 신과 자손들이 함께 마시는 것이 바로 음복이다. 한[大] 항아리의 술은 조상신과 자손 모두가 함께 마시는 술이며, 곧 가족의 결속을 다지는 행위이다. 조선왕조가 특히 유교를 표방한 것은 제례라고 하는 예를 통하여 가정, 사회, 국가에 위계질서를 부여하고, 이를 통해 결속을 다지는 것이었다.

『주역』「계사상편(繫辭上篇)」 제4장에는 다음과 같은 글이 있다.

易이 與天地準이라, 故로 能彌綸天地之道 하나니,
仰以觀於天文하고, 俯以察於地理라.
是故로 知幽明之故하며 原始反終이라.
故로 知死生之說하며, 精氣爲物이오 遊魂爲變이라,
是故로 知鬼神之情狀 하나니라.

위 글을 해석하면 이렇다. "역이 천(天)과 지(地)에 기준을 제공함으로 기망(紀網)과 경위(經緯)를 세워, 천지지도(天地之道)가 세상에 가득 차서 얽어매고 있다. 우러러보아 천문을 관찰하고 구부려 보아 지리를 살핀다. 그러므로 음[幽]과 양[明]의 원인을 알며, 시(始)를 근원으로 하여 종(終)을 돌이킨다. 생과 사의 말씀을 알고, 정기(精氣)가 물체가 되며, 혼이 돌아다녀 변(變)이 된다. 따라서 귀신의 정황을 안다."

역(易)은 음과 양의 변화인데, 어두움[幽, 地, 음]과 밝음[明, 天, 양], 생(生)과 사(死), 귀(鬼)와 신(神)은 모두 음양의 변화로서 이것은 하늘[天]과 땅[地]의 도(道)이다. 천문(天文)에는 음과 양인 밤과 낮, 그리고 하(下)와 상(上)이 있고, 지리(地理)에는 역시 음과 양인 북과 남, 그리고 깊음

[深]과 높음[高]이 있는데, 음과 양의 이치를 안다면 당연히 산 세계와 죽은 세계의 연고(緣故)를 알 수 있다. 태어남을 근원으로 하여 죽음을 돌이켜 알 수 있는 음과 양의 순환 이치가 생과 사이다. 인간 세계의 생과 사란 죽고 사는 기쁨을 아는 것이고, 죽고 다시 태어나는 재생(再生)의 원리에서 죽음도 곧 기쁨이라는 것이다.

이와 같이 죽고 다시 태어나는 만물체(생명체)는 음의 정(精)과 양의 기(氣)가 합하여져 양신(陽神)인 신에 의하여 이루어지고, 죽음에서 생기는 혼(魂)은 기(氣)와 같은 양이므로 하늘로 올라가 양신인 신이 되고, 백(魄)은 정(精)과 같은 음이므로 땅으로 내려와 흩어져 음신(陰神)인 귀로 돌아가는데 이 혼백이 흩어져 변화지도(變化之道)를 이룬다 하였다.

죽고 다시 태어나는 재생의 원리에 따라 제례는 분명히 길례이다.

신은 만물체를 창조한다. 인간을 포함한 동물의 생명을 유지시켜주는 음식물은 신의 창조물이다. 은나라 시대부터 춘추시대까지의 시가(詩歌) 311편을 엮은 공자의 『시경』에 이런 사상이 잘 드러난다.

최초에 사람을 낳은 것은 강원(姜嫄)이었다. 어떻게 사람이 태어난 것일까. 아이가 태어나지 않는 상스럽지 못함을 자주 상제(上帝)에게 제사하여 없앴다. 상제의 족적을 보고 그것을 밟았는데, 상제는 이것을 가상히 여겼고, 큰 복이 신체에 내렸다. 이리하여 아이가 잉태되고 키웠다. 이 아이가 후직(后稷, 周의 시조)이다.

아아 초산인데 양의 새끼와 같이 편안히 잉태되어, 10월 말 출산 때에는 모체에 상(傷)·재(災)·해(害)도 없었다. 아름답고 좋은 곡물이 상제로부터 후직에게 내려졌는데, 그것은 직(稷)을 포함한 적속(赤粟)과 백속(白粟)이었다. 조가 널리 심어졌고 이것이 수확되자 수량이 계량되었으며, 적속과 백속도 널리 심어져서 수확되자 어깨와 등에 짊어지고 돌아와 처음으로 제사가 올려졌다.

아아 우리들의 제사는 어떠한 것이었을까. 절구로 찧어 꺼내 키로 껍질을 까불리고 발로 밟아 비벼 광택을 내서 이것을 물에 비벼 씻은 다음 증기로 쪄서 제사에 올렸다. 그곳에서 후직은 제사를 생각하여 몸을 조신하고 쑥과 목양(牡羊)고기 기름을 취하여 우선 도조신(道祖神)에게 제사하였다. 쑥과 기름을 강한 불로 태워 돌아오는 해의 풍작을 기원하였다.

후직은 소금절임 저(菹)를 두(豆, 목제 굽다리그릇)에 담고, 국을 등(甑, 자기 굽다리그릇)에 담아 그 향기가 비로소 하늘에 올라감으로써 상제(上帝)는 즐겁게 그 제사를 받아들였다. 그 향기가 진실로 시기에 적합하였다. 후직이 비로소 이와 같이 제사함으로서 죄회(罪悔)가 없도록 상제에게 빌었다. 이와 같이 하여 지금까지 이르렀던 것이다.

–『시경』「대아(大雅)의 생민(生民)」

강원이 자식이 없어 상제에게 제사하자 후직을 점지해주셨고, 상제의 덕으로 무사히 출산할 수 있었는데, 상제의 끊임없는 보호 아래 후직은 천도(天道), 곧 음과 양의 법칙에 따라 상제가 내려준 직(稷)과 속(粟)을 봄에 심어 가을에 수확하였다. 후직은 수확된 직과 속을 집으로 가지고 돌아와 재계한 후 증기로 쪄서 상제에게 제사를 올렸다.

이때 제기는 두와 등을 사용하고, 두에는 소금절임한 채소를, 등에는 국을 담아 차려 돌아오는 해의 풍작을 기원하였다.

상제에게 제사 올리기에 앞서 기르던 양의 기름과 쑥을 합하여 태워 도조신을 불러 모셨다. 상제는 즐겁게 제사를 받아들여 주나라 시조인 후직의 역사를 이루게 하였다. 신의 대상은 주나라의 시조인 후직이 올린 제사이므로 상제가 되었지만, 일반 백성일 경우에는 조상신이 될 것이다. 주나라 시대에는 인간의 수양과 노력에 의하여 어느 정도 신의(神意)를 변화시킬 수 있다고 생각하였다. 이를 대표하는 것이 『주역』이고, 이를 반영한 것이 앞서 기술한 『시경』 속의 글이다.

상제란 오색(五色)의 제(帝)인 오제(五帝) 가운데 한 신이다. 후직이라는 주나라 왕통의 임신에 상제가 깊숙이 관여하였음을 보여준다. 은나라 시대에는 제를 지상신(至上神) 또는 선조신의 뜻으로 사용하였다. 은대의 지상신 또는 선조신이 주 왕통을 신격화하는 과정에서 상제신으로 발전하였다.

선조에 대한 숭배가 하늘의 숭배로 이행됨에 따라, 원래 선조에 대한 제사였던 천(天)의 제사에 다시 선조신을 배제(配祭)하게 되었다. 이러한 천에 대한 제사는 진한 때에 대제국이 출현하면서 종래의 예속을 계급적으로 정리하여 백성의 주인인 천자만이 천을 제사할 수 있는 자격을 갖게 된다. 『예기』「예운(禮運)」에서도 제사 때 천상의 신과 선조신을 초빙하여 신을 불러 모신다고 하였듯이, 조상신이든 상제든 모두는 하늘에 계셔서 천도를 주관하여 음과 양의 변화에 따라 곡식의 성장과 만물의 성쇠를 관장하시는 신이 되었다. 그러므로 신께 음식을 차려 제사 올릴 때에는 신께서 음과 양을 주관하시듯이 제사음식도 음양의 법칙에 따라 만들고 그릇에 담아 차려야 한다.

『예기』「교특생(郊特牲)」에는 제사상차림의 기본은 음양오행설에 기초함을 잘 설명하고 있다.

鼎俎奇而籩豆偶 陰陽之義也.

籩豆之實 水土之品也.

不敢用褻味而貴多品 所以交於神明之義也.
恒豆之菹 水草之和氣也.
其醢 陸產之物也.
加豆 陸產也.
其醢 水物也.

위 글을 해석하면 다음과 같다.

"제례에 올리는 정(鼎)과 조(俎)의 총수는 기수(奇數, 陽)로 하고, 변(籩)과 두(豆)는 우수(偶數, 陰)로 하는데, 이것도 음과 양의 이치에 기초한 것이다. 변과 두에 담는 것은 물과 흙의 산물인 음성의 음식이기 때문에 우수로 하는 것이며, 동시에 그것들에는 인공의 맛을 가하여 자연의 소박한 맛을 더럽히는 것을 삼가는 대신 가능한 한 품수는 많게 한다는 취지에 따라 우수로 하는 것이다(기수는 少를 나타내고 우수는 多를 나타낸다). 정과 조에는 주로 육류를 담는데 조리한 양성의 음식이기 때문에 그 수를 기수로 하고, 동시에 소수의 의미를 나타내고 있다. 이와 같이 음양의 이치에 따라서 음식의 구별을 명확하게 하는 것이야말로 사람이 신심(神心)에 통하는 도(道)이다. 두에 담는 야채절임은 화기(和氣)가 풍부한 수산식물(水產食物)을 대표하는 것이고, 또 함께 담는 수조육(獸鳥肉)의 해(醢)는 땅에서 나는 음식을 대표한다. 추가로 차리는 가두(加豆)에서 두에 담는 채소절임은 토지의 것을 사용하고, 해는 수산(水產)의 것을 사용한다."

음과 양의 이치에 따라 음식을 음과 양으로 명확하게 구분해서 제사상차림을 해야만 신심에 통하는 도에 응하는 것임을 분명히 하고 있다. 현재 우리가 집에서 올리는 제사상차림은 기본적으로 음양의 법칙을 따른 것이며, 문헌으로만 보아도 3천 년의 역사를 갖는다.

한식문화의 정수, 조선왕실의 연향문화

사회질서를 구현하기 위한 연향의례

연향(宴饗)은 연향(燕享)이다. 연(燕)은 왕이 신하와 더불어 마시는 '합음(合飮)'을 뜻하고, 향(享)은 신하가 임금께 받들어 올리는 '헌(獻)'의 의미이다. 왕은 신하에게 베풀고, 신하는 왕의 건강과 행복을 진심을 다해 축수한다. 베풀고 축수해 올리는 과정에서 헌수주(獻壽酒)와 술안주, 그리고 행주(行酒, 술을 돌림)와 악(樂)이 동반된다. 이것을 연향의례라 했으며 가례(嘉禮, 진연례와 혼례 등)와 빈례(賓禮, 손님맞이 예), 그리고 길례(吉禮, 제례)를 포함시켰다.

조선왕조는 예악관(禮樂觀)에 기초하여 『의례』를 바탕으로 한 『국조오례의』를 성종 5년(1474)에 편찬하였다. 가례, 빈례, 길례, 흉례(凶禮, 상례), 군례(軍禮, 군사 의식에 관한 예절)가 오례(五禮)이니, 오례 중 흉례와 군례를 제외한 삼례가 연향의례인 셈이다.

합음과 헌수주를 기반으로 한 연향의례는 얼핏 보면 인간을 주체로 하는 연향인 것 같지만, 신에게 복을 받고자 하는 의식구조에서 출발하였다. 그러니까 가례, 빈례, 길례 속의 연향 사상체계 속에는 신이 주인공이고 인간은 연향을 통하여 신으로부터 보호를 받는, 신으로부터 초빙된 손님이라는 인식이 깊게 깔려 있다.

모든 연향은 신에게 제사 올리기 위하여 신을 즐겁게 해드릴 수 있는 최고의 찬(饌, 술과 안주)과 악(음악)을 마련하고, 이들로 신을 접대한 다음 음복한다.

연향장은 제장이고, 신은 눈에 보이지 않는, 가장 지위가 높은 손님이며, 제한된 공간 속의 연향장에 모인 사람들은 신의 축복을 받을 수 있으니 운이 좋은, 선택받은 빈객들이다.

그래서 조선왕실에서 행하는 모든 연향에는 신이 잡수시는 음식, 인간이 먹는 음식을 구분하여 각각 찬품을 준비하였다. 물론 신이 잡수시는 음식은 신이 기꺼이 오셔서 즐기실 수 있도록 가장 화려하고 정성을 다해 차렸다. 이 상차림의 음식은 연회 도중에는 먹을 수 없고 연회가 끝나고 나서야 허물어 음복하였다.

이러한 연향 구조는 조선왕조가 개국되고 나서 형성된 것은 아니고 고려왕실의 그것을 속례로서 받아들여 계속 이어진 결과물이다. 고려는 건국 초부터 신라의 전통을 기초로 하여 토속적인 것과 불교적인 것을 유지하면서 다른 한편에서는 당나라의 제도를 모방한 유교식을 도입하여 관혼상제를 정립하였다. 고려 중엽에는 유교식이 불교식과 융합되어 정착되고 있었다. 고려왕실의 연향 구조가 불교식에 유교식을 융합시켰다면, 조선왕실은 고려왕실의 연향을 속례로서 받아들인 것에 유교적인 것을 강화 보완하였다.

이러한 상관관계를 조선왕실에서 가장 화려한 연향의 하나였던 풍정연(豐呈宴)을 통하여 고려왕실의 연향이 어떠한 형태로 드러나 있는지 보기로 한다.

〈그림 31〉 주역의 64괘 중 하늘 아래 연못이 있는 형상을 나타내는 천택리괘. 상하 위계질서를 의미한다.

풍정연은 채붕(綵棚)과 더불어 대연회에 속하며 고려시대의 유습으로 이어져 조선왕조 전기까지 성행하였다. 인조 8년(1630) 인목대비의 생신을 축하드리기 위해서 올린 것이 마지막 풍정연이다. 이때의 풍정연에서는 5번의 헌작과 9번의 행주가 있었다.

연향에서 의례가 강조되는 것은 의례는 곧 예와 악으로 구성되기 때문이다. 예는 음에서, 악은 양에서 나와 음양관에서 출발한 것이 예악관이다. 이는 하늘의 질서와 땅의 질서에 순응하는 삶을 강조한 『주역』에 기초한 세계관이다.

예의 출처는 『주역』의 「천택리괘(天澤履卦)」에서 발견된다. 『주역』에서는 '풍요로움이 쌓인 이후에는 예가 있어야 하므로 이괘(履卦)로서 받는다(物畜然後有禮故受之以履)' 하였다. 위에는 하늘[天]이 있고 아래에는 연못[澤]이 있는 것이 이괘이다. 군자는 이것을 보고 상하 신분을 구별하여 예의로써 질서를 정하여 백성의 뜻을 안정시킨다(上天下澤이 履니 君子以하야 辨上下하야 定民志하나니라)는 것이다.

예는 질서이다. 예의는 질서를 구현하기 위한 행위이다. 사람 삶의 질서가 예라면 이는 음에서 나온 것이며, 하늘 질서의 소리가 악(樂)이라면 이는 양에서 나왔다.

조선왕조의 예악관은 하늘의 질시와 땅의 질서에 순응하는 삶을 살고자 하는 철학적 바탕이다. 그러므로 예와 악이 공존하는 연향의례를 행한 것은 연향을 치를 때 상하 신분을 구별하여 질서를 바로 하기 위함이다.

풍요로움 속에서 겸손과 성실로 최선을 다하여, 상하 신분에 걸맞게 정한 예와 악을 통하여 아름다운 질서를 구현하는 것이 연향의 목적이다.

풍정연에서는 향례를 통하여 5번을 헌작하고 이어서 연례를 통하여 9번의 행주가 행해졌다.

향례

향례(享禮)는 헌수주 부분이다. 향례와 연례의 문헌적 초출은 『의례』이다. 그러나 향례는 유감스럽게도 전해지지 않고 있다. 다만 대접받는 주인공을 상공, 제후, 대부로 분류하여 상공은 9헌(九獻, 술을 9번 올린다는 뜻)과 9거(九擧, 술안주를 9번 올린다는 뜻), 제후는 7헌과 7거, 대부는 5헌과 5거를 올린다 하였다.

여기에서 풍정연을 속례로서 받아들인 고려왕실 문화의 한 형태라고 보고, 고려왕실에서 행한 팔관회와 어떠한 연결고리가 있는지를 검토하기로 한다.

임금과 신하가 함께 즐기는 행사였던 팔관회에서는 소회(小會)와 대회(大會)로 나누어 연향하였다. 왕이 곧 제석이고자 했던 고려왕실은 연향에서 향(香), 등(燈), 다(茶), 화(花)가 반드시 동반되었다. 이는 사찰에서 올리는 공양물과 같은 성격이다.

소회에서 왕은 곤룡포(袞龍袍, 임금의 정복)로 옷을 갖추어 입고 선조의 진전(眞殿, 선조의 진영을 모신 전)에 참배하기 위하여 법왕사(法王寺)로 간다. 그곳에서 왕은 선조신께 두 번 절하고[재배(再拜)], 차와 과안을 올린 다음[진다(進茶), 진과안(進果案)], 술을 올린[진주(進酒)] 후에 음복이라는 절차를 치르고 나서 자황포(赭黃袍)로 갈아입는다. 이후 신하들이 왕에게 3잔의 헌수주와 술안주인 초미, 이미, 삼미, 과안, 다식, 차를 올리고 왕은 신하들에게 과안, 차, 술을 하사한다. 3잔의 헌수주와 신하들에게 내리는 반사(頒賜)가 반복되고, 왕은 신하들과 더불어 법왕사를 떠나 환어하여 다음 날 행할 대회를 준비한다(〈표 6〉).

소회의 주목적은 정복을 갈아입은 왕이 선조신의 진영을 모신 법왕사에 가서 선조신께 제사 올리는 일이다. 과반, 다식, 차, 술을 신께 올려[進, 薦] 신을 기쁘게 해드리고 신이 드시고 남은 음식으로 음복하여 복을 받는 것이다.

왕의 음복 이후 초미, 이미, 삼미 등 술안주와 함께 올려지는 헌수주도 역시 신하가 왕에게 올린다고 하나, 신이 드시고 남기신 술로 올리는 것이

		선조신께	진과안 진다식 진다 진주	
	왕이		음복	
헌수주	신하가	왕에게	제1작	초미
			제2작	이미
			제3작	삼미
반사	왕이	신하에게	차 · 과반	
		왕에게	진과안 진다 진다식	
헌수주			제4작	사미
			제5작	오미
			제6작	육미

〈표 6〉 팔관회의 소회

출전: 『고려사』

기 때문에 음복의 연장이다

과반, 다식, 차, 술을 선조신께 올려 제사드리고 음복하는 과정은 풍정연의 향례 부분에서도 드러난다(〈표 7〉). 인조임금, 인열왕비, 소현세자, 세자빈, 외명부반수가 각각 인목대비에게 올리는 헌수주는 제5작으로 구성되게 하였는데 헌수주 전에 진휘건(進揮巾), 진찬안(進饌案), 진과반(進果盤), 진화(進花), 진소선(進小膳), 진염수(進塩水)를 올렸다.

진(進)이 붙은 것은 단순히 올린다는 뜻보다는 천(薦), 즉 제사에서의 '올리다'를 의미한다. 이러한 관점에서 본다면 제5작의 헌수작(獻酬酌)에 앞서 각각 배선되는 찬안, 과반, 꽃, 소선, 염수는 인목대비를 보살펴주시는 조상신을 위해서 차린 음식이다.

이는 팔관회에서 나타난 선조신께 올리는 진과안, 진다식, 진다, 진주와 같은 성격이다. 팔관회의 진과안이 풍정연의 진찬안과 진과반이다. 이들 양자는 차와 한 조가 되는, 신을 위한 다과공양에서 출발한다. 다만 풍정연에서는 팔관회와 달리 진다가 생략되었으며 팔관회에서 보이지 않는 진소선과 진염수가 새로 삽입되었다.

'소선'이란 삶아 익힌 통양 1마리를 중심으로 차린 것이고, '염수'는 소선을 먹기 쉽게 하기 위하여 소선과 한 조로 올라가는 탕이다.

고려왕실(팔관회)은 조상신께 차와 과안을 올리고 나서 뢰주(酹酒, 음주례의 처음에 술을 땅에 붓는 의례) 후 음복을 통하여 신으로부터 복을 받았지만, 조선왕실에서는 차 올리는 것[進茶]은 생략하고 과안만 올렸다. 뢰주의례는 그대로 존속되어 신에게 올리는 대표적 술안주로 소선과 염수가 채택되었다.

신께 찬안, 과반, 꽃, 소선, 염수를 올린 이후에 전개되는 인목대비(주인공)에게 올리는 5잔의 헌수주는, 신이 내린 술로 인목대비의 만수무강

향례					진휘건 진찬안 진과반 진화 진소선 진염수	악
	헌수주	인조임금이	인목대비에게	제1작		악
		인열왕비가	인목대비에게	제2작		
		소현세자가	인목대비에게	제3작		
		세자빈이	인목대비에게	제4작		
		외명부반수가	인목대비에게	제5작		
연례			소현세자빈에게	산화(散花)		
	제1잔	인조임금이	인목대비에게	헌작	초미	악 헌선도
		인목대비가	인조임금에게	초작		
			일동에게	수작		
	제2잔	인열왕비가	인목대비에게	헌작	이미	악 수연장
		인목대비가	인열왕비에게	초작		
			일동에게	수작		
	제3잔	소현세자가	인목대비에게	헌작	삼미	악 금척
		인목대비가	소현세자에게	초작		
			일동에게	수작		
	제4잔	세자빈이	인목대비에게	헌작	사미	악 봉래의
		인목대비가	세자빈에게	초작		
			일동에게	수작		
	제5잔	외명부반수가	인목대비에게	헌작	오미	악 연화대
		인목대비가	외명부반수에게	초작		
			일동에게	수작		
	제6잔	외명부대표가	인목대비에게	헌작	육미	악 포구락
		인목대비가	외명부대표에게	초작		
			일동에게	수작		
	제7잔	외명부대표가	인목대비에게	헌작	칠미	악 향발
		인목대비가	외명부대표에게	초작		
			일동에게	수작		
	제8잔	외명부대표가	인목대비에게	헌작	팔미	악 무고
		인목대비가	외명부대표에게	초작		
			일동에게	수작		
	제9잔	외명부대표가	인목대비에게	헌작	구미	악
		인목대비가	외명부대표에게	초작		
			일동에게	수작		
					진대선	처용무

〈표 7〉 풍정연 연향의례

출전: 『풍정도감의궤』, 1630

을 기원하면서 바치는 음복 행위이기 때문에 이때에는 신이 잡수시고 남기신 소선 썬 것과 만두가 술안주가 된다. 『국조오례의』에서는 썬 소선의 고기를 할육(割肉)이라 했다.

비록 할육으로 연향의 주인공이 소선을 약간 음복하였지만 찬안, 과반, 소선, 염수는 신이 잡수시는 음식이기 때문에 함부로 먹어서는 안 된다. 연향이 끝날 때까지(신이 잡수시는 동안) 보전하고, 연향이 끝나면 연회장의 사람들이 나누어 음복한다. 그래서 연회하는 동안 먹지 못하고 보기만 하는 음식이라 하여 간반(看盤)이라 하였다. 이 간반이 남송(南宋)에서는 간탁(看卓)이 되어 『동경몽화록(東京夢華錄)』에 등장한다.

조상신께 대접하여 신을 기쁘게 해드리고, 신이 내린 술로 인목대비가 5잔 음복하여 복을 받은 후, 연향에 참석한 사람들은 그 후에 행하는 행주를 통하여 음복하여 복을 받게 된다.

연례

연례는 주례(酒禮)이다. 향례 이후에 헌작(獻爵), 초작(酢爵), 수작(酬爵)을 통하여 행주함으로써 주인공과 연회에 참석한 사람들이 정을 나누고 즐거움을 함께하는 것을 목적으로 한다.

풍정연에서 보여주는 제9잔의 행주 부분은 연(燕)에 속한다. 9잔의 행주로 참석자들을 접대하여 합음함으로써 인목대비가 내리는 자혜의 뜻을 드러내 보이고자 하였다. 매 잔이 헌작, 초작, 수작으로 진행되는 이 행주의례는 『의례』의 「연례」에 기반을 둔다.

팔관회에서는 연례 부분을 대회(大會)라 했다. 진다, 헌수작, 진화, 반사, 반화(頒花, 꽃을 신하들에게 나누어줌), 행주로 구성되어, 조상신으로부터 복을 구하고자 하는 소회와 달리 비록 헌작, 초작, 수작으로 짜인 엄격한 행주의례가 적용되지는 않았지만, 임금과 신하들 간에 정과 즐거움을 나누고자 하였다.

대회에서 보여주는 진화와 반화는 풍정연에서 약간 다르게 적용되었다. 진화는 향례에서 행하고, 반화는 산화(散花, 꽃을 나누어줌)라는 명칭으로 바뀌어 연례에서 나타난다. 어찌 되었든 팔관회 대회에서의 행주이든 풍정연 연례에서의 행주이든, 양자 모두는 소회나 향례에서 헌수주가 갖는 의미와 같아서 신과 합체가 되는 의례 행위이다.

다시 팔관회 대회로 돌아가 대회에서 행해진 꽃 12송이의 진화와 반

			진과안 진다식 진다
헌수주	왕에게	제1작	초미
		제2작	이미
		제3작	삼미
진화 · 반화 · 잠화		12송이 꽃의 진화와 반화 · 잠화	
헌수주		헌수	
반사	신하에게	과안, 꽃, 술, 봉약(封藥)	
헌수주	왕에게	제1작	초미
		제2작	이미
		제3작	삼미
행주		제1작	초미
		제2작	이미
		제3작	삼미

〈표 8〉 팔관회 대회 출전: 『고려사』

화, 잠화[簪花, 머리에 꽃을 꽂는다는 의미. 대화(戴花)라고도 한다]를 검토한다(〈표 8〉).

술의례를 마치고 올리는 12송이의 꽃이 대회에서 의례의 하나가 된 것은 왕은 살아 있는 제석인 까닭에 12송이의 꽃을 받는 약사여래불(藥師如來佛)이 되어야 했기 때문이다. 불로장생을 중요한 해탈 과정의 하나로 본 약사여래불은 불로장생하여 해탈할 때 하늘에서 꽃비[雨花, 散花, 天花]가 내리고 그 꽃을 얻어 성불(成佛)하였다. 동방정유리국 교주인 약사여래불이 중생의 질병과 고통을 구제하기 위하여 12대서원(十二大誓願)을 세웠으므로 12송이의 꽃 등으로 구성된 법약(法藥)으로 응하고자 함이다. 그래서 왕이 꽃을 하사할 때에는 약(법약)도 함께 내렸다.

진화 이후 왕이 하사한 꽃은 연회장에 모인 모든 사람들에게 나누어 주어[頒花, 散花] 잠화에 사용되었다. 잠화는 고려왕실의 크고 작은 연회에서 모두 적용되었다.

> 왕이 원사(元使)를 맞아 연회할 때 시좌(侍坐)한 백관들이 전부 잠화하였다. 명사(明使)에게 연을 베풀었는데 잠화하였다.
>
> -『고려사』

살아 있는 제석인 왕은 불로장수 및 재복을 주재하는 신과 교감할 수 있는 유일한 존재였으므로 신의 명을 받아 연회장에 모인 사람들에게 복을 가져다주어야 할 책임과 의무가 주어진다. 연회장에 모인 사람들에게 차와 다식, 술, 과일, 꽃, 약을 하사하는 것은 그들에게 불로장수와 재복을 가져다주기 위함이었다.

약사여래불은 하늘에서 내린 꽃비를 얻어 성불하였으므로, 팔관회 대회에서도 12송이 꽃으로 진화, 반화, 잠화가 이루어지고, 풍정연의 진화, 산화, 잠화로 이어졌다.

> 空生不解宴中坐 惹得天花動地來
> 부질없이 사는 이는 그중 도리 알지 못해 쉬다 앉았으니
> 하늘에서 내리는 꽃을 얻을 때는 땅조차 흔들릴세.
> - 백양사의 우화루 기둥에 적힌 글

신께 올린 차와 과안, 찬안, 상화

안(案)은 네모난 밥상을 지칭하는 한자어이다. 그러니까 '과안(果案)'은 '네모난 밥상에 과(果)를 차린 상'이라는 뜻이다. 여기에서 과는 순수한 과일만을 뜻하는 것이 아니고, 과일 및 과일 형태로 만든 음식인 유밀과도 포함된다.

유밀과는 사치스러운 찬품의 하나였다. 고려왕조 내내 유밀과 사용으로 낭비가 극에 달하여 국가 재정이 고갈되자 정부 차원에서 유밀과 사용을 금하는 일이 빈번하였다. 사치의 대명사처럼 되어버린 유밀과는 의종 이후 고려가 망할 때까지 금지와 복귀를 반복하면서 이어질 정도로, 당시의 사회 분위기는 공과 사를 불문하고 연회상에 반드시 유밀과를 올려야 했다. 유밀과는 다분히 불교적 사고에서 출발한 소선의 하나로 으뜸 찬품이었다.

급기야 명종은 22년(1192) 사치를 염려하여 왕명으로 잔치상차림 규모를 줄이도록 명하였다.

"다만 외관의 아름다움을 위하여 낭비함이 한이 없다. 지금부터는 유밀과를 쓰지 말고 과실로서 대신하되 작은 잔치에는 3그릇, 중간 잔치에는 5그릇, 큰 잔치에는 9그릇을 초과하지 말며"

명종 22년의 왕명이 잘 지켜졌다고 하면, 이후 팔관회나 연등회 때에는 대부분 과일로 대체해야 했다. 그러나 이 영은 잘 수용되지 않았다.

조선 초기 신숙주는 1471년 『해동제국기』에서 과 숫자에 의거하여 연회상 규모를 규정하여 이를 거식오과상(車食五果床), 거식칠과상(車食七果床)이라 하였다. 이로써 명종 22년 이후 과의 숫자에 따라 대(大) 소(小) 연회를 구분하던 규범이 계속되어, 신숙주가 살았던 시대까지도 이어진 것이 아닌가 유추할 수 있다.

팔관회나 연등회를 비롯한 국가의 대소 연향에 오른 사치한 찬품 유밀과는 물론 굽다리그릇에 고임 형태로 담겨 올랐다. 여기에는 각종 조화로 구성된 상화가 꽂혔다. 연회의 등급에 따라 금실로 수놓은 색비단으로 만든 봉(鳳, 絲花 또는 絲花鳳이라고도 함)과 베[布]로 만든 꽃 등으로 상화를 만들어 고임음식을 장식했는데, 사화(絲花)였던 봉은 유밀과와 함께 사치한 것으로 간주되어 충선왕 2년(1310)에는 사화와 유밀과 모두 대소 연회에서 사용하지 말 것을 명하기도 하였다.

가장 화려한 연회 때에는 유밀과와 봉, 약간 화려한 연회 때에는 유밀과와 베로 만든 조화가 한 조가 되어 과안을 장식했던 이유는 무엇일까. 다음의 사료로 그 해답을 찾을 수 있다.

공민왕 16년(1367) 3월에 왕이 연복사(演福寺)에 행차하여 문수회[文殊會, '문수'란 묘덕(妙德) · 묘길상(妙吉祥)의 뜻임. 여래(如來)의 왼편에 있어 지혜를 맡은 보살. 석존(釋尊)이 입적한 후 인도에 나와서 반야대승(般若大乘)을 선양한 보살]를 크게 베풀었다. 이때 불전(佛殿) 한가운데에 채색 비단을 연결하여 수미산(須彌山)을 만들고 산을 빙 둘러 촛불을 켰으며 (…) 실로 만든 꽃과 비단으로 만든 봉의 광채가 사람의 눈에 부시었다.

-『고려사절요(高麗史節要)』

불전이란 부처님을 높이 모시기 위해 만든 단(壇)이다. 이 단을 불단 또는 수미단이라 한다. 정방형 혹은 장방형 형태의 수미단에는 연꽃과 모란꽃이 있고, 이들 사이에는 날아다니는 봉황 등이 길상(吉祥)의 상징물로 장식되어 있다. 또 부처님께서 앉아 계시는 천장에는 환희의 꽃비[雨花]가 펼쳐져 있다.

정방형 혹은 장방형의 안(案)에 유밀과를 높이 고여 굽다리그릇에 쌓아서 세워 담고, 그 위에 봉황과 백학을 비롯한 조화 등을 꽂아 진열한 것은 봉황, 연꽃, 모란꽃이 모여 있는 수미산에 제석이 계시듯이, 정진음식의 최고라고 말할 수 있는 유밀과에 봉황, 연꽃, 모란꽃 등을 꽂아 수미산으로 만들어, 이곳이 수미산의 신이 강림하는 장소임을 표현한 것이다.

따라서 이 과안에 차린 음식은 신이 강림하여 드시는 음식이기 때문에 연회장에 모인 사람들은 연회하는 동안 먹을 수 없고 보기만 하는 음식이다. 연회가 끝이 나야 음복으로 먹을 수밖에 없는, 그저 바라보기만 하는 상[看盤, 看卓]이 된다.

팔관회 연회 구성에서 보았듯이 과안은 전상(殿上)에 미리 차려놓는 것이었다. 연회 전에 먼저 신께 대접하는 것이 예의였기 때문이다. 한 사람 앞에 한 상씩 차등 있게 간반을 차리는 것은 인간 개개인에게 불로장수와 재복을 가져다주는 신 역시 개인별로 따로따로 계시기 때문이다. 인간

사회에 위계질서가 있듯이 신도 서열이 있어서 인간에게 돌아가는 다양한 행복의 양도 신의 서열에 따라 다를 수밖에 없다.

천사라고 하는 중간자를 내세워 제석궁과 궁궐 사이를 통하는 자격을 부여받고 있었던 고려의 왕은 살아 있는 제석이었으나, 신에게 과안을 올려 불로장수와 재복을 구할 수밖에 없는, 유한한 생명을 가진 나약한 인간에 불과하였다. 가장 최고의 권력자를 보살펴주는 신을 위한 과안은 위계질서에 따라 가장 크고 화려하게 차렸다.

도리천의 세계를 표현하고자 했던 궁중연향에서 살아 있는 제석인 왕은 실제적 주인공이었다. 그는 불로장수와 재복을 주재하는 신과 교감할 수 있는 유일한 존재였다. 그래서 왕을 보살펴주시는 신을 위한 간반이었던 과안은 아름다움의 극치를 보여, 금과 옥으로 장식된 사방 한 발(두 팔을 잔뜩 벌린 길이)이나 되는 궤안(几案)으로 만들어지기도 하였다.

이 과안은 차와 한 조가 되어 차려졌다. 차는 약(藥)에서 출발한 음료이다. 나이를 먹어도 몸을 가볍게 함으로써 오래 살고자 하는 소망은, 몸을 가볍게 하여야 선인(仙人)이 될 수 있다는 도교의 이상과 통하는 것이었다. 그래서 도교인들은 선인과 비슷한 식생활을 하고자 했다. 이 선인식에 포함되는 것이 바로 차였다. 차는 술과 더불어 약으로 음용되었다.

도교에서 불로장수에 도움을 주는 일종의 약으로 취급받았던 차는, 선종에서도 불도 수행의 일부로 채택되었다. 깨달음으로 가고자 하는 정진(精進)에서 머리를 맑게 하고 눈을 밝혀주는 음료가 바로 차이기도 하였지만, 다른 한편으로는 부처님께 공양드릴 때 바치는 최고의 음료였다.

공양이란 부처님께 예배하는 예불의 여러 가지 형태이다. 존경하는 마음을 등, 향, 꽃, 차, 과(果), 미(米)로 올리면서 예배한다. 다게(茶偈)로 알려진 다공양이란 결국 신성한 분께 올리는 신성한 음료라는 상징적인 의미가 있다. 팔관회 맨 처음에 행하는 진다 의례는 신성한 음료를 신성한 신께 올린다는 상징성을 부여한다. 절을 떠난 궁중에서 살아 있는 제석을 중심으로 연회가 전개될 때 다게 대신 채택한 용어가 '진다'이다. 다시 말하면 '다게'와 '진다'는 같은 개념이다.

다게를 행할 때에는 쓴맛의 차만을 공양하는 것이 아니라 쓴맛을 해소해주는 과도 굽다리그릇에 높게 고여 담아 함께 공양한다. 마찬가지로 진다를 행할 때 가장 아름다운 청자 찻잔과 청자 다병을 사용하여 말차(末茶)를 헌상하면서 과일 형태로 만든 과, 즉 유밀과를 차린 과안도 함께 헌상하게 된다. 이 과안에는 봉황, 공작, 학, 연꽃 등을 상화로 꽂아 장식하여 최고로 아름답게 만든다.

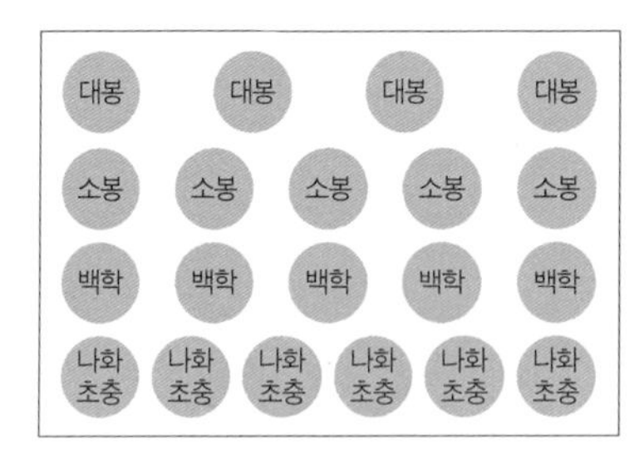

우협상(주홍고족상)

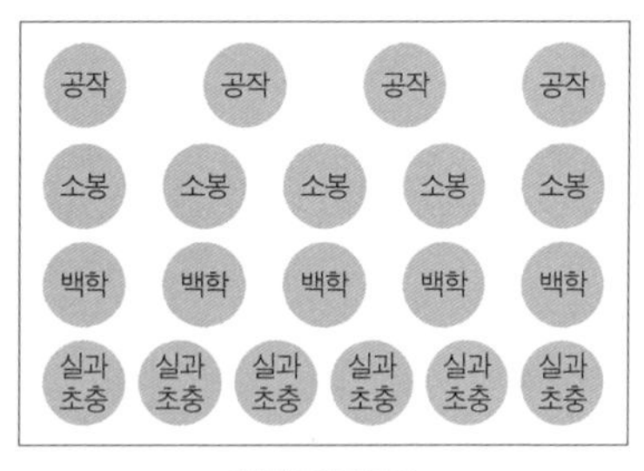

연상(주홍고족상)

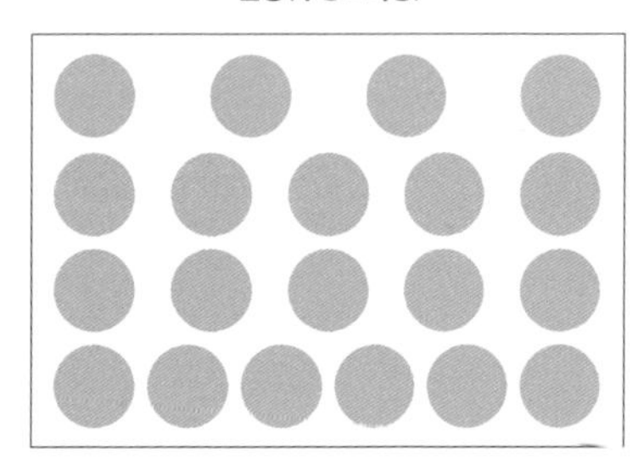

면협상(찬안상)

〈그림 32〉 풍정연에서 신께 올린 과안의 상화
출전 ; 『풍정도감의궤』, 1630

차와 과안은 그날의 연회장에 차려진 가장 핵심을 이루는 요소이다. 팔관회는 바로 차와 과안을 중심으로 하여 펼쳐진 다연이었다. 이 팔관회의 과안 모습은 풍정연 찬안상에서도 나타난다.

찬안상은 연상, 좌협상, 우협상, 면협상, 대선, 소선으로 구성되어 배선되었다. 소선은 삶아 익힌 통양을 중심으로 해서 차린 상, 대선은 삶아 익힌 통돼지를 중심으로 해서 차린 상이다. 대선과 소선은 조선왕조 들어 유교에 보다 충실하기 위해서 신을 위한 안주로서 끼워 넣은 상차림이다. 그러니까 팔관회의 과안에 보다 가까운 상차림은 대홍마조 · 송고마조 · 염홍마조 · 대유사마조 · 소백산자 · 소홍산자 · 중박계 · 백산자 · 홍산자 · 소홍마조 · 유사마조 · 대유사망구소 · 대홍망구소 · 전단병 · 백다식

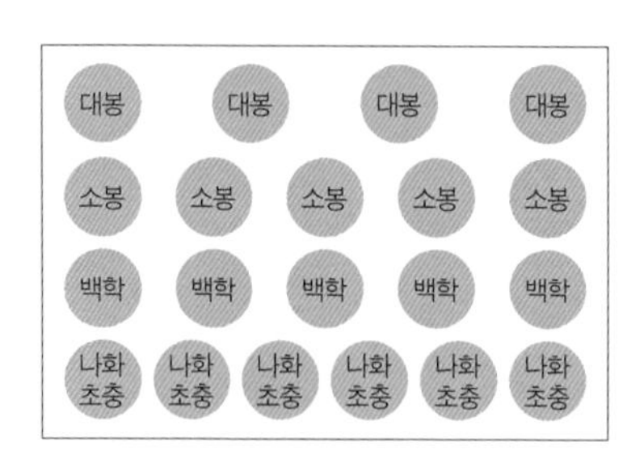

좌협상(주홍고족상)

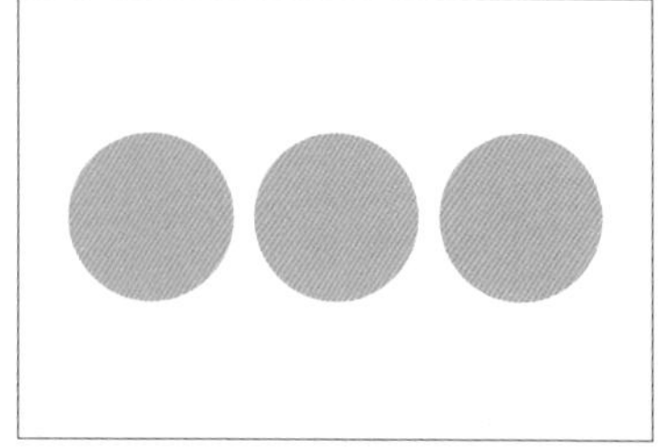

대선

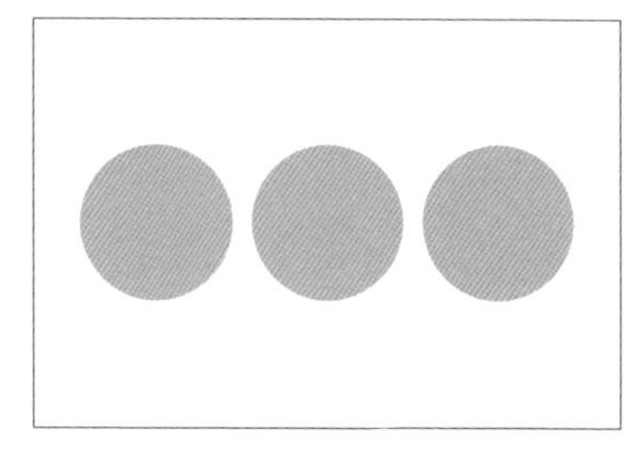

소선

· 소유사망구소 · 소홍망구소 · 첨수 · 운빙 · 적미자 · 백미자 · 율미자 · 유사미자 · 송고미자 · 잣 · 개암 · 호두 · 곶감 · 대추 · 밤 등의 유밀과와 과일을 굽다리그릇에 고임음식으로 고여 담아 상화를 꽂은 연상, 좌협상, 우협상이라고 볼 수 있다(〈그림 32〉).

상화의 종류로는 대봉, 공작, 소봉, 백학, 나화초충(羅花草虫), 실과초충(實果草虫), 연꽃, 모란꽃, 복숭아꽃 등이 주류를 이룬다.

연꽃, 모란[부귀장춘(富貴長春)], 복숭아꽃[장명부귀(長命富貴)]은 꽃비에 등장하는 상서로운 꽃이기도 하다. 이들 꽃이 있는 극락정토 수미산에는 금, 은, 유리, 수정으로 구성된 보물이 장식되어 있고, 하늘에서는 음악이 들리며, 대지는 아름다운 황금색으로 되어 있다. 부처님의 가르침을 전하려는 학, 앵무, 나비 등의 초충(草虫, 극락 속에 존재하는 곤충류)들이 노래 부르고 있는데, 주야로 3번씩 천상의 꽃이 떨어진다.

풍정연에서 유밀과 등에 학, 공작, 봉황, 초충 등을 꽂은 것은 수미산의 작은 모습을 형상화하기 위함이다.

신성한 공간을 위한 장식

고대에는 제1단계 사치, 즉 가장 사치스러운 행위는 양을 많게 하는 것이었다. 그 예가 한 끼 식사를 대접할 때 엄청난 양을 제공하는, 『의례』 「공식대부례」에서 보여주는 상차림이다.

제2단계 사치는 무엇보다 진기한 것을 수집하는 취향이다. 객(客)을 좋아하여 수천 명의 객이 모여들었다고 하는 전국시대의 평원군(平原君, BC ?~151)과 춘신군(春申君, BC ?~238)에게 식객들이 바다거북의 등딱

지로 만든 관(冠)과 주옥(珠玉)을 끼운 칼집, 진주를 박아 넣은 신발을 바치며 경쟁한 사실은, 진기한 것을 수집하는 취향이 최고의 사치스러운 범주에 있었던 시대의 사회 풍조를 대변한다.

제3단계 사치는 중세 이후에 나타나는, 양보다 질을 찾는 소위 내면적 사치이다. 질을 추구하는 내면적 사치는 도교 및 불교와 같은 다양한 종교의 출현과 더불어 생겨난 종교철학적 사유의 결과이다. 이것은 연향에도 반영되었다. 종교철학이 추구하는 것을 연회장에서 보여주어야 했고, 이는 곧 장식으로 나타났다. 즉 내면적 사치란 정신세계를 드러내고자 노력하는 기교, 꾸밈, 보이기와 같은 장식적 요소와 직결된다.

식(飾)은 '청결하게 장식하다', '나타내다', '공들여 기교를 부리다', '갖추어 가지런히 하다', '공경하다', '한 군데에 모아 밧줄로 단단히 묶다' 등으로 해석되는데 팔관회의 장식적인 요소는 다음과 같다.

연회장의 실내장식, 채붕[綵棚, 나무를 엮어 비단으로 깔고 덮어 장식한 누각 형태의 무대], 준화(樽花, 꽃단지에 꽂는 꽃, 다시 말하면 꽃을 꽂은 단지와 꽃), 꽃계단, 주렴[珠簾, 구슬을 꿰어 만든 붉은 발. 주박(珠箔) 주장(珠帳), 옥렴(玉簾), 구슬발], 향과 등 등 연회장을 장식하는 조작물 일체.

발 높은 상[高足床, 几案]의 배설과 여기에 수반되는 각종 상건(床巾).

굽다리그릇 사용.

굽다리그릇에 높게 쌓아 올린 각종 고임음식.

고임음식을 똑바로 세우기.

고임음식에 대봉, 중봉, 백학, 연꽃을 상화로 장식하기.

발 높은 상에 상화로 장식한 고임음식들을 갖추어 가지런히 진열하기.

-『조선후기 궁중연향 문화』 권 1, 「17 · 18세기 조선왕조 궁중연향 음식문화」, 김상보

불전을 장식하는 화려한 색채를 단청(丹靑)이라 한다. 단(丹)은 '붉을 단'이고 청(靑)은 '푸를 청'으로 나무의 초록색을 뜻한다. 그러니까 불전 장식에 쓰이는 붉은색과 초록색은 신성한 공간을 조성하기 위한 것이다.

붉은색과 초록색으로 단청한 불단의 신성한 공간은 연회 때 실내를 장식하는 채붕과 주렴, 그리고 고족상과 상건에도 적용되었다. 실내 분위기를 신성한 곳으로 만들기 위한 이러한 일련의 행위에 대하여 우리는 '실내를 장식한다'고 흔히 말한다. 그러나 팔관회 연향에서의 장식은 단순한 장식으로 그치는 것이 아니라 종교철학적 신성성 때문에 생겨난 탈속(脫俗)이다. 그래서 살아 있는 제석인 왕이 주관하는 연회장은 붉은색이 바탕이 되고, 왕이 사용하는 모든 발 높은 상[高足床] 및 각종 상에 덮어씌우는 상건(床巾, 상보) 역시 붉은색과 초록색이 조화를 이루어야 했다.

조선왕실의 연회 공간에서도 왕은 붉은색, 왕세자는 아청색 등으로 상과 상건을 달리했던 것은 고려왕실 연향의 영향이다. 상건에서 붉은색에 초록색을 가미하여 신성성을 강조한 색깔 개념은 조선왕실의 풍정연에서도 나타난다.

고려왕실에서 채붕하여 준화(樽花)를 설치하고 꽃으로 단장하여 연회장을 만드는 것은 팔관회나 연등회에만 국한된 것이 아니고, 외국 사신 환영 연회 그리고 왕의 생일잔치 등과 같은 가례나 길례 때 보편적으로 행하는 일종의 의례 행위였다.

『고려사절요』에 등장하는 구절을 보자.

하청절(河淸節, 의종의 탄생일)이었으므로 만춘정(萬春亭)에 행차하여 재상 및 사신들과 더불어 연흥전(延興殿)에서 연회를 열었는데 (…) 채붕, 준화, 헌선도(獻仙桃), 포구락(抛毬樂) 등의 놀이를 갖추어 행하고 (…)

> 금나라 사신이 말하기를 (…) 예절은 마땅히 길례에 준하여 채붕을 가설하고 풍악을 연주하며 꽃을 꽂아야 할 것이고 (…)

> 꽃구경을 위한 연회 때에 (…) 청랍견(青蠟絹)을 오려서 파초(芭蕉)를 만들었더니 (…)

> 당 현종의 밤놀이하는 그림을 보고 (…) 국신고(國贐庫)의 엷은 비단 20필로 연회날에 꽃계단을 꾸몄다가 오래되면 이를 새로 갈았다.

『고려사절요』에서 보듯, 고려왕실의 연향 때 등장하는 조화로 구성된 준화와 헌선도, 포구락 등도 풍정연에 그대로 계승되었다(〈표 7〉).

굽다리그릇인 두를 사용하여 연회음식을 담는 행위는, 음식을 바치는 주인이 음식을 드시는 빈(賓, 손님)을 높이 공경하고 있음을 의미했다. 또 이 두에 가능한 한 많은 음식을 담아 바치는 것은 사치의 제1단계인 '양을 많게 하는 것'이었다. 두라는 한정된 공간 속에 공경을 나타내고 양을 많게 하기 위해서는 음식을 차곡차곡 쌓아서 세워 담아야 가능한 일이다.

쌓아서 똑바로 세워 담는 행위는 사치를 표현하는 한 방법일 뿐만 아니라 쌓는 사람의 정성을 나타내는 것이기도 하지만, 참의미의 장식이기도 하다. 원래 장식은 '사치'를 의미하며 '가치 있는 것이 도를 넘어 많다'는 것을 내포한다. 그러니까 '가치 있는 것을 가능한 한 많이 쌓기'는 장식이다. 따라서 고임음식의 높이는 연회장에 참석하는 사람의 서열에 따라 모두 다를 수밖에 없다.

두에 담은 고임음식을 '안'이라고 하는 한정된 공간에 가능한 한 많이 차리기 위해서는 가지런히 진열하지 않으면 안 되고, 이 방법을 채택한 것이 팔관회에서의 '과안'이며, 풍정연 향례에서는 신께 올린 '찬안' 찬품, 즉 〈그림 32〉의 차림이다.

결론적으로 말하면, 조선왕실의 연향은 예악관에 기초하여 헌수주와 행주의례가 행해졌다. 예는 음에서, 악은 양에서 나왔기에 예악관이란 음양관이기도 한데, 이는 하늘과 땅의 질서에 순응하는 삶을 강조한 『주역』에 기초한 세계관이다.

조선왕조는 국초부터 유교를 채택하여 유학의 이상을 펼치고자 했기 때문에 예악관에 기초한 왕실연향도 유교가 그 기저에 있다고 생각하기 쉬우나, 실은 고려왕실의 연향문화를 속례로서 받아들인 후 유교적 요소를 약간 삽입하여 의례화한 결과물이다.

풍정연에서 헌수주 전에 배선되는 진찬안과 진화는 다공양, 꽃공양과 성격이 같은 팔관회의 진다, 진과안, 진화와 연결고리를 갖는다. 또 헌수주 후의 산화와 잠화는 팔관회의 12송이 꽃 진화, 반화, 잠화를 속례로서 받아들인 영향이다.

풍정연에서 대봉, 공작, 소봉, 백학, 나화초충, 실과초충과 같은 상화를 찬안의 찬품에 꽂는 것은 수미산의 작은 형상을 만들어 신이 강림하도록 설계한 것이며, 붉은색 칠을 한 고족상, 초록색의 단으로 테를 둘러 만든 붉은색의 상건이 왕의 색으로 연향 상차림에 채택된 것은 불단의 신성한 공간을 만들기 위한 것으로, 고려왕실의 문화를 속례로서 받아들인 결과물이다. 또한 두에 고임음식을 담아 안에 차려 가지런히 진열하는 차림법은 고려왕실이 받아들인 불교 의례문화와 연속성을 갖는다.

2

우리가 잘못 알고 있는 한식, 한식문화

궁중음식에 대한 오해

궁중음식의 전승 과정을 밝혀야 하는 이유

궁중음식의 진정한 계승자는 누구인가

나는 18세 때 한양대학교 사범대학 가정교육학과에 입학했다. 그곳에서 가정교육학과 교수로 재직하고 계신 황혜성 교수님을 만난다. 당시 황혜성 교수님은 자타가 공인하는 궁중음식의 대가셨다. 조선시대 마지막 주방상궁으로 알려진 한희순 상궁에게서 궁중음식을 전수받으셨고, 나중에는 한희순 상궁이 보유하고 있던 중요무형문화재 제38호를 이어받아 궁중음식 기능보유자가 되셨다.

일제강점기를 거치면서 사라질 위기에 처한 궁중음식이 황혜성 교수님의 노력으로 복원되었다는 칭송을 받으며 한식학의 거목으로 우뚝 서 계신 분을 학부 시절에 만나 뵌 것이다.

궁중음식에 대해 논하려면 먼저 궁중음식이 어떻게, 누가 누구에게 전승하여 오늘에 이르게 되었는지를 파악해야 한다. 특히 일제 식민 정책으로 궁중음식 정통성이 사라지고 완전히 해체되어 현재에 이르게 된 역사적 흐름을 알아야 궁중음식에 대한 정확한 지식과 관점을 가질 수 있다.

조선왕조 고종 31년인 1894년은 갑오년

이다. 그때까지의 정치제도는 『경국대전(經國大典)』에 기반했는데, 일본은 서양의 법식을 본받아 고치게 했다. 그러자 개화파의 김홍집 등이 민씨 일파의 사대 세력을 물리치고 대원군을 불러들여 어전회의를 열고는 새로운 정치를 위한 유서(諭書)를 발표했다. 이것이 바로 갑오경장(甲午更張)이다.

갑오경장 이후 일제는 사옹원 소속의 숙수(熟手)와 상궁, 나인 등을 해체했다. 이런 움직임은 1910년 경술국치로 더욱 가속화되어 왕실 행정과 각종 업무를 도맡아 했던 궁내부가 없어지고 왕실의 삶은 격변을 맞는다. 왕실문화는 철저히 유린된다.

우리는 조선왕실의 주방상궁으로서 궁중음식의 정통성을 보유한 사람이 한희순 상궁이라고 알고 있다. 한희순은 1889년에 태어나 12세인 1901년 덕수궁에 입궁하여 중궁전의 소주방 나인으로 일하다가 43세 때인 1932년 상궁 첩지를 받았다고 한다.

조선왕실의 음식을 책임진 사람은 모두 남자 조리사인 숙수였다. 왕실이든 관아든 음식 만들기를 주도한 주방 책임자는 모두 남자였다. 조선시대에는 여자 나인들이 주방 일에 참여하긴 했지만 보조에 불과했다. 여자들은 음식을 주관하는 직책을 맡을 수 없었으며, 상궁이라는 고위직이 주방에서 일했다는 것도 조선왕실 역사를 모르고 하는 소리이다.

1876년 강화도조약으로 일본이 조선 침탈 기반을 마련한 이후 1894년 갑오경장으로 숙수들 대부분은 궁 밖으로 내쫓겼다. 1905년 을사늑약으로 외교권이 박탈되고 1910년 경술국치로 국권을 완전히 빼앗기는 과정에서 조선 궁중의 예와 법도는 급격히 무너지고 와해되기에 이른다. 이런 격변기에 십대 나인의 신분으로 궁중음식을 제대로 습득할 수는 없었을 것이다. 내시가 없어 임금의 수라 시중을 잠깐 들었을 가능성은 있으나 십대 소녀가 궁중음식의 지식과 전통을 제대로 전수받았을지 의문이다.

한희순은 마지막 황제인 순종과 순종의 계비인 순종효황후 윤씨를 모신 것으로 전해진다. 경술국치 이후 윤씨 처소였던 창덕궁 낙선재에 드나들면서 수라상을 올렸다고 한다. 그리고 윤비로부터 궁중음식에 대해 많은 걸 전해 들었고, 황혜성 교수님도 윤비와 한희순을 통해 궁중음식을 전수받았다고 알려진다.

한식의 정통성을 회복하고자 한다면 한희순을 둘러싼 궁중음식의 전승 과정을 규명할 필요가 있다. 옛 문헌에서 밝힌 궁중음식과 한희순이 전수했다고 하는 궁중음식은 많은 괴리가 존재하기 때문이다. 그들이 제시하는 신선로, 잡채, 오이선, 겨자채 등 수많은 궁중음식이 의궤에서 제시된 것과 다르게 형태와 조리법이 왜곡되었다.

한희순은 자신이 "윤비의 처소를 드나들면서 궁중음식을 보존했다"고 밝히고 있지만 그녀가 전수한 궁중음식이 정통 궁중음식이라고 단정할 만한 근거가 약하다. 자신이 한 말 외에 소주방 소속 상궁이었다는 증거는 어디에도 없다.

하지만 우리에게 알려진 사실은 한희순이 조선왕실의 마지막 주방상궁이었고 궁중음식의 정통성을 이어받은 계승자이며, 그 정통성을 이어받은 사람이 황혜성 교수님이라는 것이다. 이를 뒷받침할 만한 증거는 그들의 말 이외에는 없다.

궁중음식의 전통과 정신을 구명할 자는 누구인가. 흩어져 있는 사료를 모아 그 가닥들을 연결함으로써 퍼즐 맞추듯 정통 궁중음식을 복원할 자는 누구인가. 이는 한식학을 공부할 후대 학자들이 해야 할 숙제이다.

우리 민족의 삶의 기반이 뿌리째 흔들린 일제강점기에 조선의 궁중음식이 원형을 간직하기란 불가능했다. 궁중음식은 문화가 실종되는 시대

상황 속에서 왜곡되고 변형되고 비틀어진다. 이렇게 왜곡된 궁중음식을 어떻게 바로 세워야 하는지도 모르는 상태에서 고증은커녕 문헌도 살피지 않고 흘러나오는 소리에 입각해 우리의 궁중음식 역사가 쓰였다.

학문적 사실의 왜곡. 이를 바로 세우려는 노력을 하지 않는다면 진실은 영영 묻혀버리고 만다. 해방 이후 혼란한 상황은 지식과 권력을 독점하여 권세와 이익을 누리는 사람들에게 유리하게 돌아갔다. 역사는 늘 힘을 가진 사람들이 썼고, 학문적 성취도 권력에 가까이 있는 사람들에게 돌아갔다. 아직도 대한민국 학계는 이러한 어두운 그림자에서 벗어나지 못하고 있다.

이제 과거의 그림자에서 벗어나 엉킨 실타래를 풀어야 진정한 학문의 길이 열릴 수 있다. 잘못 알려진 한식을 바로 세우는 작업은 잘못된 사료와 이론을 비판하고 고증된 역사적 사실에 기초한 논거와 학술로 한식학을 재정립하는 일에서 얻어질 것이다. 왜곡된 사실을 바로잡고 과거를 제대로 복원할 때 한식의 원형은 밝혀지리라 본다. 많은 시간이 걸리겠지만 그래도 느릿느릿 학문적 사실을 밝혀내려는 노력이 진행되어야 한다.

변질된 궁중음식, 왜곡된 밥상차림법

1995년, 지금은 고인이 된 한국정신문화연구원(현 한국학중앙연구원)의 장철수 교수와 함께 『원행을묘정리의궤』를 번역하면서 나는 충격을 받았다. 그 방대한 문헌에서 내가 맡은 부분은 「찬품(饌品)」이었는데, 내용은 혜경궁홍씨 회갑연 때 상차림으로 올렸던 일상식과 연회식의 찬 종류와 가짓수, 구성 등을 소개한 것이다. 번역을 하면서 당시 연회음식을 구체적으로 확인할 수 있었고, 궁중 일상 음식에 대한 많은 사실을 알 수 있었다. 궁중음식의 종류와 특징, 조리법 등을 엿볼 수 있게 된 것이다. 가장 중요한 것은 궁중음식에 숨겨진 정신을 알 수 있게 된 사실이다.

『원행을묘정리의궤』를 풀기 위해 고대 음식 문헌들을 추적하면서 계속 새로운 사실들을 발견하게 되었다. 그 한 가지가 지금 우리가 접하고 있는 음식과 밥상차림에 많은 왜곡과 변질이 있었다는 사실이다. 짧은 한 줄 한 줄에 담긴 반상차림법에서 우리 음식의 전통 사상을 엿보며 전율을 느꼈다.

일상식, 영접식, 혼례식, 제례식, 진연식으로 구성된 조선왕실의 궁중음식은 『의례』에 기반하고 있다. 하지만 우리 전통음식의 독특한 형식과 구조도 내포하고 있다. 당시의 음식문화를 통해 현재의 음식문화를 들여다보면서 시대에 따라 변모하는 양상과 그 변화 원인을 파헤쳐야 한다는 연구 목표도 생겼다.

물이 높은 곳에서 낮은 곳으로 흐르듯 궁중음식문화는 기층 민중에게까지 영향을 미치며 오늘에 이르렀다. 따라서 조선시대의 음식문화를 논하려면 궁중음식문화에 대한 기본적 이해가 꼭 선행되어야 하며, 많은 배경 지식이 필요하다. 고려 이후부터 지속되어온 동족 부락과 이에 딸린 솔거노비, 외거노비들의 문제, 임진왜란 이후의 연행사와 조선통신사에 의한 식품 수출입과 부의 편중에 따른 중인 계급의 급부상, 1800년대 이후 대두된 청나라와의 인삼무역에서 생겨난 거부 상인과 부의 문제, 그리고 양반의 몰락과 양반 계층의 증가, 무너지는 계급질서 등 사회상이 음식문화에 미친 영향, 한말 궁중음식의 요릿집 메뉴화에 따른 왜곡과 변질 등등 살펴봐야 할 수많은 난제들이 산적해 있다.

『원행을묘정리의궤』를 통해 발견한 학문적 사실들을 「한국의 반상에 대한 고찰」(1997)이라는 논문으로 정리해 『동아시아식생활학회지』에 발표했다. 현재의 밥상차림이 구한말의 어지러운 시대상을 반영하여 '화려한' 옷을 입힌 왜곡된 상차림의 결과이며, 우리 선조들의 밥상차림은 검소했음을 많은 사례와 근거를 들어 설명했다.

당시는 잘못 알려진 밥상차림법이 대학 입학시험에 출제되고 있었고, 여성들은 혼인할 때에 혼수로 첩반상기를 준비하던 시절이었기에 나의 새로운 학설이 논란을 일으킬 수도 있을 거라고 생각했다.

하지만 예상과 달리 아무 반응도 없었다. 오랫동안 왜곡된 채 알려진 잘못된 통설이 교과서에 실리고, 학술 자료에 하나의 정론으로 인정되고 있었으며, 한식업계의 길잡이가 되어 정설인 양 굳어져 있었기 때문이다. 나의 논조는 궁중음식 이해집단의 견해 정도로 치부되었다. 거짓이 진실로 통용될 때 그것은 하나의 이데올로기가 되어 사회 정치적 힘으로 작동한다.

나는 기회가 있을 때마다 우리나라 밥상차림의 왜곡과 변질, 이것을 초래한 역사적 상황과 배경에 대하여 강연도 하고 글도 썼다. 아무리 안간힘을 써도 달걀로 바위 치기나 마찬가지였다. 안타까운 일이었고, 학자적 양심이 허락하지 않는 일이었다.

최근 들어 한식 세계화 움직임이 활발하다. 외식산업에서 채택하고 있는 밥상차림도 정통성이 무너져 있는데, 어떻게 세계화할지 걱정부터 앞서는 것이 솔직한 심정이다.

우리 음식문화를 가장 뿌리 깊게 변형, 왜곡한 원인은 일제의 문화 지배이다. 일본에 의한 근대화 과정에서 양반과 노비로 대표되는 계급 질서는 무너졌다. 노비에서 양반으로의 신분 이동이 가능해질 정도로 국가 체제와 사회문화 구조는 빠르게 해체되었다. 이런 시대 분위기에서 군자를 지향했던 성리학적 실천 기반인 검박한 식생활은 사라지고 그 자리에 사치스러운 상차림이 이식되었다.

이를 대변하는 상징적인 사례가 바로 요릿집 명월관, 그리고 안순환(安淳煥)이라는 이름 석 자이다. 궁중음식의 산실로 알려진 명월관에서 만든 음식이 전통 궁중음식인 것처럼 굳어진 현실은 바로잡아야 할 중대한 오류이다. 명월관은 사치스럽게 변질된 궁중음식의 아류, 즉 궁중의 예와 악이 실종된 음식을 세상에 내놓고 돈을 벌었다.

안순환은 궁중음식을 왜곡한 인물이다. 결론적으로 말하면, 이 왜곡된 음식 대부분이 오늘날 한식으로 계승되었다. 우리는 이 잘못된 상차림을 우리의 정통 한식으로 알고 즐기고 있는 중이다. 오늘날 궁중음식 전문점, 한정식 전문점의 터무니없이 호화로운 밥상은 안순환이 경영한 명월관에서 만들어낸 요릿집 메뉴의 아류이지, 결코 정통 궁중음식이 아니다.

안순환은 친일 인사였고 명월관이라는 요릿집을 운영해 사업가로 대단한 성공을 거둔다. 1920~30년대 신문에도 궁중요리를 보급하는 안순환의 이름이 여러 번 등장할 정도로 유명한 인물이었다.

안순환이 조선 말기 궁중에서 숙수로 일했다는 설이 전해지지만 사실이 아니다. 1894년 갑오경장 때 일제는 중앙 정부를 궁내부와 의정부 2원 체제로 가동한다. 왕실의 정치 개입을 차단하기 위해 권력은 의정부에 집중시키고, 궁내부를 신설하여 왕실 업무를 도맡게 했다. 이미 조선왕실의 권위와 정체성은 무너져 있었고, 궁궐 안의 행정기구나 행정가들도 일본인들이 쥐락펴락하고 있었다. 여기서 안순환은 궁내부에서 주임관(奏任官)과 전선사장(典膳司長)이라는 직함으로 수라와 잔치를 관장했다. 상차림을 관리하는 매니저 역할을 한 것이다. 요리사는 아니었다.

갑오경장 이후 안순환을 포함해 사옹원에서 조리를 담당했던 숙수들과 자비(差備), 내시, 그리고 중궁전의 상궁들이 대거 퇴출되었다. 경술국치 이후 이런 움직임은 더 가속화되었다. 안순환은 당시 궁에서 일자리를 잃은 조리사들을 데리고 경성에 있던 요릿집 명월관을 인수한다.

1903년 개업한 명월관이 1909년 안순환 품에 들어오면서 한식사에 이름 석 자를 남기게 되는 것이다. 관기제도가 폐지되자 궁중과 전국에 있던 기녀들이 모여들던 곳도 명월관 같은 요릿집이었다. 이완용, 송병준 같은 친일 인사와 일본인들이 술을 먹으러 오는 사교 술집이었다.

명월관의 성공은 봉천관, 영흥관, 혜천관, 식도원, 국일관 등 제2, 제3의 명월관으로 이어져 궁중음식을 크게 유행시킨다. 일본식, 중국식이 가미된 국적 없는 음식들이 뜬금없이 궁중요리로 둔갑하였다. 하지만 이들이 만든 궁중음식이 정통 궁중음식은 아니다. 외식화된 음식, 쉽게 만들 수 있을 뿐만 아니라 시대 분위기에 맞게 재탄생한 음식이었다.

임오군란(1882)과 청일전쟁(1894)을 거치면서 조선에는 일본과 청나라 음식들이 밀려 들어오고, 이런 외래 음식들은 끼니를 때우기도 힘든 민중이 아닌 궁중 사람들이나 반가, 부유한 계층으로 확산되었다. 고종도 서양 음식을 상당히 좋아했다고 한다.

당시 사회 분위기를 반영하듯 명월관은 무분별하게 뒤섞인 새로운 음식들을 속속 내놓았다. 안순환이 경영한 명월관 등 조선요릿집들은 정통 요릿집이 아니었다. 일본인들이 뻔질나게 드나들었기에 그들의 입맛에 맞춘 요리를 내놓았음은 두말할 나위 없다. 화려한 치장을 하고 조리법마저 심하게 변질된 음식들이 수완 좋은 외식업자의 선전에 정통 궁중음식으로 둔갑한 것이다. 이렇듯 술상에 최적화된 음식이 궁중음식일 리 없다.

구한말 이후 변질된 궁중음식은 대중에게 많은 영향을 미쳐 오늘날까지 잘못 알려진 궁중음식이 정통인 것처럼 광범위하게 왜곡된 채 전해지고 있다. 구한말 요릿집의 번성은 1945년 해방 이후 1970년대까지 근 80년 동안 계속되어 요릿집 문화가 대중과 학계에 미친 영향은 대단했다. 조선의 정통 궁중음식은 수면 아래로 사라지게 된다. 현재 궁중음식으로 알려진 많은 것들은 정통 궁중음식이 아니다. 따라서 이를 바로잡는 노력은 한식학계가 해야 할 중요한 과제이다.

궁중음식이라는 말이 조선왕조가 사라진 뒤에 나왔다는 사실은 역설적이다. 우리가 반드시 알아두어야 할 사실은, 왕이 드셨던 음식은 궁중음식이라는 말이 무색할 만큼 궁중에서만 먹을 수 있는 특별한 음식이 아니었다는 점이다.

중국처럼 진귀한 식재료로 만든 고급 요리를 황제나 특권층이 즐기는 전통이 우리는 없다. 민간 음식이 왕의 밥상에 진상되기도 하고, 궁중에서 민간으로 음식이 전해지기도 했다. 왕의 음식이라고 해서 화려함과 특별함을 요구하지 않았다. 오히려 유교 정신을 따른 수라상은 반가음식보다 더 검박했다. 식을 탐하는 것이 죄악시되었기 때문이다.

알려진 것처럼 왕의 수라상이 22첩밥상(12첩반상)이라고 오도되고 있지만 실제는 검소한 7첩반상이었다. 식재료는 전국 팔도에서 백성들이 진상한 것으로 채워졌다. 경기도의 햅쌀, 함경도의 미역, 충청도의 무, 강원도의 은어 등 각 지방의 제철 특산물들이었다. 왕의 밥상은 민중의 살림과 고충을 살피고 격려하는 도구였다.

영조는 나라에 기근이 들면 수라상에 반찬 가짓수를 줄이는 '감선'과 고기반찬을 올리지 않는 '철선'을 명했다. 신하들이 당파싸움을 일으키면 감선을 했다. 그러면 신하들은 정쟁을 멈추고 왕의 눈치를 살폈다. 정조는 전복을 상에 올리는 것을 금했다. 제주 해녀와 백성들이 한양까지 먼 거리를 이동하며 겪을 수고로움을 측은하게 여긴 탓이다. 이렇듯 왕의 밥상은 단순한 밥상이 아니었다. 백성의 식을 돌보고 나라를 다스리는 통치 수단이었다.

물이 높은 곳에서 낮은 곳으로 흐르듯 우리 음식문화는 궁중을 중심으로 한 음식문화였다. 궁중음식은 주변으로 확산되고 토속 식자재와 어우러져 상호 교류하면서 거듭 변화, 발전하여 점차 우리의 전통 한식으로 정착되는 형태로 나아갔다.

1795년 정조임금이 어머니 혜경궁홍씨의 환갑연을 맞이해서 차렸던 궁중의 검박한 밥상차림은 1800년대 이후 서서히 무너졌고, 급기야 1800년대 말에는 『시의전서』에서 보여주듯 화려한 밥상차림으로 변질되었다. 1894년 갑오경장, 1910년 한일병합, 1950년 6·25전쟁이라는 민족적 혼란을 겪으면서 궁중음식문화는 정통성을 서서히 잃어갔다.

12 왜 『시의전서』의 7첩반상은 첩반상인가

『시의전서』는 정사가 아니다

한식을 정확하게 이해하려면 국가적 혼란기였던 조선 말기 사회상을 살펴보는 것이 중요하다. 기존 양반사회가 몰락하고 양반을 돈으로 산 신흥 양반 계층이 득세하면서 양반사회는 일대 변화가 일어난다. 이런 사회적 분위기 속에서 탄생한 책이 바로 작가 미상의 조리서 『시의전서』이다.

우리는 『시의전서』를 통하여 당시 양반가에서 유행하던 식문화와 생활상을 미루어 짐작한다. 하지만 이 책으로 당시 사회상을 평가하는 것은 대단히 위험하다. 『시의전서』는 그 탄생 배경이 매우 모호한데, 1919년 상주 군수로 부임한 심환진이 그 지역의 양반가에 전해져온 요리책을 괘지에 필사해둔 것이다. 그것을 며느리 홍정이 물려받고 다시 나의 스승인 이성우 교수님에게 전해져 세상에 드러나게 되었다.

『시의전서』의 원본은 1800년대 말에 지어진 것으로 추정한다. 그 근거는 첫 장에 표기된 '병정'이라는 글자이다. 병정은 병자년과 정축년을 가리키는 말로, 병자년은 1816년이나 1876년을, 정축년은 1817년이나 1877

년을 말한다. 원본이 세상에 나온 연도는 적어도 1816년, 최고 1877년이겠으나 소개된 조리 방법이 세련된 것으로 보아 1877년으로 보는 것이 옳다. 그렇다면 40년이 지나 필사된 것이기에 그 40년 동안에 덧붙여진 내용도 있음직하다. 왜냐하면 1900년대 초의 찬품으로 사료되는 것들도 왕왕 나오기 때문이다.

『시의전서』를 지은 이가 누구인지 알 수 없다는 사실은 이 책의 신빙성을 떨어뜨린다. 내용을 살펴보면 이 문헌이 당시 일반적인 반가 조리법을 제대로 구현하고 있는지 의문이 든다.

『시의전서』의 필사를 1877년으로 보고 당시 사회 분위기를 살펴보자. 이때는 부의 집중과 매관매직에 따른 양반사회의 붕괴, 사치스러운 요릿집 문화가 횡행하던 시기였다. 조선 말기에는 양인의 수가 대폭 줄고 양반의 수가 급격히 늘어났다. 양반의 수가 전체 인구의 70퍼센트를 차지할 만큼 대다수 인구가 지배층이 되고 피지배층은 소수가 되는 불균형 구조가 초래되었다. 이때 형성된 신흥 양반 계층은 양반 본연의 검박한 생활을 버리고 화려하고 향락적인 생활을 영위했다. 따라서 이 시대를 기술한 다른 문헌을 비교문화적으로 들여다보아야 좀 더 정확한 답을 얻을 수 있을 것이다.

『시의전서』는 타락한 조선 말기의 사회 분위기를 반영한다. 양반의 수가 전체 인구의 70퍼센트를 차지했던 어수선한 사회 분위기만큼이나 흐트러진 밥상차림법을 제시하고 있는데, 이것이 조선시대의 정통 밥상차림법인 것으로 알려져 오늘에 이르고 있다.

『시의전서』의 5첩반상, 7첩반상, 9첩반상이란 밥, 국, 장, 조치, 김치를 기본으로 하고 이를 제외한 반찬이 5종류이면 5첩반상, 7종류이면 7첩반상, 9종류이면 9첩반상이라는 것이다. 하지만 『시의전서』보다 약 100년 앞선 『원행을묘정리의궤』를 보면 사실은 다르다. 정조의 어머니인 혜경궁홍씨의 환갑잔치가 있었던 경사스러운 때에 정조께 올린 밥상차림은 7첩반상이었다. 밥 1기, 탕 1기, 조치 1기, 김치 1기, 적 1기, 자반 1기, 젓갈 1기, 장 1기로 장만을 제외한 나머지 찬품의 숫자를 가리켜 7첩반상이라 했다. 그러므로 밥, 탕, 구이, 쌈, 나물, 수육, 김치, 식해, 자반, 젓갈, 토장조치, 맑은 조치, 간장, 초장, 겨자로 구성된 『시의전서』의 7첩반상은 12첩반상으로 기록되어야 옳다.

『원행을묘정리의궤』에 등장한 정조의 7첩반상은 『시의전서』 식으로 적용하면 3첩반상에 불과하다. 『시의전서』에서 소개한 5첩, 7첩, 9첩반상은 『원행을묘정리의궤』 식으로 적용하면 9첩, 12첩, 15첩반상이 된다. 19세기 말 양반들이 정조임금이 받았던 가장 화려한 밥상차림 7첩반상보다 더 반찬 수가 많은 9첩반상, 12첩반상, 15첩반상을 받았다는 『시의전서』의 기록은 잘못된 주장이다.

왜곡으로 가려진 전통 밥상차림법

황혜성은 『조선왕조 궁중음식』(1993) 등 다수의 책을 통하여, 조선왕조 임금에게 올린 매일의 밥상차림은 12첩반상이라 하였다. 기본을 제외한 반찬 숫자가 12종류일 때 12첩반상이라는 『시의전서』 식 주장이다. 하지만 나의 이론을 적용하면 그건 22첩반상이다.

문헌에 따르면 세종 2년, 수륙재에서 승정원의 정3품 대언의 밥상은 5첩을 넘지 않게 차리도록 했고, 일본 사신 접대에도 7첩을 넘지 않도록 차렸음을 볼 때, 일상식 상차림은 가장 잘 차린 경우가 7첩이었다.

우리는 조선시대 궁중음식과 반가음식이 지금의 한정식처럼 가짓수가 많고 화려할 것이라 생각한다. 이는 큰 오해이다.

조선시대를 관통한 유교 사상의 기본은 개인의 도덕적 수양이었다. 수기치인(修己治人), 즉 '먼저 자기 자신의 몸과 마음을 다스려야 사회 전체가 이상에 이를 수 있다'는 것인데 이런 세계관은 먹고 자고 눕는 행위에도 적용되었다. 유교 사상은 의식주 모든 생활을 관통하는 행위 규범이었다. 배부르게 먹고 편하게 자는 것은 군자의 삶과 동떨어진 것이었기에 밥 한 술도 천지의 조화로움과 농부의 땀을 생각하는 성찰 대상이었다.

조선시대 지식인의 생활철학은 절제와 검박함이었고, 감사와 겸허의 미덕을 생활 속에서 실천했다. 음식을 먹고 만드는 작은 행동에도 이런 자기 성찰이 들어 있으니 무엇 하나 사사로운 욕망이 개입되기 힘들었다.

왕의 밥상이라고 다르지 않았다. 왕의 통치는 밥상에서 시작되었다. 밥상은 먹고 마시는 행위 이상의 것이었다. 온갖 산해진미를 누릴 수 있는 자리에 계셨지만 먹는 것부터 법도를 갖췄다. 화려함과는 거리가 멀었다. 나라에 흉년이 들었을 땐 자신의 밥상에 반찬을 줄이라는 감선령을 내렸다. 백성들을 가엾게 여기는 긍휼의 정신으로 다스렸기에 가능했다. 전국 각지에서 진상한 식재료를 보며 백성의 마음을 생각하고, 그들의 노고와 살림을 살폈다. 군주의 미각은 쾌락이 아니라 덕행을 쌓는 수단이었다.

『원행을묘정리의궤』를 살펴보면 왕이 먹는 것에서부터 얼마나 예를 지켰는지를 알 수 있다. 정조가 어머니 혜경궁홍씨의 환갑잔치 때 받은 밥상은 7첩반상이었고, 지위가 있는 신하들에게 내려준 밥상은 2첩 또는 4첩반상이었다.

이러한 일련의 사실을 나는 『조선시대의 음식문화』, 『상차림 문화』, 『조선왕조 궁중의궤 음식문화』, 『우리 음식문화 이야기』 등에서 누차 밝혔다. 왕조의 일상식 상차림을 가장 잘 차린 경우, 장류를 제외하고 7기를 차린 7첩반상인 점은 너무도 분명한 진실이기 때문이다. 왕조의 일상식이 12첩반상이라는 주장은 『시의전서』 외에 문헌적 근거나 사실 자료를 찾을 수 없는데도 이런 사실이 버젓이 통설로 자리 잡은 원인은 갑오경장 이후 문란해진 사회 기강에 있다.

임금의 일상식이 무려 22기나 된다는 주장은 절제와 검소한 생활 규범을 따랐던 조선의 유교적 경제관을 한참 벗어난 것이다. 구한말 변질된 궁중음식문화를 조선왕조의 음식문화로 이해하는 오류가 사실인 양 오도되면서 학계와 한식업계는 계속 오류를 낳는 형국이 되고 있다.

이렇듯 정전(正傳)이라고 할 수 없는 『시의전서』의 밥상차림법을 무려 100년이 넘게 황혜성의 『조선왕조 궁중음식』 등과 같은 문헌들이 사실인 양 받아쓰면서 왜곡이 왜곡을 낳는 결과를 낳았다. 따라서 『시의전서』 식을 규범으로 삼아 우리의 밥상차림의 규모를 기술한 모든 한식 관련서는 수정되어야 한다. 또 학생들의 교과서도 바로잡아야 한다.

『시의전서』 식 왜곡된 밥상차림법은 외식산업과 그릇 제조 산업에도 막대한 영향을 미쳤다. 우리가 한식당에서 받는 화려한 차림은 성리학을 최고의 가치로 두었던 우리 선조의 검소한 상차림과는 너무도 거리가 멀다. 현재 팔리고 있는 『시의전서』 식 혼수용품인 7첩반상기, 9첩반상기도 바로잡아야 한다. 음식 쓰레기가 세계 1위인 대한민국의 현실은 이렇듯 잘못된 밥상차림법에서 연유한다. 나는 근 20년 동안 잘못된 밥상차림법을 제자리로 돌려놓기 위해 부단한 주장을 해왔다. 이 싸움은 지금도 계속되고 있다.

변질된 문화도 100년 이상 지속됐다면 분명 우리 문화의 일부이다. 하지만 오류를 계속 그대로 두면 잘못된 통념이 진실이 되고 더 큰 진실이 묻힐 수 있는 위험성이 상존한다. 지금 알려진 반상문화는 한민족 5천 년 역사에서 100년에 불과한 것이지, 결코 전통적인 반상문화라고 볼 수 없다.

〈사진 1〉 정조임금이 드신 7첩반상 자료 : KBS

〈사진 2〉 반상기(5첩반상)
자료: 네이버블로그 sarugastory

〈사진 3〉 1800년대 말 또는 1900년대 초 양반이 받은 밥상(5첩반상, 밥 · 국 · 김치를 포함한 찬 2종류, 장류 2종지, 밥그릇 옆에는 가시 등을 담는 토구)

비빔밥은 궁중음식이 아니다

새로이 창조된 황혜성 식 궁중비빕밥

1924년 이용기가 쓴『조선무쌍신식요리제법(朝鮮無雙新式料理製法)』에는 비빔밥의 유래에 관한 글이 실려 있다.

부빔밥[골동반 骨董飯)]

먼저 좋은 쌀로 밥을 되직하게 지어 그릇에 퍼놓는다.

무나물 · 꽁지 딴 콩나물 · 숙주나물 · 도라지나물 · 미나리나물 · 고사리나물을 만든다. 먼저 무나물과 콩나물을 솟에 넣은 다음, 이 위에 밥을 쏟아 넣고 불을 조금씩 때어 더웁게 한다. 여기에 누르미 · 산적 · 갖은 전유아를 썰어 넣고 또 각색 나물들을 전부 넣은 후 참기름을 많이 넣고 깨소금을 뿌려서 젓가락으로 슬슬 저어 부빈다.

이상의 것을 그릇에 각각 담아서 잘게 썬 누루미 · 산적 · 전유아를 가장자리에 돌려 얹는다. 또 부스러트린 다시마튀각을 넣고 삶은 계란을 잘게 썰어 함께 얹고는 잣과 고춧가루를 뿌린다. 다른 고명이 보이지 않도록 4~5푼(1.5cm) 두께가 되도록 알고명을 얹으면 좋다.

여러 가지 부빔밥 중에서 풋김치를 대강 썰고 참기름과 깨소금을 많이 쳐서 부비어 먹는 것이 가장 맛이 있다.

대저 부빔은 일왈 뜨겁고, 이왈 참기름이 맛이 있어야 한다.

이상 기술한 것은 겨울과 봄에 먹는 것이다. 여름에도 이같이 하지만 호박과 오이를 잘게 채로 썰어 기름에 볶아 넣기도 한다. 이밖에 또 여러 가지 이루 말할 수가 없이 많다. 모두 섞어 먹기를 좋아하는 사람은 쟁청한 성질을 덜 가진 듯한 사람이다. 어디 가서 대접을 받을 때 체면 차리는 자리에서는 국에 밥도 말지 않거늘 어찌 삼태기 물건을 쓰레기통에 넣는 것같이 여러 가지를 휩쓰러 넣고 큰 그릇을 찾기도 하고 참기름과 고춧가루를 찾기도 하며 고기를 썰어 오게 하기도 한다. 한꺼번에 비벼서 여럿이 먹기도 하고 혼자 퍼먹기도 하는데 계속해서 더운 장국을 찾아가며, 옆에서 누가 보든지 말든지 이식위천(以食爲天, 먹는 것으로서 하늘을 삼음)한다. 간간히 술을 마셔가며 얼굴이 벌게 가지고 게다가 매운 것을 먹으니까 땀이 비 오듯 한다. 대장(大腸)의 경(經)이 가득 차도록 먹고는 개트림을 하고 한쪽에서 담배를 붙여 물고 있다. 방귀는 계속 나오는데 소방대원을 앞서는 놈처럼 변소로 뛰어가서 변소를 부시다 싶히 한다. 이렇게 해야 그 집의 잔치에 가서 잘 먹었다 말한다. 대저 무슨 음식을 그렇게 시끄럽게 먹는 것일까. 우리나라의 귀인이 어디 가서 음식을 먹을 때 (…) 어떤 음식이라도 그렇게 수선을 부리고 먹지도 않으며, 그렇게 얼굴을 붉혀가며 진주 같은 땀을 흘리고 먹는 법은 없다. 그렇게 수선을 떨면서 먹지 않아도 배불리 먹을 수 있고 몸에 자양이 되며 처신이 깨끗하다. 남들이 흉보는 것을 개탄할 지어다. 이곳 풍속에 남의 제사음식을 만나면 부빔 재료가 많기 때문에 우근진소지(右謹陳所志, 삼가 높여 뜻한 바를 펼친다는 뜻으로 음복을 말함)로 비벼 먹는 것을 편기(偏嗜, 치우치게 즐김)하여 그 집에서 비벼 내온다. 풍속이 이러하니 이 진비빔밥을 어찌 먹지 않겠는가. 먹기는 하되 담박(淡泊, 욕심이 없고 마음이 깨끗함)하게 먹어야 아무런 지각이 없어도 오랫동안 살고자 하는 명도 길어질 것이다. 이것은 손님 대접이 아니라 동서양 전쟁을 한바탕 겪는 일이다. 결단코 잔치라고는 말할 수 없다.

대저 부빔의 출처는 골동에서 나왔다. 장사꾼이 무슨 물건이든지 오래되고 파상난 헌넝마까지 벌려놓고 팔고 사는 곳을 골동가게라 한다. 이것만 보아도 부빔밥은 여러 가지 잡되게 섞은 것을 말한다. 골동가게라 해도 각각 정결하게 벌려놓는 것이 보기에도 깨끗하다. 여러 가지 골동 물건을 잡되게 벌려놓은 골동 파는 사람도 부빔밥을 좋아하는 사람처럼 탁하게 보인다.

위 글은 비빔밥이 결코 점잖은 음식이 아니라는 사실을 말하고 있다. 제사를 올리고 나서 먹는 비빔밥을 '진비빔밥'이라 했고, 잔칫집에서 먹는 비빔밥도 있다 했다. 그런데 '진비빔밥' 먹는 것은 또 풍속이라 하면서 비빔의 출처는 '골동'에서 나왔다는 것이다.

'骨董(골동)'이라 표기한 최초의 문헌은 1849년에 나온 홍석모의 『동국세시기』이다.

골동지반(骨董之飯)

강남 사람들은 유반(遊飯)을 반(盤)으로 만들기를 좋아한다.

유반은 밥 밑에 자(鮓)·포(脯)·회(膾)·구(炙) 같은 것을 빼지 않고 넣는다. 이것이 즉 밥[飯]의 골동이다.

'반'은 오늘날의 도시락이고 '유반'은 놀러 가서 먹는 밥이란 뜻이니, 당시 한강 남쪽에 살았던 사람들은 동짓달에 도시락을 싸 들고 놀러 갔는데, 자(식해) · 포 · 회 · 구(구이)를 밑에 깔고 이 위에 밥을 얹는 식으로 도시락을 쌌다는 이야기이다. 전 · 포 · 회 · 구이를 밥과 섞어서 비벼 먹게 되니 골동반이 되는 셈이다.

왜 비벼서 먹는 밥을 골동이라 하였을까? '骨董'의 사전적 의미는 '여러 가지 물건을 한데 섞은 것'이다. 이용기가 지적한 '부빔밥, 여러 가지 잡되게 섞은 것'과도 통하며, 『동국세시기』의 '골동지반'과도 통한다.

『동국세시기』 이전의 고조리서에 골동반이나 비빔밥 등의 이름이 등장하지 않는 것은 밥과 반찬을 단순히 섞어 먹는 것이어서 찬품명이 될 수 없었기 때문일 것이다. 골동반, 즉 비빔밥은 '비벼서 먹는 밥'일 뿐, 점잖은 식사 방법은 아니었던 것이다. 제사를 올린 뒤에 신이 잡수시고 남기신 모든 음식을 나누어 먹는 식사 방법의 하나가 비빔밥이다. 복을 받고자 하는 음복 행위를 간편하게 하기 위해서이다. 이는 예부터 내려오는 풍속으로 '진비빔밥'이라 하였다. 진은 眞, 곧 '참'이니, 복을 받는 참비빔밥이 '진비빔밥'이다.

대구의 유명한 '헛제삿밥'은 곧 비빔밥을 달리 일컫는 말이다. 누군가 돌아가셔서 먹는 비빔밥이 아니기 때문에 헛제삿밥이라 했다. 제삿밥이 비빔밥이라는 뜻이다.

제사상이 눈에 보이지 않는 손님에게 차리는 최상의 음식상이라면, 연회상은 눈에 보이는 손님에게 차리는 최상의 음식상이다. 조선시대에는 상하를 구분하지 않고 연회할 때에는 연회상을 받는 손님이 수명장수 등의 복을 받게 하기 위하여, 손님을 보호해주시는 신을 위한 상을 별도로 차렸다. 이 상을 큰상[大卓]이라 했다. 큰상에는 고임음식으로 가능한 한 많게, 화려하게 차렸다. 연회하는 도중에는 신이 잡수시는 음식이기 때문에 먹을 수 없고, 연회가 끝난 다음 신이 잡수시고 남기신 음식을 음복하는 차원에서 연회에 참석한 모든 사람들에게 골고루 나누어 먹였다. 『조선무쌍신식요리제법』에서 소개한 '잔치 때 손님 대접으로 한바탕 겪는 비빔밥'은 음복용 비빔밥에서 유래한 것이다.

비빔밥이 정식 찬품명으로서 등장한 최초의 조리서는 조선 말기의 『시의전서』이다. 아마도 외식산업의 발달에 따른 비빔밥의 성행으로 정식 이름을 가지게 된 듯하다.

『시의전서』에 등장하는 비빔밥 관련 기술을 보자.

부븸밥

밥을 정히 짓는다.

고기는 재워 볶는다.

간납(肝南, 가장 중요한 밥반찬이라는 뜻. 전유어 · 육회 · 찜 등을 가리키는데, 여기서는 전유어를 말함)은 부쳐서 썬다.

각색 남새(나물)를 볶아놓는다.

좋은 다시마로 튀각을 튀겨서 부숴놓는다.

밥에 모든 재료를 전부 섞어서 깨소금과 참기름을 많이 넣고 비빈 다음 그릇에 담는다.

이 위에 잡탕거리처럼 계란을 부쳐서 골패짝만큼씩 썰어 얹는다. 완자는 고기를 곱게 다져 잘 재워 구슬 크기로 빚어서 밀가루를 약간 묻혀 계란을 씌워 부쳐 얹는다.

비빔밥 상의 장국은 잡탕국으로 해서 쓴다.

불교의 소선 흔적인 다시마부각이 비빔밥 재료로 들어간 것으로 보아 불교 재공양 이후부터 음복으로 전해 이어져오다가 『시의전서』에서 이를 계승한 듯하다.

밥, 볶은 고기, 전유어, 각색 나물, 다시마부각, 참기름, 깨소금, 고기완자, 달걀지단 등의 재료는 『조선무쌍신식요리제법』에 등장하는 재료와 유사하다. 다만 잣과 고춧가루를 『시의전서』에서는 찾아볼 수 없다.

1934년에 나온 이석만의 『간편조선요리제법(簡便朝鮮料理製法)』에도 '부빔밥'이 등장하는데 『조선무쌍신식요리제법』과 완전히 똑같다.

오늘날 우리가 먹는 비빔밥 형태를 가장 가깝게 제시한 문헌은 1948년 손정규가 쓴 『우리 음식』이 아닌가 한다. 다음은 수록된 내용이다.

비빔밥(骨董飯)

쌀 2릿틀(리터), 소고기 250g, 콩나물 120g, 숙주 120g, 고사리 120g, 오이 또는 미나리 120g, 장 0.1릿틀, 참기름 3숟가락, 깨소금 1숟가락, 후춧가루 반 숟가락, 설탕 조금, 다진 파와 다진 마늘 1숟가락, 고춧가루 약간

| 소고기를 이기고 양념 중에서 고춧가루만 빼고 다른 것을 모두 조금씩 넣어서 볶아둔다.

| 다른 채소는 각각 데쳐서 물기를 뺀 후 양념을 넣고 무쳐둔다. 고사리만은 데친 것을 양념과 합하여 한 번 볶는 것이 좋다. 오이는 얇게 저며 소금에 절였다가 짜서 기름에 살짝 볶으면 좋다.

| 밥은 좀 고슬고슬하게 짓는 것이 좋다. 밥알이 뭉그러지지 않게 퍼서 살살 저어가며 이상의 여러 가지 고명을 섞는다. 고춧가루는 이때 넣는다.

| 맛을 보아서 싱거우면 다른 고명을 더 넣는다. 다시마 튀긴 것을 넣으면 더 좋지만 일부러 만들 필요는 없다.

| 그릇에 담을 때는 위에다 고기와 채소를 보기 좋게 늘어놓는 것이 좋고, 계란을 얇게 부쳐서 가늘게 썰어놓는 것이 좋다. 그러나 보통 집에서 만들어 먹을 때는 위에 올려놓는 고명이 없어도 속에 충분히 섞여 있으니까 괜찮다.

위에서 손정규가 제시한 비빔밥은 앞서의 비빔밥보다 비빔밥 재료와 담는 방법을 간단하고 아름답게 제시했다는 점에서 획기적이다.

시간이 흘러 황혜성은 1976년 출간한 『한국요리 백과사전』에 「궁중음식」 편을 삽입했는데, 여기에 비빔밥[骨董飯]을 궁중찬품의 하나로 소개하였다. 앞서 황혜성 · 한희순 · 이혜경이 공저로 출간한 최초의 조선왕조 궁중요리서 『이조궁정요리통고(李朝宮廷料理通攷)』(1957)에는 비빔밥이 없는 것으로 보아, 궁중찬품으로 소개한 비빔밥은 황혜성의 독자적 판단에 의한 것으로 보인다.

비빔밥(骨董飯)

다시마튀각 부순 것 1/2컵, 생선 흰 살 100g, 오이 150g, 애호박 150g, 콩나물이나 숙주 100g, 고사리 100g, 도라지 100g, 표고 5개, 소고기 200g, 계란 2개, 양념 약간, 밥 5컵

| 소고기는 채 썰어 양념하여 볶고, 오이는 반달 모양으로 썰어 소금에 절였다가 꼭 짜서 볶아 식힌다.

| 호박은 채 썰어 소금에 절였다가 볶고, 콩나물이나 숙주는 삶아서 양념하여 무친다.

| 물에 불린 고사리는 짧게 잘라 짜서 기름에 볶다가 양념하고, 도라지는 삶아 양념하여 볶는다.

| 표고는 채 썰어 양념하여 볶고 다시마는 튀겨서 부스러뜨린다.

| 생선은 전유아를 지져서 식으면 굵게 채 썬다.

| 고슬고슬하게 지어놓은 밥에다 위의 재료들을 고루 섞어놓고 비벼서 간을 잘 맞추어 큰 대접에 담고 위에 생선전과 계란황백지단채를 고명으로 얹는다.

| 원 궁중법은 이러하나 음식점에서는 아주 비벼서 담지 않고 흰 밥 위에 재료를 색스럽게 얹는다.

–『한국요리 백과사전』「궁중음식」(1976)

황혜성의 비빔밥은 재료에서 약간의 차이가 있지만 이용기와 손정규의 비빔밥을 계승한 것이다. 비벼서 그릇에 담고 고명을 올리는 방법에서는 더욱 그렇다. 또한 황혜성은 부가하여 '골동'의 의미를 "여러 가지 재료를 갖추었다는 뜻이므로 매우 귀하다고 붙인 이름이다"라고 설명하고 있지만, 이는 "여러 물건을 한데 섞은 것"이라는 사전식 해석과 "여러 가지를 잡되게 섞은 것"이라는 이용기의 해석과 상이하다. 황혜성이 '골동'이라는 의미를 유추 해석한 탓에 골동반이 오늘날 다른 의미로 와전되었다.

게다가 황혜성은 『조선왕조 궁중음식』(1993)에서 비빔밥 재료로 고추장을 추가한다.

서명, 저자	출간 시기	재료												찬품명
		밥	볶은소고기	전유어	각색나물	다시마부각	참기름	깨소금	고기완자	달걀지단	잣	고춧가루	고추장	
『시의전서』, 미상	1800년대 말	○	○	○	○	○	○	○	○	○	×	×	×	부븸밥(汨董飯)
『조선무쌍신식요리제법』, 이용기	1924	○	○	○	○	○	○	○	○	○	○	○	×	부빔밥
『간편조선요리제법』, 이석만	1934	○	○	○	○	○	○	○	○	○	×	○	×	부빔밥
『우리 음식』, 손정규	1948	○	○	×	○	○	○	○	×	○	×	○	×	비빔밥(骨董飯)
『한국요리 백과사전』, 「궁중음식」, 황혜성	1976	○	○	○	○	○	○	×	×	○	×	×	×	비빔밥(骨董飯)
『조선왕조 궁중음식』, 황혜성	1993	○	○	○	○	○	○	×	×	○	×	×	○	골동반(비빔밥)

〈표 1〉 각 조리서가 제시한 비빔밥 재료

골동반(비빔밥)

흰 밥 4공기, 소고기 150g , 표고 150g, 고기양념장(간장 3큰술, 설탕 1$\frac{1}{2}$큰술, 다진 파 2큰술, 다진 마늘 1큰술, 참기름 1큰술, 깨소금 1큰술, 후춧가루 1큰술), 고사리 150g, 오이 1개, 도라지 150g, 소금 적량, 생선 흰 살 100g, 콩나물 150g, 나물양념장(청장 2작은술, 다진 파 2큰술, 다진 마늘 1큰술, 참기름 2큰술, 깨소금 2큰술, 후춧가루 약간), 달걀 2개, 다시마 15cm, 소금 · 후춧가루 · 밀가루 각 정량, 참기름 · 소금 · 고추장 각 정량

| 소고기는 채 썰고, 표고는 불려서 기둥을 떼고 채 썬다. 고기양념장을 만들어 소고기와 표고버섯에 반 분량씩으로 고루 양념하여 각각 번철에 기름을 두르고 볶는다.

| 오이는 길이로 반을 갈라서 어슷하게 얇게 썰어 소금에 절였다가 물기를 꼭 짜고, 도라지는 가늘게 갈라서 소금에 주물러 씻고, 고사리는 억센 줄기를 다듬고 짧게 끊어 나물양념장을 나누어 반량씩 넣어 양념하여 볶는다.

| 콩나물은 씻어 냄비에 담아 물과 소금을 약간 넣고 뚜껑을 꼭 덮어 충분이 삶아서 남은 나물양념장으로 무친다.

| 생선 흰 살은 얇은 전 감으로 떠서 소금과 후춧가루를 뿌리고 밀가루를 묻혀서 풀은 달걀을 씌워 전을 부쳐 1cm 폭으로 썰고, 남은 달걀은 지단을 부쳐 채로 썬다.

| 다시마는 기름에 튀겨서 잘게 부순다.

| 밥을 약간 되게 지어 위에 고명으로 얹을 재료만 조금씩 남기고 모두 넣어 참기름과 소금을 넣고 간을 맞추어 고루 비벼서 그릇에 나누어 담고, 남긴 재료들을 색스럽게 위에 조금씩 얹어낸다.

| 고추장은 따로 담아내어 각자 식성에 따라 넣어 비비도록 한다.

– 『조선왕조 궁중음식』(1993)

황혜성은 전통 조리서에서 제시한 고춧가루 대신 고추장을 넣고 있다. 선조들이 점잖지 못한 음식으로 여겼던 비빔밥은 황혜성에 의해 궁중음식으로 바뀌었다. 그 변화의 중요한 계기는 외식산업의 발달에서 찾을 수 있다. 『시의전서』 식 비빔밥이 성행하면서 각 지역의 특색 있는 비빔밥이 향토 음식화되는 과정이 있었고, 이런 흐름 속에 외식산업과 함께 일품요리로서의 비빔밥이 인기를 끌게 되었다. 전주비빔밥, 진주비빔밥, 해주비빔밥 등 지역 이름을 달고 나온 비빔밥이 발달하게 된 것이다.

비빔밥은 우리 민중의 다채로운 향토음식

전주비빔밥의 특징은 정성스레 기른 콩나물을 쓰는 데 있다. 여기에 겨울에는 햇김, 봄에는 청포묵, 여름에는 쑥갓, 가을에는 고춧잎과 깻잎 등을 곁들이고 고추장과 참기름을 넣으며, 날달걀을 깨뜨려 얹어 비빈다.

진주비빔밥의 특징은 콩나물 대신 숙주나물을 쓰는 데 있다. 여기에 소고기육회를 듬뿍 얹고 고사리나물, 도라지나물, 볶은 소고기, 청포묵 등을 곁들여서 고추장과 참기름, 깨소금을 넣고 비빈다.

해주비빔밥의 특징은 닭고기를 쓴다. 푹 삶아 건져서 살을 발라 양념한 닭고기에 볶은 호박, 달걀지단, 석이버섯, 채로 썬 배 등을 곁들여서 고춧가루와 참기름을 넣고 비빈다.

지역마다 곁들이는 국도 다르다. 전주비빔밥은 콩나물국, 진주비빔밥은 선짓국, 해주비빔밥은 닭국이 따라온다.

한편 1994년 북한에서 발행한 『조선료리전집』을 보면 양념한 닭고기와 볶은 돼지고기가 주재료인 고기비빔밥, 양지머리가 주재료인 양지머리비빔밥, 생선전유아가 주재료인 생선비빔밥, 산채가 주재료인 산나물비빔밥, 볶은 전복이 주재료인 전복비빔밥, 기름에 지져낸 두부가 주재료인 두부비빔밥, 볶은 꿩고기가 주재료인 꿩고기비빔밥, 볶은 조갯살이 주재료인 조개비빔밥, 볶은 낙지가 주재료인 낙지비빔밥, 끓는 물에 데쳐

낸 새우가 주재료인 새우비빔밥, 생선회가 주재료인 생선회비빔밥, 배추김치에 돼지고기를 넣어 볶은 것이 주재료인 김치고기비빔밥, 볶은 달걀이 주재료인 닭알비빔밥, 볶은 돼지고기가 주재료인 돼지고기비빔밥, 볶은 양고기가 주재료인 양고기비빔밥, 각종 나물과 볶은 소고기가 주재료인 남새고기비빔밥, 양념한 삶은 닭고기가 주재료인 닭고기비빔밥, 각종 나물과 양념한 삶은 닭고기가 주재료인 닭고기진채비빔밥, 볶은 풋고추와 생선전유아가 주재료인 생선고추비빔밥, 끓는 물에 데쳐내어 양념하여 무친 조갯살이 주재료인 조개회비빔밥, 기름에 볶은 섭조갯살이 주재료인 섭조개비빔밥, 풋완두 · 당근 · 미나리 · 달걀 · 소고기 등이 주재료인 오색비빔밥, 김치가 주재료인 김치비빔밥, 볶은 양파가 주재료인 둥글파비빔밥, 기름에 볶은 연근이 주재료인 연뿌리비빔밥 등 다양한 비빔밥을 소개하고 있다.

『조선료리전집』에서 소개한 다양한 비빔밥은 앞으로 우리 비빔밥의 무궁무진한 발전 가능성을 제시해준다. 대표적인 비빔밥의 재료와 만드는 법 몇 가지를 소개한다.

고기비빔밥

흰 쌀 150g, 닭고기 100g, 돼지고기 30g, 마른 도라지 10g, 미나리 70g, 콩나물 50g, 고사리 10g, 버섯 5g, 닭알 1알, 김 1장, 파 15g, 마늘 5g, 간장 10g, 소금 2g, 참기름 10g, 참깨 1g, 후춧가루 0.3g

| 흰 쌀은 불구었다가 밥을 지어놓는다.
| 닭고기는 삶아서 찢어 양념으로 무치고, 국물은 양념한다.
| 도라지 · 고사리 · 미나리 · 버섯 · 녹누나물(콩나물)은 나물로 반든다.
| 돼지고기는 가늘게 썰어 양념에 재워 볶다가 밥을 넣고 다시 볶은 다음 그릇에 담는다. 그 위에 여러 가지 나물을 얹고 닦은(볶은) 참깨와 김가루를

뿌리고 모닭알(달걀황백지단채)로 고명하여 낸다.

양지머리비빔밥

흰 쌀 750g, 양지머리 250g, 도라지 150g, 고사리 150g, 미나리 150g, 버섯 150g, 녹두나물 150g, 홍당무 150g, 고추장 30g, 참기름 15g, 파 50g, 마늘 20g, 김 5g, 닭알 1알, 깨소금 5g, 간장 20g, 후춧가루 0.5g, 사탕(설탕)가루 5g

| 양지머리는 삶아 고기는 가늘게 썰어 양념에 무치고 국물은 양념한다.

| 고사리 · 도라지 · 미나리 · 홍당무 · 녹두나물(콩나물) · 버섯은 나물을 만든다.

| 고추장에 참기름 · 사탕가루 · 참깨 · 파 · 마늘을 넣고 볶는다.

| 흰 쌀은 밥을 짓는다. 한 김 나간 다음 고기와 나물을 조금씩 남기고 밥에 넣어 버무린다.

| 이것을 그릇에 담고 이 위에 나머지 고기와 나물을 색 맞추어 놓는다.

| 구운 김과 모닭알(달걀황백지단채)로 고명하고 가운데에 고추장을 한 숟가락씩 떠놓고 맑은 더운 국(장국)과 같이 낸다.

소고기비빔밥

흰 쌀 750g, 소고기 350g, 풋완두 100g, 홍당무 75g, 후춧가루 0.5g, 기름 15g, 소금 5g, 감자 100g, 둥글파(양파) 100g, 간장 20g

| 소고기는 완두만큼씩하게 썰어서 양념하여 재워놓고, 홍당무는 삶아서 소고기와 같은 크기로 썬다.

| 풋완두는 파랗게 삶아놓고, 둥글파와 버섯 · 감자도 완두만 한 크기로 썬다.

| 흰 쌀은 고슬고슬하게 밥을 지어놓는다.

| 가마(냄비)에 기름을 두르고 둥글파를 볶다가 소고기를 넣고 감자 · 간장 · 소금을 넣는다.

| 고기가 익으면 완두 · 홍당무 · 밥을 넣고 버무려 밥그릇에 담아 김치와

함께 낸다.

버섯비빔밥

흰 쌀 750g, 완두 100g, 홍당무 100g, 고기 100g, 기름 50g, 둥글파 150g, 버섯 200g, 닭알 1알, 소금 5g, 간장 10g

| 흰 쌀로 밥을 고슬고슬하게 짓는다.

| 닭알은 지짐으로 지져서 가늘게 썰고, 둥글파 · 고기 · 삶은 홍당무 · 버섯도 완두만 하게 썬다.

| 냄비에 기름을 두르고 둥글파 · 고기를 볶다가 홍당무 · 버섯 · 삶은 완두 · 소금 · 간장을 넣은 다음 밥과 달걀을 섞는다.

| 밥을 그릇에 담고 닭알지짐으로 고명하여 낸다.

생선비빔밥

생선 300g, 흰 쌀 150g, 기름 20g, 파 10g, 마늘 5g, 고추장 5g, 고춧가루 1g, 생강 1g, 간장 10g, 후춧가루 0.3g, 소금 2g, 버섯 30g, 쑥갓 10g, 기름 10g, 닭알 1알, 붉은 고추 5g, 검은 버섯 10g

| 흰 쌀을 씻어 불구었다가 밥을 짓는다.

| 버섯과 검은 버섯은 굵은 채로 썰어 볶고, 쑥갓은 데쳐 썰어 무친다.

| 생선은 납작하게 저미어 양념에 재웠다가 밀가루를 묻히고 닭알물을 발라 기름에 튀긴다.

| 붉은 고추는 성글게 다져서 다진 파 · 다진 마늘을 두고 볶다가 고추장을 넣고 볶아 고추장 즙을 만든다.

| 그릇에 밥을 담고 생선 · 버섯 · 쑥갓나물을 꾸미로 얹는다. 고추장 즙을 가운데에 넣고 고춧가루를 뿌린다.

| 생선 국물을 따로 낸다.

산나물비빔밥

흰 쌀 750g, 산나물 1.5kg, 파 50g, 마늘 10g, 간장 30g, 기름 20g, 고춧가루 2g, 고추장 15g, 깨소금 5g

| 흰 쌀을 씻어 불구었다가 고슬고슬한 밥을 지어놓는다.

| 닥지싹 · 원추리 · 밝은쟁이 · 고사리 · 참나물 등 산나물을 데쳐서 찬물에 헹군 다음 물을 가볍게 짜서 양념에 무친다.

| 밥의 김이 한김 나간 다음 여러 가지 나물을 조금씩만 남기고 전부 넣어 버무려 넓은 그릇에 담고 그 위에 산나물을 색 맞추어 놓는다. 가운데에 고추장을 넣어 낸다.

전복비빔밥

흰 쌀 150g, 전복살 100g, 돼지고기 20g, 둥글파 20g, 홍당무 15g, 풋고추 10g, 기름 15g, 간장 5g, 소금 2g, 후춧가루 0.3g

| 전복을 데쳐서 콩알만 하게 썰고, 돼지고기 · 둥글파 · 홍당무 · 풋고추도 같은 크기로 썰어놓는다.

| 흰 쌀은 밥을 지어놓는다.

| 번철에 기름을 두르고 둥글파와 돼지고기를 볶다가 홍당무 · 풋고추를 넣어 볶는다.

| 고기와 남새(채소)가 익으면 전복 · 간장 · 소금 · 후춧가루 · 밥을 두르고 볶아서 낸다.

두부비빔밥

흰 쌀 750g, 두부 500g, 기름 50g, 홍당무 50g, 둥글파 100g, 풋완두 100g, 감자 100g, 소금 10g

| 두부는 1cm 두께로 썰어 기름에 노랗게 지져서 네모나게 썰고, 홍당무 · 감자 · 둥글파도 같은 크기로 썰어놓는다.

| 가마에 기름을 두르고 둥글파 · 감자 · 홍당무 · 풋완두를 넣고 볶다가 익

으면 소금을 치고 밥과 두부를 넣고 섞어서 밥그릇에 담는다.

꿩고기비빔밥

흰 쌀 50g, 꿩고기 70g, 버섯 15g, 홍당무 10g, 간장 3g, 둥글파 20g, 기름 20g, 소금 5g, 후춧가루 0.3g

| 흰 쌀로 밥을 짓는다.
| 꿩고기 · 버섯 · 홍당무 · 둥글파는 콩알만큼씩 썰어놓는다.
| 냄비에 기름을 두르고 둥글파 · 홍당무 · 버섯을 볶다가 꿩고기를 넣는다.
| 이어서 간장과 소금을 넣고 익으면 밥을 넣고 볶는다.

조개비빔밥

흰 쌀 150g, 조갯살 100g, 홍당무 20g, 둥글파 20g, 풋고추 15g, 간장 5g, 기름 15g, 소금 3g, 후춧가루 0.3g, 마늘 5g

| 흰 쌀은 밥을 지어놓는다.
| 조갯살 · 홍당무 · 풋고추 · 둥글파는 콩알만 하게 썰어놓는다.
| 번철에 기름을 두르고 둥글파 · 홍당무 · 풋고추 · 다진 마늘을 넣고 볶다가 조갯살 · 간장 · 소금을 넣고 익으면 밥을 넣고 볶는다.
| 밥을 그릇에 담고 후춧가루를 뿌려서 낸다.

낙지비빔밥

흰 쌀 750g, 낙지다리 300g, 둥글파 100g, 미나리 50g, 소금 5g, 후춧가루 0~3g, 기름 50g

| 흰 쌀은 시루 밥을 짓는다.
| 낙지다리는 송송 썰고, 둥글파 · 미나리도 같은 크기로 썬다.
| 가마에 기름을 두르고 둥글파를 볶다가 낙지 · 미나리 · 소금 · 후춧가루를 친 다음 밥을 넣고 섞어 밥그릇에 담는다,

새우비빔밥

흰 쌀 750g, 잔새우 300g, 풋완두 100g, 후춧가루 0.3g, 둥글파 100g, 감자 100g, 기름 50g, 소금 5g

| 흰 쌀은 시루 밥을 짓는다.
| 잔새우는 끓는 물에 데쳐 껍질을 벗기고, 감자 · 둥글파는 완두 크기로 썰어놓는다.
| 가마에 기름을 두르고 둥글파 · 감자 · 완두를 볶다가 익으면 밥을 넣고 섞는다.
| 소금과 후춧가루를 쳐서 담는다.

생선회비빔밥

흰 쌀 150g, 생선 300g, 고춧가루 2g, 식초 10g, 사탕(설탕)가루 3g, 파 10g, 마늘 5g, 깨소금 2g, 미나리 30g, 간장 5g, 생강 2g, 참기름 3g, 고추장 5g

| 흰 쌀을 씻어 불렸다가 밥을 지어놓는다.
| 미나리는 데쳐서 나물을 만들고, 생선은 얇게 저미어 식초에 담갔다가 물이 빠지면 고춧가루와 양념을 넣고 빨갛고 새큼달달한 회를 만든다.
| 그릇에 밥을 담고 그 위에 생선회와 미나리나물을 얹어놓는다.

김치고기비빔밥

흰 쌀 150g, 배추김치 100g, 기름 5g, 간장 5g, 돼지고기 50g, 파 10g, 마늘 5g, 깨소금 1g

| 흰 쌀은 불렸다가 밥을 지어놓는다.
| 배추김치는 채 치고, 돼지고기는 채로 썰어 양념에 재웠다가 볶는다.
| 그릇에 밥을 담고 김치꾸미와 돼지고기를 얹고, 깨소금을 뿌린 다음 김치물 또는 국물을 같이 낸다.

닭알비빔밥

흰 쌀 750g, 닭알 5알, 둥글파 100g, 감자 50g, 홍당무 50g, 소금 5g, 후춧가루 0.5g, 기름 30g

| 흰 쌀은 시루밥을 짓는다.

| 가마에 기름을 두르고 둥글파 · 홍당무 · 감자를 볶다가 소금과 후춧가루를 넣어 맛을 들인다. 여기에 밥을 넣고 고루 섞은 다음 닭알을 풀어 넣으면서 버무려 밥알에 붙으면 담아 낸다.

돼지고기비빔밥

흰 쌀 750g, 돼지고기 350g, 진채 50g, 홍당무 75g, 둥글파 100g, 기름 15g, 소금 5g, 간장 10g, 후춧가루 0~5g

| 돼지고기는 완두만큼하게 썰어 양념에 재워놓고 진채는 같은 크기로 썬다.

| 홍당무는 삶아서 썰고 둥글파도 같은 크기로 썰어놓는다.

| 가마에 기름을 두르고 둥글파를 볶다가 돼지고기를 넣고 익으면, 진채 · 홍당무 · 간장 · 소금을 넣은 다음, 밥을 넣고 섞어서 그릇에 담는다.

양고기비빔밥

흰 쌀 750g, 양고기 250g, 둥글파 100g, 간장 15g, 홍당무 50g, 풋고추 20g, 후춧가루 1g, 진채 20g, 계잎 1잎, 기름 50g, 소금 5g

| 양고기는 땅콩알만큼씩 썰어 간장 · 후춧가루에 재워놓고, 둥글파 · 홍당무 · 진채 · 풋고추는 같은 크기로 써는데 구미에 따라 홍당무 대신 붉은 고추를 썰어 넣기도 한다.

| 가마에 기름을 두르고 둥글파 · 양고기를 볶다가 홍당무 · 진채 · 풋고추를 넣는다.

| 다음 쌀을 넣고 기름이 배어들면 더운 국물을 부어 밥을 짓는다. 밥이 끓기 시작하면 불을 낮추고 고기가 익으면 고루 섞어 밥그릇에 담는다.

남새고기비빔밥

흰 쌀 150g, 소고기 50g, 콩나물 70g, 버섯 50g, 시금치 70g, 불군고사리 50g, 김 1장, 고추장 20g, 소금 1g, 깻가루 2g, 참기름 5g, 간장 10g, 파 20g, 마늘 5g, 실고추 0.3g

| 흰 쌀을 씻어 불렸다가 밥을 지어놓는다.

| 콩나물 · 시금치 · 버섯 · 고사리는 나물을 만들고, 소고기는 가늘게 썰어 참기름 · 파 · 소금으로 무친다.

| 그릇에 한김 나간 밥을 담고 그 가운데에 소고기회를 얹은 다음 옆으로 나물을 색 맞추어 돌려 담고 고추장을 떠놓는다. 이 위에 실고추와 실파로 고명한 다음 구운 김을 부셔 뿌린다.

| 소고기를 다져서 볶아 넣기도 한다.

| 국물과 김치를 곁들인다.

닭고기비빔밥

흰 쌀 400g, 닭 1마리, 소고기 150g, 애호박 1개, 닭알 1알, 기름 5g, 소금 10g, 실고추 0.3g, 간장 10g, 사탕가루 2g, 마늘 3g, 파 5g, 깨소금 2g, 참기름 3g

| 흰 쌀은 불렸다가 밥을 지어놓는다.

| 닭은 삶아 고기를 가늘게 찢어 소금과 참기름에 무친다.

| 애호박은 반달 모양으로 썰어 소금을 뿌렸다가 물을 짜서 볶는데 파 · 마늘 · 깨소금을 친다.

| 소고기는 갈아서 양념하여 볶는다.

| 닭알은 지짐을 지져서 채로 썬다.

| 그릇에 밥을 담고 닭고기 · 소고기 · 호박나물 · 닭알지짐을 얹은 다음, 양념간장과 더운 닭고기 국을 따로 담아서 같이 낸다.

닭고기진채비빔밥

흰 쌀 150g, 닭고기 70g, 느타리 10g, 기름 10g, 진채 50g, 홍당무 20g,

둥글파 20g, 소금 2g, 후춧가루 0.3g, 김치 100g

| 돼지고기 비빔밥과 같은 방법으로 만든다.

| 국물과 김치를 따로 낸다.

생선고추비빔밥

흰 쌀 150g, 생선살 100g, 둥글파 20g, 홍당무 15g, 풋고추 10g, 진채 20g, 소금 5g, 기름 10g, 후춧가루 0.3g

| 닭고기진채비빔밥과 같은 방법으로 만든다.

조개회비빔밥

흰 쌀 150g, 대합조갯살 50g, 전복살 50g, 굴살 50g, 미나리김치 100g, 파 10g, 마늘 5g, 참기름 5g, 고춧가루 2g, 조개 국물 100g, 사탕가루 3g, 식초 5g, 간장 10g, 들깻잎 1잎, 깨소금 2g,

| 흰 쌀은 씻어 불렸다가 밥을 짓고, 깻잎은 데쳐 찬물에 헹구어 다진다.

| 조갯살은 데쳐 깨끗이 씻어 다진 파 · 다진 마늘 · 고춧가루 · 참기름 · 식초 · 사탕가루 · 깨소금 · 들깻잎 · 간장을 넣고 무친다.

| 그릇에 밥을 담고 그 위에 대합조개 · 전복 · 굴회를 얹고 미나리김치와 조개 국물을 따로 낸다.

섭조개비빔밥

흰 쌀 150g, 섭조갯살 100g, 둥글파 20g, 버섯 20g, 미나리 15g, 기름 10g, 소금 5g, 후춧가루 0.3g, 마늘 5g

| 섭조개는 데쳐 깨끗이 손질해놓고, 둥글파 · 버섯 · 미나리는 잘게 썰어놓는다.

| 냄비에 기름을 두르고 둥글파 · 버섯 · 미나리 · 다진 마늘을 넣고 볶다가 섭조갯살 · 소금 · 후춧가루를 뿌리고 그 다음 밥을 넣고 볶는다.

오색비빔밥

흰 쌀밥 1.5kg, 풋완두 200g, 고기 250g, 닭알 5알, 홍당무 250g, 미나리 300g, 파 30g, 마늘 10g, 깨소금 5g, 간장 10g, 기름 10g

- 풋완두는 파랗게 삶아놓고, 고기는 가늘게 썰어 양념에 재웠다가 볶는다.
- 홍당무는 가늘게 썰어 볶고, 미나리는 데치어 나물을 만든다.
- 닭알은 국물을 조금 섞어 지짐을 지진 다음 가늘게 썬다.
- 나물과 볶음을 조금씩 남기고 밥에 넣고 버무려서 비빔밥 그릇에 담는다. 그 위에 나머지 나물과 볶음을 색깔별(5가지)로 놓아서 낸다.

김치비빔밥

흰 쌀 150g, 김치 100g, 돼지고기 30g, 둥글파 20g, 기름 10g, 간장 5g, 마늘 3g, 소금 2g, 홍당무 10g, 들깨양념장 5g

- 흰 쌀밥을 짓는다.
- 돼지고기는 잘게 썰고 배추김치 줄거리 · 둥글파 · 홍당무는 콩알만큼하게 썰어놓는다.
- 가마에 기름을 두르고 둥글파 · 다진 마늘을 볶다가 돼지고기 · 홍당무 · 간장 · 소금을 넣고 볶는다.
- 남새가 익으면 밥을 넣고 볶아서 들깨양념장을 곁들여 낸다.

둥글파비빔밥

흰 쌀 800g, 소고기 100g, 홍당무 80g, 둥글파 200g, 풋완두 80g, 기름 50g, 소금 5g, 국물 100g

- 소고기 · 홍당무 · 둥글파는 콩알만큼씩 썰어 기름에 볶다가 소금을 뿌린다.
- 남새가 익으면 흰 쌀로 지은 밥을 넣고 덩어리가 없게 섞는다.

연뿌리비빔밥

흰 쌀 750g, 연뿌리 250g, 둥글파 100g, 홍당무 50g, 은행 50g, 마른 대추 30g, 기름 50g, 소금 7g

| 연뿌리는 껍질을 벗기고 삶아 하룻밤 소금물에 담갔다가 작은 깍두기 모양으로 썬다. 둥글파 · 홍당무 · 대추도 같은 크기로 썰어놓는다.

| 가마에 기름을 두르고 둥글파 · 연뿌리 · 홍당무를 볶다가 소금을 치고 불군 쌀과 대추를 넣고 끓는 물을 부어 밥을 짓는다.

| 다른 밥을 지을 때보다 약한 불에서 끓이고 뜸을 더 오래 들인 다음 고루 섞어 담는다.

지금까지 총 27종류의 북한 비빔밥의 재료와 조리법을 살펴보았는데, 대부분 김가루를 뿌려 비벼 먹도록 하고 있다. 이 중 3종류가 고추장을 얹어 내는 비빔밥(양지머리비빔밥, 산나물비빔밥, 남새고기비빔밥)이고, 나머지 24종류는 비빔 재료 본연의 맛을 살리고자 하는 특징이 있다. 또 5종류는 밥에 비빔거리를 합해서 볶는 볶음비빔밥 형식이며, 1종류는 돌솥밥 형식이다. 볶음비빔밥 형식인 전복비빔밥, 꿩고기비빔밥, 조개비빔밥, 김치비빔밥, 섭조개비빔밥과 돌솥밥 형식인 연뿌리비빔밥을 제외하면 순수한 비빔밥은 21종류이다.

이렇듯 남한의 비빔밥과 달리 북한의 비빔밥이 다양하게 발전할 수 있었던 배경은 무엇일까? 그 원인은 우리 쪽에서 찾아야 할 것 같다. 앞서 지적한 바와 같이 『시의전서』와 『우리 음식』의 비빔밥이 황혜성에게 계승되어 '골동반 비빔밥'이라는 이름의 궁중음식으로 등장한 이후, 황혜성 식 골동반 비빔밥은 고급 음식으로 대중에게 전해진다. 이러한 비빔밥의 전래와 왜곡은 다른 많은 비빔밥이 탄생할 수 있는 가능성을 차단하였다. 다시 말하면 황혜성 식 방법이 규범화되어 다른 많은 비빔밥이 탄생할 여지를 주지 않았다.

1900년대 이후 외식산업의 발달에 따라 다양한 비빔밥이 나올 수 있었음에도 불구하고 향토음식으로 전주콩나물비빔밥, 진주육회비빔밥 정도가 겨우 명맥을 유지하고 있다.

각종 나물에 볶은 소고기나 육회를 밥과 함께 섞어 먹는 비빔밥을 북한은 남새고기비빔밥이라 했다. 그러니까 진주에서 만들어 먹는 육회비빔밥과 일반적으로 통용되고 있는 우리 식의 비빔밥을 남새고기비빔밥의 범주에 넣고 있음도 주목된다. 우리 식대로 고추장도 넣고 있기에 남한의 영향을 받았을지도 모르겠다.

『시의전서』, 『조선무쌍신식요리제법』, 『간편요리제법』, 『우리 음식』, 『한국요리 백과사전』, 『조선왕조 궁중음식』에서 본, 1800년대 말부터 1993년까지 전개된 비빔밥은 모두 볶은 소고기, 각색 나물, 다시마부각이 들어가는 공통점을 보이고 있으므로 『시의전서』 식 비빔밥을 계승한 것이다. 『시의전서』 식 비빔밥을 규범으로 보았을 때는 김가루를 얹는 등의 북한식 비빔밥은 규범에서 벗어난 것으로 보인다. 북한 비빔밥은 중국음식의 영향을 받은 흔적이 곳곳에서 발견된다. 이는 1945년 이후 북한에서 독자적인 비빔밥 문화가 형성된 결과가 아닌가 한다.

변질된 궁중음식의 몇 가지 사례

궁중음식에는 골동면과 난면이 없다

조선왕조는 국수를 면(麵)이라 하였다. 1765년부터 1902년까지의 기록인 조선왕조 연향의궤에는 면 외에도 세면(細麵), 목면(木麵), 백면(白麵), 냉면(冷麵), 건면(乾麵), 면신설로(麵新設爐), 도미면(道味麵)이 등장한다. 이 중 면신설로와 도미면은 오늘날 전골로 알려져 있는 전철(煎鐵)과 더 가깝다.

면과 목면은 메밀가루로 만든 온면국수이다. 백면은 밀가루로 만든 국수이며, 냉면과 건면은 메밀가루로 만들어졌다.

〈표 2〉에서 보듯, 1765년부터 1902년까지 면 재료는 메밀가루, 소고기안심육, 계란, 파, 후춧가루, 참기름, 간장, 깨이고, 〈표 3〉의 백면 재료는 밀가루, 소고기안심육, 꿩, 후춧가루, 참기름, 간장이다. 〈표 4〉의 메밀냉면의 재료는 돼지고기, 동치미, 배, 잣, 고춧가루이다. 〈표 2〉에서 〈표 4〉의 면, 백면, 냉면은 면과 함께 먹는 탕 또는 육수를 구성하는 재료까지도 포함한 구성이니까 메밀국수, 밀국수, 냉면에 합당한 국물은 냉면은 동치미 국물이고, 메밀국수와 밀국수는 소고기육수가 되게끔 하였다.

연도	메밀가루	소고기 안심육	꿩	달걀	조미료					
					파	후춧가루	참기름	간장	깨	잣
1765		○				○		○		
1827	○	○	○			○	○	○		
1828	○	○		○		○		○		
1829	○	○		○		○		○		
1848	○	○		○		○		○		
1873	○	○		○	○	○	○	○		○
1877	○	○		○	○	○	○	○	○	
1887	○	○		○	○	○	○	○	○	
1892	○	○		○	○	○	○	○		
1901	○	○		○	○	○	○	○	○	
1902	○	○		○	○	○	○	○	○	

〈표 2〉 조선왕조 연향의궤에 등장하는 면의 재료 구성

연도	밀가루	소고기 안심육	꿩	조미료		
				후춧가루	참기름	간장
1827	○	○	○	○	○	○

〈표 3〉 조선왕조 연향의궤에 등장하는 백면의 재료 구성

연도	메밀가루	돼지고기	동치미	배	조미료	
					잣	고춧가루
1873	○	○	○	○	○	○

〈표 4〉 조선왕조 연향의궤에 등장하는 냉면의 재료 구성

1993년 황혜성은 『조선왕조 궁중음식』에서 온면, 골동면, 난면, 냉면을 궁중 면으로 제시하였다. 온면은 〈표 2〉의 면, 냉면은 〈표 4〉의 냉면과 같은 찬품명이지만, 골동면(骨董麵)과 난면은 조선왕조 연향의궤 어디에도 등장하지 않는 면이다. 이 골동면과 난면은 어디에서 유래했을까.

1849년에 나온, 홍석모가 쓴 『동국세시기』를 들여다보면 단서를 알 수 있다. 이 문헌에 동짓달에 먹는 골동면을 소개하였다. "잡채, 배, 밤, 소고기, 돼지고기, 참기름, 간장에 국수를 넣고 비빈 것을 골동면이라 한다"라고 쓰고 있다. 동짓달 시식 음식으로 먹었던 비빔국수를 설명한 글이다. 또 골동면과 유사한 음식으로 골동반을 언급하였다. 골동반, 곧 비빔밥이 반가에서 제사 후 음복문화에서 발전한 음식으로 본다면 같은 맥락에서 비빔국수 역시 제사 후의 음복 음식이지 않았을까 한다.

난면은 1670년경에 나온 『음식지미방(飮食知味方)』에 처음 등장한다. 이 문헌에는 '난면법'이라는 말이 나온다. "달걀을 풀어 여기에 밀가루를 넣고 반죽하여 썰거나 국수틀에 눌러서 사면(絲麵)같이 삶아내어 기름진 꿩고기를 삶은 육수에 말아서 쓴다"라고 하였다. 이 난면법이 1800년대 말경에 나온 『시의전서』에도 등장한다. 여기서는 "밀가루를 계란 황청에 반죽하여 얇게 밀어 머리털처럼 삶아 건져 오미자국에 말아 쓴다"라 하였다.

황혜성이 조선왕조 궁중음식으로 제시한 골동면과 난면의 재료를 살펴보자.

골동면

밀국수, 소고기, 표고, 오이, 달걀, 다홍고추, 고추장, 소금, 식용유

난면

밀가루, 달걀, 소고기, 호박, 석이, 달걀지단, 실고추, 소금, 간장, 식용유

황혜성이 소개하는 골동면은 고추장에 비비고, 난면은 호박, 석이, 달걀지단, 실고추로 화려하게 꾸몄는데, 어떤 과거 문헌에도 이런 궁중음식은 등장하지 않는다.

다음에는 황혜성이 제시한 온면과 냉면의 재료 구성을 보자.

온면

가는 국수, 소고기, 달걀, 호박 또는 오이, 석이버섯, 실고추, 소금, 청장

냉면

압착면, 소고기, 오이, 배, 동치미무, 삶은 달걀, 육수(동치미국물+육수), 설탕, 식초, 겨자, 술, 소금

이 역시 〈표 2〉의 면 및 〈표 4〉의 냉면을 비교해보면 재료가 더 다양하고 화려해졌다. 온면 재료인 호박, 오이, 석이버섯, 실고추, 소금은 조선왕조 연향의궤에 등장하지 않는 재료이며, 냉면 재료인 삶은 달걀, 오이, 설탕, 식초, 겨자, 술, 소금 역시 〈표 4〉의 재료와는 거리가 한참 멀다.

세월이 흐르면서 사람들의 입맛도 변하고 재료도 다양해지기 때문에 음식문화는 변화하는 것이 마땅하다. 그래서 위 음식들이 궁중음식의 변화된 형태라고 말할 수도 있을 것이다. 하지만 그 재료 구성은 왕조의 어떤 문헌에도 아직까지는 발견되지 않았다. 황혜성은 현대화시킨 면류를 '조선왕조 궁중음식'으로 기정화시켜 사실로 만들었다.

조선왕조 연향의궤에는 등장하지 않더라도 실제 사옹원에서는 황혜성의 『조선왕조 궁중음식』 방식대로 만들어 먹었다고 주장할 수도 있을 것이다. 하지만 조선왕실의 찬품은 철저히 약선적 근거로 만들어진다. 황혜성의 현대화된 궁중음식 재료를 보면 약선 음식과는 거리가 멀다.

조선왕실의 궁중음식은 황혜성이 제시하는 궁중음식처럼 결코 화려하지 않다. 재료의 다채로움이 중요한 것이 아니라 균형이 중요하다. 조선왕실은 음양오행설에 입각해 모든 식재료가 어우러져서 소화가 잘되고 몸을 보호할 수 있는 음식을 추구했다. 건강을 지켜주고, 때로 약을 쓰기 전에 음식으로도 치료할 수 있는 효능이 우수한 재료, 음식이 곧 약이 되는 양생적 사고에 의하여 만들어낸, 요즘 말로 하면 웰빙의 가치를 지닌 음식이었다. 화려함보다 검박함, 약선이 돋보이는 음식이 궁중음식이다.

구절판은 궁중음식이 아니다

궁중음식으로 널리 알려진 요리 중 하나가 구절판이다. 하지만 나는 조선왕조의 궁중음식 구명에 근 40년을 바쳤지만 조선왕조의 어떤 문헌에서도 구절판을 접해본 적이 없다. 구절판은 과연 궁중음식일까.

황혜성은 1988년 『한국의 요리 궁중음식』에서 구절판이란 찬품과 만드는 법을 소개하였다. 이보다 앞선 1976년 『한국요리 백과사전』에서도 구절판을 궁중음식으로 소개하였다.

채소와 고기, 표고 등을 채 썰어 살짝 볶고, 달걀지단도 부쳐 썰어놓고, 물에 푼 밀가루를 동그랗게 전병으로 부쳐서 구절판 찬합에 정갈하게 담은 뒤에 준비된 각종 채소와 고기를 밀전병에 싸서 먹게끔 한 요리가 구절판이다.

구절판과 유사한 요리를 언급한 과거 기록을 들면, 1934년 이석만이 쓴 『간편조선요리제법』에 등장하는 '밀쌈별법'이 있다. 밀쌈별법은 황혜성의 구절판과 유사하나 구절판 대신에 큰 접시를 사용하고 고추장찌개에 찍어 먹으라 하였다.

밀쌈별법

먼저 오이와 애호박을 얇게 저며 잘게 채를 썰어서 소금에 약간 절였다가 소금물을 꼭 짜 버리고 기름에 볶는다.

석이는 물에 불려 빨아서 잘게 채를 쳐서 기름에 볶아놓고, 또 표고버섯, 목이, 황화채들도 물에 불려서 채 쳐 기름에 볶는다.

연한 고기와 제육을 잘게 채 썰어 기름에 볶아놓고, 양파도 채 쳐서 기름에 볶은 후, 큰 접시에 볶아놓은 재료를 색을 맞추어 모양 있게 돌려 담는다. 밀전병을 부치되 얇고 모양도 얌전하고 조그맣게 부쳐서 접시에 따로 담아둔다.

또 고추장찌개에 고기를 다져 넣고 맛있게 쪄서 놓은 후, 먹을 사람 앞에 빈 접시를 한 개씩 놓아주면 먹을 사람이 전병 한 개를 집어놓고 그 위에 갖가지 고명을 얹어 전병으로 싸서 고추장찌개에 찍어 먹는다.

-『간편조선요리제법』

또 다른 유사한 요리가 1939년에 나온 방신영의 『조선요리제법(朝鮮料理製法)』에 소개된 '밀쌈'이다. 1924년 초판에 이어 1930년에 재판으로 발행된 이용기의 『조선무쌍신식요리제법』에도 밀쌈이 등장하는데, 이용기의 밀쌈은 이석만의 밀쌈별법과 같다. 그러니까 밀쌈과 밀쌈별법이 혼용되어 명칭이 왔다 갔다 하였다. 이는 1909년 이후 시대를 풍미했던 조선요릿집에서 창조된 요리일 가능성이 매우 크다. 구절판이라는 찬품명이 문헌에 최초로 등재된 것은 1940년 손정규가 쓴『조선요리』가 아닐까 한다.

구절판

구절판은 팔각목기로 중앙에 한 칸이 있는 기구의 명칭이다.

칸칸마다 재료의 색이 다른 요리를 담고 중앙 칸에는 찰부침을 담아놓는다. 다른 그릇에 겨자를 담아놓는다.

이것을 먹을 때에는 각각 덜어 먹는 접시에 찰부침을 한 개 놓고 팔각 칸에 있는 요리들과 겨자를 집어넣고 싸서 먹는다.

-『조선요리』

위의 구절판은 앞서의 밀쌈과 달리 생채소와 회류를 찰부침에 싸서 겨자에 찍어 먹는 형태이므로, 밀쌈과 비슷한 오늘날의 구절판과는 사뭇 다르다. 육회나 어패류 회가 있어 겨자장을 곁들였다.

이색적인 손정규의 구절판은 황혜성과 한희순 등이 1957년에 쓴『이조궁정요리통고』에서 궁중음식으로 소개되었다.

육회, 천엽회, 전복회, 채소 등을 생으로 잣즙에 무쳐 겨자에 찍어서 찰부침에 싸서 먹는 것이 손정규의 구절판이지만, 황혜성의 구절판은 방신영의 밀쌈과 비슷한 조리법을 채택하되 고추장 대신 손정규의 겨자를 차용하여 찍어 먹도록 하였다.

사실 구절판은 찬합의 일종이다. 찬합이란 반찬을 담는 용기가 아니라 한과를 담는 용기였다. 1800년대 초의 『주식시의(酒食是儀)』에 '요기떡 찬합소입'이라는 말이 등장한다. '다양한 한과를 만들어서 찬합에 넣는다'는 의미이다. 또 임진왜란 이후부터 1800년대 초까지 12차례나 일본에 다녀온 조선통신사 일행을 통해 왜찬합이 들어오면서 조선왕실은 진찬연에서 각종 왜찬합을 연회에 올렸는데, 이때 왜찬합에 넣는 음식은 젖은 반찬이 아닌 포, 다식, 유밀과였다.

1609년부터 1902년까지 조선왕실의 연향을 다룬 문헌 조선왕조 연향의궤 어디에도 구절판이란 음식은 등장하지 않는다. 찬합에 반찬을 담는 방식도 없다. 옻칠을 한 찬합에 젖은 반찬을 담아 내놓는 것도 예를 벗어나는 일이다. 여기서 구절판이라는 궁중음식이 과연 존재했는가에 대한 의구심이 들지 않을 수 없다.

정리하자면, 1900년대 초 떡류로 먹었던 밀쌈이 분화 발전하여, 큰 접시에 재료를 돌려 담고, 이 재료들을 별도의 접시에 담은 밀전병으로 싸서 먹는 밀쌈별법이 탄생했다. 이 밀쌈별법을 손정규는 1940년에 구절판을 사용하여 재료를 돌려 담고 찬품명을 구절판으로 소개하였다. 그러나 그 구절판은 각종 회를 담아 겨자를 넣어 싸 먹는 음식이었다. 황혜성은 『이조궁정요리통고』에서 밀쌈별법 재료를 차용하였지만 고추장 소스를 겨자 소스로 바꾸어 구절판에 담아 '구절판'이라는 찬품명을 붙여 재탄생시켰다. 조선왕실에 존재하지 않았던, 오늘날 궁중요리로 널리 알려진, 이 새롭게 탄생한 궁중요리 구절판은 『이조궁정요리통고』 이후의 일이니까 역사는 불과 60년밖에 되지 않는다.

겨자채라는 궁중음식은 없다

영조 때 편찬된 『수작의궤(受爵儀軌)』(1765)에는 '길경채(桔梗菜)', 이른바 도라지채의 재료를 소개하고 있다. 재료 분량은 도라지 4단, 참기름 4홉, 소금 2홉, 겨잣가루 2작이며, 도라지를 참기름에 볶아 겨자즙에 버무린 일종의 숙채이다. 이용기가 쓴 『조선무쌍신식요리제법』(1924)과 방신영이 쓴 『조선요리제법』(1939)에는 다음과 같이 '겨자채' 만드는 법이 등장한다.

> 겨자채[芥子菜]
>
> 도라지를 찢어서 소금을 뿌려 기름에 바싹 볶아 겨자에 찍어 먹는다. 혹은 겨자에 무쳐서 먹기도 하는데 이것은 정초에 흔히 먹는다.
>
> -『조선무쌍신식요리제법』

게자채

도라지 한 접시, 게자(겨자) 1숟가락, 기름 1숟가락, 소금 조금

1 도라지에 물을 자주 갈아 부으면서 2~3일 동안 불린다.
2 쓴맛이 거의 없어지면 젓가락 굵기로 찢어서 1치 길이로 자른다.
3 물을 꼭 짜서 소금을 뿌려 번철에 기름을 두르고 바싹 볶는다.
4 접시에 담아 옆에 게자를 놓고 밥상에 차린다. 먹을 때 게자를 찍어서 먹는다.

-『조선요리제법』

이상의 문헌은 길경채라는 궁중음식이 민중으로 전해져 '겨자채'가 되었음을 알게 해준다. 그런데 조자호가 쓴 『조선요리법(朝鮮料理法)』

(1939) 「잡채부(雜菜部)」에는 색다른 겨자선을 소개하였다.

겨자선

양배추 1개, 감자 1개, 우설 1/4근, 숙주나물 1공기, 저육 1/4근, 생우유 1 1/2공기, 당근 1개. 해삼 4개, 설탕 조금, 전복 1개, 소금 조금, 오이 2개, 표고버섯 4개, 겨자집 1공기

1 감자, 당근은 삶아서 과히 무르지 않게 알맞게 익힌 다음 건져서 골패 쪽같이 썬다.
2 오이를 둥글게 썰어 소금에 절인 다음 씻어서 꼭 짠 후 번철에 기름을 두르고 살짝 볶는다.
3 표고버섯도 물에 담갔다가 썰어 번철에 볶아놓는다.
4 양배추는 속대만 잘게 채를 쳐서 소금에 절여 찬물에 헹군 후 물기를 꼭 짠다.
5 돼지고기는 채 썰고 우설은 납작납작하게 썬다. 해삼은 푹 삶아서 물러지면 속을 깨끗이 씻어 채로 썰어 기름에 볶는다. 전복도 얇게 썰어 기름에 볶는다.
6 숙주는 다듬어 삶아 건져 냉수에 헹구어 물기를 꼭 짠 다음 기름에 살짝 볶는다.
7 이상의 여러 가지를 전부 한꺼번에 섞어 겨자집, 소금, 설탕, 생우유를 넣고 버무린다.
8 그릇 밑에 채소 잎을 깔고 담는다.

조자호의 겨자선이 등장한 후 18년이 지나서 1957년에 출간된 한희순, 황혜성, 이혜경이 쓴 『이조궁정요리통고』에 궁중음식 '겨자채'가 등장하는데, 겨자선이 재료를 전부 기름에 볶아 겨자집+소금+설탕+생우유로 만든 겨자 소스에 버무린 잡채라면, 한희순 등의 겨자채는 편육을 제외하고 생것으로 하여 겨자장+소금+설탕+우유로 만든 겨자 소스에 버무리게 하였다. 이후 이것은 궁중음식의 하나로 기정사실화된다. 세월이 흘러 황혜성이 단독 저자로 출간한 『궁중음식 향토음식』(1980)과 『조선왕조 궁중음식』(1993)에서 다시 궁중음식의 하나로 겨자채가 등장하는데, 〈표 5〉는 황혜성의 겨자채가 어떻게 변모하고 있는지를 보여준다. 『궁중음식 향토음식』 이후 죽순과 달걀, 연유가 새롭게 등장하며, 달걀은 황백지단으로 겨자채의 색깔을 화려하게 보이려고 첨가된 재료인 듯하다. 연유는 맛을 달콤하게 하기 위하여 우유 대신 사용되었다.

다시 말해, 조선왕조의 길경채가 민가에 보급되면서 겨자채라는 음식으로 불렸고, 1939년에는 '겨자선'이라는 새로운 음식이 등장하는데, 이

구분	『이조궁정요리통고』(1957)의 겨자채	『궁중음식 향토음식』(1980)의 겨자채	『조선왕조 궁중음식』(1993)의 겨자채
재료	오이 2개	오이 50g	오이 50g
	당근 1개	당근 50g	당근 50g
	배 1개	배 1/2개	배 1/4개
	양배추 30전	양배추 50g	
	-	죽순 50g	죽순(통조림) 1개
	-	달걀 2개	달걀 1개
	편육 20전	편육 50g	편육 50g
	전복 1개	전복 1개	전복 1개
	밤 10개	밤 5개	밤 3개
	잣 조금	잣 1T	잣 1t
	-	연유 3T	연유 3T
	겨자	겨자집	겨자집
	미나리 1단	-	-
	해삼 3개	-	-
	우유	-	-
	설탕	-	-

〈표 5〉 황혜성의 겨자채 재료의 변모 과정

는 구한말 서양 음식, 러시아 음식, 일본 음식, 중국 음식의 영향을 받아 요릿집에서 유행하던 또 다른 새로운 메뉴일 가능성이 있다. 겨자선은 잡채류로 모든 재료를 볶아 겨자즙에 버무리는 것이었다.

이후 다시 이 겨자선을 차용했지만 찬품명을 겨자채로 바꾼 새로운 겨자채가 한희순과 황혜성 등이 쓴 『이조궁정요리통고』에서 궁중음식으로 소개된다. 익히지 않은 생채소를 우유와 섞은 겨자에 버무린 1957년의 겨자채는, 이후 황혜성이 조선왕조 궁중음식의 하나로 겨자채를 다시 새롭게 정리하는 과정에서 달걀지단이 추가되고 우유를 연유로 대체하였다.

겨자채 찬품은 조선왕조 연향의궤를 포함한 어떤 궁중 문헌에도 등장하지 않는다. 현재 알려져 있는 궁중음식 '겨자채'는 1957년 이후에 등장한 국적 불명의 냉채인 셈이다.

궁중의 매엽과가 매작과가 되다

매작과(梅雀菓)를 처음 소개한 문헌은 1948년 손정규가 쓴 『우리 음식』이다. 그 전에도 이와 유사한 매잡과(梅雜果)가 1924년 이용기가 쓴 『조선무쌍신식요리제법』에 소개되었다. 명칭만 보면 매작과와 매잡과가 비슷한 과자처럼 보이지만 만드는 방법은 크게 다르다.

매작과

밀가루에 소금과 단맛을 조금씩 더하여 물로 반죽한다.
이것을 얇게 밀어 국수처럼 썰어서 10cm 길이로 서리서리 손에 열아

문(10) 번 감아서 뺀 후 그 중간을 가로로 네댓 번 같은 국수로 감아 기름에 튀긴다.

-『우리 음식』

매잡과

밀가루를 반죽하여 얇게 밀어서 길이 2치, 너비 5푼이 되게 잘라 한가운데를 길이로 찢어 한쪽 끝을 구멍으로 집어넣어 빼 뒤집는다. 이것을 기름에 넣어 잠깐 지져낸다.

-『조선무쌍신식요리제법』

손정규가 소개한 매작과를 이용기는 '채소과(菜蔬果, 실강괴)'라 칭했다. 이로 미루어 당시 매작과와 채소과가 혼용된 듯하다.

채소과

밀가루를 반죽하여 국수처럼 만들어놓고, 싸리나 대를 휘어 꼬치 좌우로 두 치 너비가 되게 하여 벌어지지 않도록 가운데를 동여맨 다음, 국수 모양으로 만든 것을 끝에 예닐곱 번씩 휘감고, 감은 허리에 두어 번 감아 매고는 빼내어 기름에 잠깐 지지나니라.

-『조선무쌍신식요리제법』

매작과, 매잡과, 채소과라는 이름으로 불리던 이들 과자류는 황혜성이 쓴 『궁중음식 향토음식』(1980)에서 매작과라는 이름으로 통일되어 궁중음식으로 소개되기에 이른다.

1924년의 매잡과가 1948년에 매작과가 되고, 이어 1980년에 새로운 매작과로 정착된 것이다. 이용기의 매잡과와 황혜성의 매작과는 만드는 방법이 비슷하다. 손정규의 매작과는 이용기의 채소과를 잘못 알고 매작과로 소개한 듯하다. 왜냐하면 1800년대 말의 『시의전서』에도 '매잡과'와 같은 조리 방법을 채택한 '미젹과'라는 과자가 소개되고 있기 때문이다.

미젹과

진말을 냉수에 반죽하여 얇게 밀어 너비 9푼, 길이 2치 정도로 하여 벤다. 가운데를 간격이 고르게 세 줄로 찢되 그중 한가운데 줄을 가장 길게 찢어 한쪽 끝을 가운데 구멍으로 뒤집어 반듯이 만져서 지져내어 즙청(汁淸)하고 계피와 잣가루를 뿌려 쓰라.

『시의전서』의 미젹과를 1924년에는 이용기가, 1980년에는 황혜성이 그대로 재현하고 있다. 다른 점이 있다면 『시의전서』에서는 너비 3cm, 길이 6.5cm 정도로 잘라 즙청하는 데 반해, 1980년 황혜성은 너비 1.5cm, 길이 5cm로 하여 설탕 시럽으로 즙청한다는 것이다.

결론적으로 말하면 매작과는 궁중과자의 올바른 찬품명이 아니다. 1800년대 말 이후 반가와 일반 민중들이 만들어 먹던 과자이다.

궁중에서 내진연을 치른 과정을 기록한 문헌 『진작의궤(進爵儀軌)』(1828)에는 '매엽과(梅葉果)'라는 과자가 등장한다. 재료는 밀가루 7되, 꿀 1되, 백당 1근, 사탕 1/10원, 참기름 3되, 계핏가루 2작, 후춧가루 2작, 잣 6작으로 재료 구성은 당시 궁중과자의 하나였던 약과와 같다. 따라서 매엽과는 약과와 같은 재료 구성으로 만들되, 매화나무 잎 모양의 틀에 박아내어 기름에 튀겨낸 다음 즙청하여 고물을 묻힌 과자이다.

매화나무 '매(梅)'와 섞일 '잡(雜)'이 결합된 '매잡과'나, 매화나무

'매'와 참새 '작(雀)'이 결합된 '매작과'는 앞뒤가 맞지 않는 이름이다. 이로 미루어 1828년의 매엽과가 민가로 전해지는 과정에서 1800년대 말에는 '미젹과'가 되었으나 모양이 완전히 달라지고, 이것이 다시 매잡과나 매작과가 된 것이다. 이후 황혜성은 이 매작과를 궁중음식이라고 소개하였다.

1765년 『수작의궤』와 1892년, 1901년, 1902년의 『진찬의궤』에는 '양면과(兩面果)'라는 과자가 등장한다. '양면', '앞면과 뒷면', '두 면'이란 뜻을 가진 양면과는 '앞면과 뒷면이 같은 과자'라는 의미이다. 1892년에 나온 『진찬의궤』의 양면과 재료 구성을 보면 '밀가루 3되, 꿀 1되, 사탕 1/10원, 참기름 1되(튀김용 기름), 계핏가루 3/10전, 후춧가루 3/10전, 잣 1/2작'으로, 밀가루를 반죽할 때 참기름을 넣지 않고 물만 넣고 반죽했다는 점에서 『시의전서』의 '미젹과'와 같다. 미젹과, 매잡과, 매작과 모두는 가운데를 세 줄로 갈라 한쪽 끝을 가운데 구멍으로 집어넣어 빼는 과자이다. 이렇게 만들면 과자의 모양은 앞뒷면이 같은 과자, 즉 양면과가 된다. 이 양면과와 미젹과, 황혜성의 매작과는 재료 구성이 비슷하다.

정리하면, 조선왕조의 양면과가 1800년대 말경 잘못 전해져 미젹과로 된 것이고, 이것이 다시 매작과라는 이름으로 바뀌어 황혜성에 의해 궁중과자로 정착된다. 매작과란 이름은 궁중 조과류의 하나인 매엽과에서 왔고, 매작과는 재료 구성과 그 모양을 보았을 때 양면과와 같다. 매작과라는 궁중과자는 없다.

신선로의 궁중용어는 신설로 또는 열구자탕

버섯전골, 불고기전골 등을 상에 올리고 빙 둘러앉아 국물과 건더기를 앞접시에 담아 먹는 모습. 그 전골 국물에 국수를 말아 먹거나 밥을 비벼 먹는 풍경. 흔히 볼 수 있는 한국인의 먹거리 풍습이다. 아마도 전골은 한국인이 가장 즐겨 먹는 음식일 것이다.

이런 먹거리 풍습에는 아주 오랜 기원이 있다. 전골의 한자 표기는 '氈骨'이다. 전골 용기가 철로 만들어진 전립골(氈笠骨) 모양이기에 붙여진 이름이다. 궁중에서는 이를 전철(煎鐵)이라고도 했다. 철로 만든 전골 용기에 재료를 담아 화로 위에 올려놓고 여러 명이 빙 둘러앉아 화기애애한 분위기 속에서 음식을 즐긴다. 겨울에는 방과 사람을 덥히는 난로 위에 냄비를 올려놓고 먹었기에 난로회(煖爐會)라고도 했다.

전골은 냄비에 여러 재료를 색색으로 담은 다음, 간을 한 육수를 넣어 끓여 먹는 음식인데, 이보다 호화로운 전골이 신설로(新設爐), 즉 열구자탕(悅口子湯)이다. 열구자탕의 다른 이름인 신선로(神仙爐)는 사실 우리 고유의 궁중음식으로 널리 알려져 있지만 그 기원은 청나라의 훠꿔쯔(火鍋子)이며, 왕실에서 열구자탕이라는 이름으로 애용하다가 황혜성 등에 의하여 신선로라는 이름으로 바뀌어 대중에게 보급된 음식이다. 오늘날 황혜성을 비롯한 일부 한식 이론가들이 신선로가 우리 고유의 궁중음식이라는 잘못된 학설을 전파해왔는데, 이것도 바로잡아야 할 사실이다.

열구자탕이 처음 등장한 우리나라 문헌은 1750년을 전후해서 나온 『수문사설』이다. 이 문헌에서는 '熱口子湯'으로 소개하였다. 그러다가 1795년에 나온 『원행을묘정리의궤』에서 '悅口子湯'이라는 궁중음식으로 등장한다. 이후 각종 조선왕조 연향의궤에서 열구자탕이 소개된다. 1882년 동궁 가례의 기록인 『어상기(御床記)』에는 열구자탕을 탕신설로(湯新設爐), 잡탕신설로(雜湯新設爐), 면신설로(麵新設爐)라고도 했다.

궁중 열구자탕은 대중에게 전해지는 과정에서 신선로라는 이름으로 바뀌어 『규합총서』, 『동국세시기』, 『시의전서』, 『해동죽지(海東竹枝)』 등에서 언급된다.

놋쇠로 관(罐)을 만든다.

크기는 대야와 같고 복판에 철로 만든 굴뚝을 둔다. 형태는 주둥이가 위로 난 당구호(康口壺)와 같고 뚜껑이 있다. 손가락 한 마디 길이 정도의 숯불을 속에서 피우도록 되어 있다.

사방은 못을 이루고 7~8사발의 물이 들어간다. 재료를 못에 장입(裝入)하여 넣고 육수를 붓는다.

뚜껑을 닫은 다음 숯을 호(壺) 속에 넣고 가열한다. 탕이 끓고 재료가 고루 익으면 화자시(畵磁匙)로 떠내어 먹는다.

-『해동죽지』

1909년 일본인 우스다 잔운이 쓴 『조선만화』에는 다음과 같은 글이 실려 있다.

신선로에 들어가는 국물은 소머리로 끓여서 만든 즙으로 이 속에 잣, 밤이 들어가기 때문에 맛이 있다. 신선로 냄비를 중심으로 4~5명이 둘러앉아서 먹는데 건더기를 다 먹고 즙만 남으면 이번에는 조선 명물 우동을 넣어 끓여 먹는다. 신선로의 묘미는 이 우동을 끓여 먹는 데 있다.

물 8사발이 들어갈 정도의 커다란 신선로를 중심으로 4~5명이 빙 둘러앉아 음식을 부글부글 끓이면서 건더기를 덜어 먹고, 다 먹고 나면 국수를 넣어 끓여 먹는다는 것이다.

대중들이 즐겨 먹던 신선로는 술집에서 인기가 있었다. 1800년대 말 그림인 〈기산풍속도(箕山風俗圖)〉에는 한 남자가 기생과 쌍륙(雙六)을 치는 동안 남자아이가 국숫상을 준비하는 모습이 보인다. 국수가 놓여 있는 상에 신선로를 갖다 놓으려고 하고 있다. 신선로 국물을 떠서 먹는 중국풍 숟가락인 화자시 2개가 상 위에 놓인 것도 보인다(〈그림 1〉).

중국식 화자시를 이용하여 신선로 국물을 떠먹는 것은 1800년대 초 서유구가 편찬한 『옹희잡지(饔餼雜誌)』에도 등장한다. 중국식 화자시와

〈그림 1〉 〈기산풍속도〉에 그려진 신선로 틀과 화자시

한 조가 되게끔 배선되었음은 중국의 훠궈쯔가 신설로가 되었음을 한층 더 분명하게 한다.

민중의 신선로가 탕신설로와 면신설로를 겸비한, 탕으로도 먹고 국수로도 먹는 신설로를 총칭했던 것이라면, 궁중에서는 탕신설로와 면신설로를 엄격히 구분했다.

1868년에 쓰인 『진찬의궤』에는 이런 내용이 등장한다.

도가니를 넣고 물을 많이 부어 오랫동안 푹 끓여낸 탕에 닭고기를 화합하여 금방 뽑아 삶아낸 메밀국수를 넣고 즉석에서 잠깐 끓여 덜어 먹는 것이 면신설로이다. 반면 수조육류에 생선전, 야채, 버섯, 견과류가 어우러져 건더기와 탕을 함께 먹는 것이 탕신설로인 열구자탕이다.

신설로가 면신설로와 탕신설로로 분류되면서 면신설로는 그대로 '면신설로', 탕신설로는 '열구자탕'으로 굳어졌으나 민중에 전해지는 과정에서 양자 모두 신선로가 되었다. 면신설로와 탕신설로가 결합하여 건더기와 탕, 국수를 함께 먹는 오늘의 풍습이 생겼다.

8사발이 들어갈 수 있을 정도로 그릇 크기가 커졌다는 대목은 그만큼 신선로가 대중적 인기를 끌면서 많은 사람이 애용하는 음식이 되었다는 말이다. 이후 기생집에서도 신선로를 인기리에 팔기 시작했다. 그러다가 1900년대 초 외식산업계에서 소머리로 국물을 만들어 더 대중적인 음식을 탄생시킨다. 우리가 먹는 각종 전골 등은 과거에 우리 선조들이 먹던 음식이 세대를 거쳐 전래된 것이다.

그런데 신선로에 관한 현대의 통설에서 바로잡아야 할 대목이 있다. 1957년 황혜성 등이 쓴 『이조궁정요리통고』에는 신선로 재료로 소고기,

생선, 양, 천엽, 간, 등골, 전복, 해삼, 표고버섯, 석이버섯, 당근, 무, 미나리, 달걀, 밀가루, 은행, 호두, 잣, 양념 등을 제시하였다. 재료와 만드는 법이 방신영의 『조선요리제법』에 등장하는 신선로와 거의 비슷하다. 방신영이 소개하는 신선로는 당시 조선요릿집에서 유행하던 요리인데, 황혜성은 이를 궁중음식이라고 밝히고 있다.

황혜성이 쓴 『궁중음식 향토음식』에 소개된 신선로를 보면 화려한 색을 내기 위하여 신선로 재료에 다홍고추를 추가하였다. 방신영의 신선로에는 당근과 다홍고추 같은 붉은색 재료는 사용하지 않았다. 황혜성이 추가한 당근과 다홍고추가 들어간 음식을 조선왕실의 것이라고 주장하는 데에는 무리가 따른다.

당근과 다홍고추는 음양오행설에 따르면 화(火)로서 금(金, 흰색, 쌀밥, 주식)을 극(剋)한다고 하여 왕실에서는 식재료로 사용하지 않았다.

방신영이 쓴 『조선요리제법』의 신선로를 계승한 황혜성의 신선로는 조선왕실로부터 전승된 정통 신설로라고 주장하기에는 여러 가지로 오류가 많다.

각색볶음이라는 궁중음식이 과연 있었을까

황혜성이 궁중음식으로 소개한 많은 찬품들이 실제 궁중음식이 아니라 1900년 이후 존재했던 민가의 음식이었다는 사실은 매우 당황스럽다. 그렇다면 찬품 재료와 조리법은 어떨까? 실제로 궁중에서 사용되었던 재료와 조리법을 적용했을까?

볶음 요리를 살펴보자. '볶기'는 한자 '卜只(복기)'에서 유래한 말이다.

그래서 조선시대 궁중 문헌을 보면 卜只라는 용어가 많이 등장한다. 왕조에서는 복기와 비슷한 '초(炒)'라는 용어도 많이 사용했다. 그래서 鷄炒(계초) 하면 닭볶음을, 生鮮炒(생선초) 하면 생선볶음을 말한다. 조선왕실은 볶기나 초를 조치의 범주로 넣어, 밥 먹을 때 도와주는 찬품으로 분류하였다. 조치란 어느 정도 국물이 있는 음식이므로 당시의 볶기나 초는 지금처럼 바싹 볶는 것이 아니라 국물이 어느 정도 있는 것으로 보아야 한다.

1719년부터 1902년까지 조선왕조 연향의궤에 나오는 볶기와 초를 이용한 찬품을 살펴보면 다음과 같다.

1719년

생복초(生鰒炒)

1795년

양볶기(胖卜只), 죽합볶기(竹蛤卜只), 생치볶기(生雉卜只), 황육볶기(黃肉卜只), 천엽볶기(千葉卜只), 진계볶기(陳鷄卜只), 반건대구초(半乾大口炒), 저포초(猪胞炒), 건청어초(乾青魚炒), 숙육초(熟肉炒), 생복초, 낙제초(絡蹄炒), 토화초(土花炒)

1827년

전복볶기(全鰒卜只), 전복초(全鰒炒), 저태초(猪胎炒), 홍합초(紅蛤沙)

1828년

전복초, 홍합초

1829년

생복초, 전복초, 저태초, 홍합초, 생치초(生雉炒), 우족초(牛足沙)

1848년

전복초

1868년

전복초

1873년

전복초

1877년

전복초

1887년

전복초

1892년

생복초, 전복초, 생소라초(生小螺沙), 홍합초, 생치초, 부화초(服化沙), 우족초

1901년

생복초, 전복초, 생소라초, 연계초(軟鷄沙), 부화초, 우족초

1902년

생복초, 생소라초, 생합초(生蛤炒), 홍합초, 생치초, 연계초, 부화초, 우족초

위 찬품들을 분류하면, 조류를 사용한 볶음은 생치볶기, 진계볶기 등 2종, 육류는 양볶기, 황육볶기, 천엽볶기 등 3종, 어패류는 죽합볶기, 전복볶기 등 2종이고, 초류로는 생치초, 연계초 등 조류 2종, 숙육초, 저태초, 부화초, 우족초 등 육류 4종, 생합초, 생복초, 전복초, 생소라초, 토화초, 홍합초, 낙제초, 건청어초, 반건대구초 등 어패류 9종이다. 조선왕조 연향의궤에 등장하는 볶기와 초류는 22종인 셈이다.

황혜성이 한희순을 제1대 '중요무형문화재 제38호 조선왕조 궁중음식'의 기능보유자로 지정하기 위해 보고한 「조선왕조의 궁중음식」(1970)에는 각색볶음, 전복초, 홍합초 3종만이 등장한다. 물론 이 보고로 한희순은 기능보유자가 되었다. 이들 각색볶음, 전복

문헌	연도	재료														
		염통	콩팥	양	천엽	간	표고	양파	소금	파	마늘	설탕	후춧가루	깨소금	참기름	잣
「조선왕조의 궁중음식」(황혜성)	1970	○	○	○	○	○	○	○	○	○	○	○	○	○	○	○

〈표 8〉 각색볶음

문헌	연도	재료														
		전복	닭	달걀	도가니	소고기	간장	참기름	꿀	후춧가루	잣	녹말	생강	파	깨소금	설탕
조선왕조 연향의궤	1829	○		○			○			○	○		○			
	1868	○	○		○	○	○	○	○	○	○	○				
	1902	○				○	○	○	○	○	○					
『조선무쌍신식요리제법』	1930	○				○	○	○	○	○	○			○	○	
『조선요리제법』	1939	○				○	○	○		○	○			○	○	○
「조선왕조의 궁중음식」(황혜성)	1970	○				○	○	○		○	○		○			○

〈표 6〉 전복초

문헌	연도	재료											
		홍합	소고기	닭	간장	꿀	후춧가루	잣	참기름	파	깨소금	생강	설탕
조선왕조 연향의궤	1829	○	○	○	○		○	○	○				
	1902	○	○		○	○	○	○	○				
『조선무쌍신식요리제법』	1930	○	○		○	○	○	○	○	○	○		
『조선요리제법』	1939	○	○		○		○	○	○	○	○		○
「조선왕조의 궁중음식」(황혜성)	1970	○	○		○		○	○	○			○	○

〈표 7〉 홍합초

초, 홍합초를 조선왕조 연향의궤와 『조선무쌍신식요리제법』, 『조선요리제법』의 세 문헌을 통해 비교하기 위해 표를 만들어보았다.

왕실의 전복초는 조선왕조 연향의궤 중에서 조선왕조 초기(1829), 중기(1868), 후기(1902)로 나누어 살펴보았다.

〈표 6〉의 전복초에서 보듯 조선왕조 연향의궤에서는 1868년과 1902년의 재료가 비슷하다. 이 재료 구성은 1848년의 『진찬의궤』에서도 비슷하다. 1868년과 1902년 모두 전복, 소고기, 간장, 참기름, 꿀, 후춧가루, 잣이 공통으로 들어간다 1930년 재판본 『조선무쌍신식요리제법』에서도 비슷하게 들어간다. 그런데 1939년 제9판이 출간된 『조선요리제법』에서는 꿀 대신 설탕을 넣는다고 되어 있다. 황혜성이 1970년에 문화공보부 문화재관리국에 보고한 「조선왕조의 궁중음식」에서도 꿀 대신 설탕이 들어간다고 밝혔다. 이는 『조선요리제법』을 참고한 결과이다.

〈표 7〉의 홍합초 재료에서도 마찬가지이다. 짐작건대 『조선무쌍신식요리제법』보다 『조선요리제법』이 나중에 출간되었기 때문에 설탕이 들어가지 않았나 한다. 『조선요리제법』이 증보판으로 나올 때는 이미 설탕이 수입되어 일반 식재료가 되었음을 보여준다. 하지만 설탕은 궁중에서 조미료로 사용한 일이 없다.

『조선무쌍신식요리제법』에는 「복금 만드는 법」이라는 항목에 닭복금, 소고기복금, 양복기, 천엽복금, 제육복금을 소개하고 있다. 『조선요리제법』에도 「복음」이란 항목에 닭복음, 우육복음, 양복음, 천엽복음, 송이복음, 제육복음이 등장한다. 이 음식들은 조선왕조 연향의궤에 등장하는 진계볶기, 황육볶기, 양볶기, 천엽볶기에서 유래한다. 이들 볶기에는 양념 재료로 설탕이나 양파가 사용되지 않는다.

황혜성은 「조선왕조의 궁중음식」에서 설탕과 양파를 재료로 한 '각색볶음'이라는 찬품을 궁중음식의 하나로 소개한다. 염통, 콩팥, 양, 천엽, 간을 표고, 양파 등과 조미료를 넣어 볶아서 한 접시에 담아낸다고 했다(〈표 8〉). 하지만 각색볶음이라는 궁중음식은 의궤 어디에도 없다.

궁중음식 재료에는 당근이 없다

당근의 원산지는 아프가니스탄으로 이 지역을 중심으로 동양과 서양으로 폭넓게 확산되었다. 당근이 중국으로 전해진 시기는 원나라(1271~1368) 때이다. 한반도에는 꽤 늦게 전해진 듯하다.

1910년까지 조선왕조 문헌에는 당근을 식재료로 사용했다는 기록이 없다. 추측해보건대, 조선왕조는 음양오행 사상에 의한 양생론을 따랐기에 쌀을 주식으로 하는 입장에서 보면 당근의 붉은색[火]이 주식인 쌀의 흰색[金]을 상극하기 때문에 꺼렸을 수도 있겠다. 하지만 이런 논리가 확실하지는 않다.

어찌 되었든 조선왕조는 당근을 식재료로 사용하지 않은 것만은 확실하다. 궁중음식을 언급한 어떤 문헌에서도 당근이 등장하지 않는다. 그런데 오늘날 궁중음식으로 알려진 찬품에는 당근이 심심치 않게 재료로 등장한다. 학문적 검증 없이 궁중음식의 식재료를 어림짐작으로 맞추었기 때문이다. 신설로와 화양적(花陽炙)을 예로 들어본다.

1827년부터 1902년까지 조선왕조 연향의궤에 나오는 신설로, 즉 열구자탕의 재료는 다음과 같다.

신설로(열구자탕)

1827년

생치, 닭, 달걀, 곤자소니, 소등골, 소고기안심육, 양, 저태, 돼지안심육, 숭어, 전복, 오이, 도라지, 미나리, 녹말, 잣, 젓액, 간장, 참기름, 후춧가루, 파, 깨, 생강

1829년

생치, 닭, 달걀, 곤자소니, 소고기안심육, 양, 저태, 돼지안심육, 숭어, 전복, 오이, 도라지, 미나리, 무, 녹말, 잣, 간장, 참기름, 후춧가루, 파, 생강

1848년

생치, 달걀, 곤자소니, 소등골, 소고기안심육, 양, 소콩팥, 천엽, 저태, 숭어, 전복, 해삼, 홍합, 추복, 오이 도라지, 미나리, 무, 녹말, 잣, 은행, 간장, 참기름, 후춧가루, 파

1868년

생치, 닭, 달걀, 곤자소니, 소등골, 소고기안심육, 양, 두골, 저태, 저각, 숭어, 전복, 해삼, 미나리, 무, 표고, 밀가루, 녹말, 잣, 은행, 호두, 소금, 간장, 참기름, 후춧가루, 파, 깨

1877년

생치, 달걀, 곤자소니, 소등골, 소고기안심육, 양, 부아, 숭어, 전복, 해삼, 미나리, 무, 표고버섯, 밀가루, 녹말, 잣, 은행, 호두, 간장, 참기름, 후춧가루, 파

1887년

생치, 달걀, 곤자소니, 소고기안심육, 양, 부아, 숭어, 전복, 해삼, 미나리, 무, 표고버섯, 밀가루, 녹말, 잣, 은행, 호두, 간장, 참기름, 후춧가루, 파

1892년

생치, 닭, 달걀, 곤자소니, 소등골, 소고기안심육, 양, 간, 천엽, 저태, 돼지고기, 숭어, 전복, 해삼, 게알, 미나리, 무, 표고버섯, 밀가루, 녹말, 잣, 은행, 호두, 간장, 참기름, 후춧가루, 파

1901년

달걀, 곤자소니, 등골, 소고기안심육, 양, 저태, 숭어, 전복, 해삼, 미나리, 무, 표고버섯, 밀가루, 녹말, 잣, 은행, 호두, 간장, 참기름, 후춧가루, 파, 깨

1902년

생치, 닭, 달걀, 곤자소니, 소고기안심육, 양, 간, 천엽, 저태, 돼지고기, 숭어, 전복, 해삼, 게알, 미나리, 청근, 표고버섯, 밀가루, 녹말, 잣, 은행, 호두, 간장, 참기름, 후춧가루, 파

꿩, 달걀, 곤자소니, 소고기안심육, 양, 숭어, 미나리, 녹말, 잣, 간장, 참기름, 후춧가루, 파를 중심으로 약간의 재료가 더해지기도 했던 궁중의 신설로는 민가에 전해지면서 신선로가 되는데, 1924년에 나온 이용기의 『조선무쌍신식요리제법』에서 전유어, 전복, 해삼, 미나리, 달걀, 은행, 호두, 잣, 파, 소고기안심육, 표고버섯, 무, 생치, 천엽, 양, 저태 등을 재료로 소개하고 있고, 방신영의 『조선요리제법』 제9판(1939)

에서는 간, 생선, 천엽, 양, 전복, 표고버섯, 목이버섯, 호두, 은행, 소고기안심육, 미나리, 파, 달걀, 해삼, 무, 참기름, 후춧가루, 깨, 밀가루, 간장 등을 재료로 들고 있다.

이들 재료를 보면 조선왕조 연향의궤에 등장하는 열구자탕 재료와 크게 다르지 않다. 1939년 조자호가 쓴 『조선요리법』의 '구자(口子)'에서도 양, 사태, 대창, 정육, 전복, 해삼, 미나리, 호두, 은행, 잣, 달걀, 표고버섯, 무, 밀가루, 참기름, 간장, 깨, 후춧가루, 파, 마늘을 재료로 든다.

그런데 1948년 손정규가 쓴 『우리 음식』부터 재료가 크게 달라진다.

신선로 구자

삶은 무, 육회, 양파, 미나리초대, 표고버섯, 천엽전, 죽순, 가마보고, 간전, 생선전, 당근(홍무), 낙지, 육만두(완자), 달걀지단, 은행, 호두, 잣, 석이버섯, 고추

-『우리 음식』

이렇듯 손정규는 기존 신선로 재료에 양파, 죽순, 가마보고, 당근, 낙지, 고추를 새롭게 추가한다.

손정규의 재료에다 실고추를 추가하여 신선로가 궁중음식이라고 명명한 책이 바로 황혜성 등이 출간한 『이조궁정요리통고』(1957)이다. 이 책에서 제시한 신선로 재료는 다음과 같다.

신선로

소대접살, 생선(민어, 대구, 명태), 양, 천엽, 간, 등골, 전복, 해삼, 표고버섯, 석이버섯, 당근, 무, 미나리, 달걀, 밀가루, 참기름, 식용유, 은행, 잣, 호

두, 실고추, 간장, 후춧가루, 깨, 소금, 설탕, 파, 마늘

-『이조궁정요리통고』

그러다가 다시 황혜성이 『궁중음식 향토음식』(1980)에서 당근, 다홍고추, 석이버섯을 신선로 재료로 소개하면서 이 재료들이 신선로 재료로 완전히 정착된다. 이후 황혜성의 신선로는 '조선왕조 궁중음식'이라는 홍보 문구를 달고 전국적으로 보급된다. 사실 황혜성의 신선로는 조선왕조에서 먹던 신선로가 아니라 아름다운 색깔 배합을 만들기 위해 당근과 다홍고추를 첨가하여 미려하게 가공된 새로운 찬품이다.

신선로

소고기, 흰 살 생선, 무, 사태, 양, 당근, 미나리, 표고버섯, 석이버섯, 달걀, 천엽, 두부, 간, 메밀가루, 다홍고추, 밀가루, 은행 잣, 호두, 간장, 파, 마늘, 참기름, 후춧가루

-『궁중음식 향토음식』

오늘날 알려진 화양적이 조선왕조에서 실제로 애식되었던 화양적과 어떻게 다른지도 검토해보자. 1827년부터 1892년까지 조선왕조 연향의궤에 소개된 화양적의 재료는 다음과 같다.

화양적

1827년

우둔, 양, 등골, 곤자소니, 해삼, 전복, 도라지, 파, 달걀, 참기름, 간장, 깨, 후춧가루, 잣

1829년

우둔, 표고버섯, 석이버섯, 도라지, 파, 밀가루, 달걀, 참기름, 간장, 소금, 깨, 후춧가루, 잣

1873년

우둔, 도라지, 파, 달걀, 참기름, 간장, 깨, 후춧가루

1877년

우둔, 도라지, 파, 달걀, 참기름, 간장, 생강, 마늘, 깨, 후춧가루

1887년

우둔, 도라지, 파, 달걀, 참기름, 간장, 생강, 마늘, 깨, 후춧가루

1892년

소고기, 도라지, 파, 참기름, 간장, 깨, 후춧가루

화양적은 크게 두 종류로 나뉜다. 1827년과 1873년의 화양적은 재료의 분량으로 보았을 때 달걀로 옷을 입혀 지져낸 누름적화양적이고, 1829년의 화양적도 밀가루로 옷을 입혀 지져낸 누름적화양적이다. 반면에 1877년, 1887년, 1892년의 화양적은 각 재료를 꼬치에 꿰고 양념장을 묻혀 구워낸 화양적이다.

현재 우리가 궁중음식으로 알고 있는 화양적은 후자이다. 양념장을 묻혀 구워내는 화양적의 경우 사용된 달걀은 불과 2개이다. 화양적 100~150꼬치를 만드는 데 사용된 달걀 2개는 옷을 입히는 용도가 아니라 고명용이다.

『조선무쌍신식요리제법』에는 화양적이란 이름 대신 누름적이라 했다. 참기름, 후춧가루, 깨, 파, 간장으로 양념한 소고기, 도라지, 배추, 박오가리를 꼬치에 꿰고 밀가루와 달걀로 옷을 입혀 지져냈다. 『조선요리제법』에서도 누름적이라 하여 간장, 깨, 후춧가루, 파, 참기름으로 양념한 고기, 도라지, 박오가리를 꼬치에 꿰고 밀가루와 달걀로 옷을 입혀 지져냈다. 이는 1827년, 1829년, 1873년 궁중의 누름적 형태와 유사하다.

그런데 1939년에 조자호가 쓴 『조선요리법』에 등장하는 누름적은 간장, 깨, 참기름, 후춧가루, 설탕으로 양념한 소고기, 도라지, 양, 대창, 표고버섯, 당근(홍무)을 꼬치에 꿰고 밀가루와 달걀로 옷을 입혀 지져내는 형태로, 이때 당근이 등장한다. 그러나 어디까지나 밀가루와 달걀로 옷을 입혀 지져내는 형태이기 때문에 당근 색깔은 드러나지 않는다.

한편 1948년 손정규의 『우리 음식』에 등장하는 '파산적'은 길이 5~6cm, 굵기는 새끼손가락만 하게 자른 소고기와, 길이 5~6cm로 자른 파를 대나무 꼬치에 꿰고 양념장을 묻혀서 굽는 형태로 등장한다. 같은 책에서 '도라지적'은 4~5cm 길이로 각각 자른 양념한 도라지, 소고기, 느타리버섯, 파를 밀가루와 달걀로 옷을 입혀 지져냄으로써, 꼬치에 꿰서 굽는 '파산적'과 누름적 형태의 '도라지적' 조리법을 분명히 구분하고 있다.

그러다가 1957년 『이조궁정요리통고』의 '산적과 느름적' 부분에서 육산적, 잡산적, 섭산적, 화양적, 잡느름적으로 나누고 화양적을 다음과 같이 기술하였다.

화양적

소고기, 생도라지, 당근, 잣가루, 양념(깨, 후춧가루, 파, 마늘, 참기름, 설탕, 간장)

1 생도라지는 4등분하여 5~6cm 길이로 썰어서 양념하여 참기름에 볶는다.
2 소고기도 도라지 크기와 같이 썰어서 양념하여 볶는다.
3 당근도 도라지 크기로 썰어서 소금물에 살짝 데친다.
4 위 1~3의 재료를 참기름, 후춧가루, 잣가루에 버무리고 색을 맞추어 꼬치에 꿴다.

위의 만드는 법은 황혜성이 쓴 『궁중음식 향토음식』(1980)의 '화양적'과도 같다. 다만 재료는 『이조궁정요리통고』의 화양적보다 그 변형 정도가 확연하다. 『궁중음식 향토음식』의 화양적을 보자.

화양적

소고기, 통도라지, 당근, 표고버섯, 오이, 달걀, 잣가루, 고기양념(간장, 설탕, 파, 마늘, 깨소금, 참기름, 후춧가루)

1 소고기를 0.7cm 두께로 적을 뜬 후 양념하여 팬에 지져낸다.
2 표고버섯을 불려 0.8cm 폭으로 썰어 고기양념을 하여 볶는다.
3 도라지도 5cm 길이로 썰어 양념하여 볶는다.
4 오이는 연필 굵기의 막대 모양으로 5cm 길이로 썰어 소금에 절였다가 볶는다.
5 달걀은 황백지단을 두껍게 지져서 같은 크기로 썬다.
6 대꼬챙이에 고기, 도라지, 당근, 오이, 달걀, 지단, 표고버섯 순으로 꿰어 접시에 돌려 담고 잣즙을 위에 끼얹는다.

위에서 보듯 당근이 들어간 기존 재료에 표고버섯, 오이, 달걀지단이 추가되어 화양적이 더 화려하게 변신했다. 황혜성의 이 화양적 조리법은 과거의 전통 화양적과 비교했을 때 문제가 있다.

왜냐하면 원래 궁중의 화양적이란, 재료를 꼬치에 꿰어 양념장에 담갔다가 구워낸 형태, 또는 밀가루나 달걀로 옷을 입혀 기름에 지져내는 누름적 형태를 모두 포함하는데, 황혜성은 각 재료를 볶아 꼬치에 꿴 것만을 화양적이라 단정했기 때문이다. 게다가 당근, 오이, 표고버섯을 재료로 추가하여 화려한 화양적으로 변신시켰다.

현재 궁중음식으로 널리 알려져 있는 황혜성의 화양적은 신선로와 마찬가지로 조선왕실의 정통성이 사라진 찬품이다.

3

한식에 어떤 가치를 담을 것인가

한식 연구와 한식의 미래

식문화사를 새로 쓴 위대한 스승들

위대한 식품학자, 이성우 교수님

누구나 인생의 스승을 만나 중요한 삶의 계기를 만든다. 내게는 이성우 교수님이 그런 분이셨다.

"김 선생은 공부를 해야 하니 놀지 말고 이번 주 안으로 한번 들르시게."

36세가 되던 1986년 겨울의 일이다. 그해 8월 박사학위를 취득하고 놀고 있던 차에 교수님의 전화를 받은 것이다. 이 전화 한 통화가 평생 공부를 하는 계기가 됐다고 해도 과언이 아니다. 이성우 교수님은 한국에서 식문화사라는 길을 개척한 대학자이기도 했지만 내게는 '한식학'이라는 길을 열어주신 스승이다.

이성우 교수님과의 첫 대면을 떠올리면 미소가 피어오른다. 스승과 제자로서 첫 만남은 33세 때의 일이었다. 내가 한양대 박사과정 입학시험을 치르고 난 뒤였다. 대학원 입학시험 일본어 성적이 우수했다는 소식을 들으시곤 부르신 것이다. 교수님 연구실에 들어서자 교수님이 대뜸 고서 한 권을 펼치셨다. 표지를 보니 조선시대의 문헌 『임원십육지(林園十六志)』였다. 한문으로 가득 채워진 페이지를 펼치시더니 한 손으로 한 문장을 가리키셨다.

"이 한 줄을 읽어보시게."

나는 어려움 없이 한자를 음독하고 그 뜻을 말씀드렸다. 당시 나는 독학으로 일본어뿐만 아니라 중국 고서와 한자를 열심히 탐독하고 있었다. 중국 한자 원문인 사서삼경이나 기타 중국 고전을 읽을 수 있을 정도로 한자 공부에 매진했다. 고려 · 조선의 문집이나 고문헌의 한자를 해독할 실력 정도는 갖추고 있었다.

교수님은 대번에 읽고 풀이하는 내 실력에 만족하는 눈빛이셨다.

"언제 이렇게 고전 한자를 익히셨는가? 아직 젊은데 이 정도로 술술 읽을 실력이면 고대 문헌 연구는 충분하겠네."

교수님의 칭찬을 들으니 자신감이 생겼다. 대학자로부터 실력을 인정받았다는 사실에 마음이 충만해졌다. 교수님의 학문적 위상과 학자적 태도를 경외하던 나는 내심 교수님이 일구어놓으신 연구를 이어갈 수 있다면 정말 가치 있는 일이라고 생각했다.

내 삶에서 가장 강렬한 이미지가 하나 있다. 그것은 연구하시는 교수님의 모습이다. 한자로 빼곡한 고문헌을 탁자에 켜켜이 쌓아두고 미동도 없이 과거의 흔적을 찾아 불철주야 움직이는 눈. 수불석권(手不釋卷), 절차탁마(切磋琢磨)의 시간들. 이성우 교수님이 걸어오신 길이다.

교수님은 식품사와 고조리서 연구의 권위자이시다. 방대한 연구 영역은 실로 놀랍다. 한국 식품사의 체계를 세우기 위해 중국과 일본 등 동아시아에 흩어져 있던 한국음식 자료를 수집하시고, 오랜 연구 끝에 한국 식생활을 문화사적으로 바라보고 동아시아 속에서 한국 식생활의 위치를 설정하는 데 공헌하셨다.

우리나라 음식에 관련된 방대한 경전을 일목요연하게 정리한 『한국식

경대전(韓國食經大典)』을 한 장 한 장 넘기다 보면, 학자가 어떤 방식으로 학문을 하고 어떤 자취를 남겨야 하는지를 깨닫게 해준다. 서지 정보와 차례, 문헌의 내용과 특성이 요약되어 있고 비교 문헌까지도 제시되어 있다. 교수님의 필생의 업적인 이 책을 읽어나가다 보면 가히 내 마음은 경이로운 세계에 도달한 것 같은 심정에 이른다.

우리 음식문화의 비밀을 구명하는 면밀한 연구 끝에 교수님의 혜안과 통찰이 담긴 수많은 논문과 학술서가 나올 수 있었다. 고구마를 예로 들면, 교수님은 고구마의 기원과 전래를 구명하기 위해 주변국의 고문서를 파헤치셨다. 치열한 인문 정신이 있었기에 가능한 일이다. 역사적, 인류학적 맥락에서 식품을 연구하셨기에 음식을 바라보는 총체적인 관점이 스며 있다. 그리하여 많은 학술상과 저작상을 받으시고, 식품사를 공부하는 연구자들에게 중요한 저술을 남기셨다.

『고려 이전 한국 식생활사 연구(高麗以前韓國食生活史研究)』(1978), 『한국식경대전』(1981), 『조선시대 조리서의 분석적 연구』(1982), 『한국식품문화사(韓國食品文化史)』(1984), 『한국식품사회사(韓國食品社會史)』(1984), 『한국요리문화사(韓國料理文化史)』(1985), 『한국의 민속주』(1991), 『동아시아 속의 고대 한국 식생활사 연구』(1992), 『한국고식문헌집성(韓國古食文獻集成)』(1992) 등이 교수님의 유작으로 남아 있다.

이성우 교수님은 우리 음식문화의 기원을 밝히기 위해 중국 문화권에 속해 있었던 고대 한반도 문화를 중국 음식사와의 긴밀한 관련 속에서 탐구하셨고, 중국의 정사(正史)뿐만 아니라 일본의 고대 문헌까지 광범위하게 연구 영역에 포함하셨다. 우리 선조들의 생활 근거지였던 만주 지역의 고고학 유물까지도 탐색하셨다.

한국음식사 연구 방법을 이처럼 포괄적으로 체계적인 관점에서 제시한 학자는 없었고 지금까지도 나오지 않고 있다. 음식사는 역사 과정과 밀접하게 연결된 학문 영역이다. 음식은 한 나라의 생태, 주변국과의 교류, 사회문화적 의식과 긴밀하게 연동하며 변화한다. 따라서 식생활문화는 식품학과 함께 문화사적 관점이 절대적으로 필요하다. 식생활이 지닌 문화적 함의를 파악하기 위해서는 역사적 맥락과 함께 정치적, 경제적, 종교적 측면을 반드시 살펴보아야 한다.

되돌아보면 교수님과의 인연은 나의 인생에서 가장 큰 터닝 포인트였다. 거의 절대적인 영향을 주셨다. 내게 식품영양학자로만 머물지 말고 음식문화학자가 될 수 있는 비전을 제시해주셨다. 학문을 한 분야로 협소하게 가두지 말고 관련 학문, 관련 이슈들과의 연계 속에서 긴밀하게, 그리고 폭넓게 바라봐야 한다고 가르치셨다. 교수님의 가르침에 따라 나는 원전 자료의 분석, 그리고 연계 연구를 중요한 학문 방법론으로 삼았다.

이성우 교수님은 내게 한식의 꽃인 궁중음식을 연구해볼 것을 권하셨다. 그동안 행한 독학의 삶으로 보건대 궁중음식 연구는 충분히 가능할 거라고 보셨다. 나는 궁중음식을 통해 우리 한식의 계보, 우리 식문화의 계보를 구명해보고 싶다는 생각을 갖게 되었다. 대학원에서 박사학위를 취득했지만 한국음식문화의 계보를 연구해보고 싶다는 열망은 늘 가슴 한편에 자리 잡고 있던 터였다.

교수님에게는 공동 연구를 할 조력자가 필요했다. 나는 교수님의 저술인 『한국고식문헌집성』(전 7권)이 출간되도록 도와드렸다. 이 책은 조상들이 먹었던 음식과 식재료를 담은 고조리서 자료를 집대성한 것이다. 술, 김치 등 지금 우리가 계승하여 먹고 있는 음식부터 사라진 음식에 이르기까지 수많은 음식의 조리 과정과 식재료가 등재되어 있다. 국내뿐만 아니라 외국에 산재되어 있는 자료를 모았기에 식품과 음식을 연구 조사하는

데 크게 도움을 받을 수 있다. 교수님과 함께한, 이 끝날 것 같지 않던 작업은 1992년 겨울까지 근 6년간 계속되었다.

이 기간에 음식을 심도 있게 접하게 되었다. 특히 궁중음식에 대한 관심을 환기하는 계기가 되었다. 조선왕실의 음식문화에 대한 연구에는 무엇보다 고증이 중요하다는 것을 깨닫게 되었다.

학문은 고증이다. 궁중음식 연구에 접근하기 위해서는 사료에 대한 접근과 분석이 필수적이다. 앞서도 기술하였듯이 궁중음식 연구는 궁중음식뿐만 아니라 그 변천사, 민간 음식으로 확산되는 과정의 사회문화사를 파악해야 한다. 다른 나라와의 교류를 통한 변화를 읽기 위해서는 교류사 등 다양한 관점에서의 사료적 접근이 필요하고, 이를 바르게 해석하기 위한 문명사, 재배학, 종교학, 민족학, 역사학 등 주변 학문에 대한 이해가 요구된다.

이를 위한 기본적 자질은 언어에 대한 이해이다. 한문뿐만 아니라 일본어, 이두(吏讀) 등에 대한 해독 능력이 요구된다. 한민족은 중국 한자를 사용했기에 한자 해독 능력이 반드시 필요하고, 게다가 우리의 고대 언어인 이두 문자 해독 능력도 겸비하면 좋다. 음식문화는 동아시아 속에서 주변의 중국, 일본과 긴밀한 교류 속에서 탄생한 만큼 일본어 해독은 기본이다. 한자와 일본어 해독이 가능하다면 한반도 문화의 원류라고 볼 수 있는 중국의 고전 『의례』, 『예기』, 『주역』 등을 두루 섭렵하는 일이 가능해진다. 우리 고대사는 중국의 지배와 영향 아래 놓여 있었으므로 중국의 문헌을 자료로 삼는 일은 필수적이다. 찬란하고 장구한 문화유산을 자랑하는 중국문화사를 살펴보고, 고대 한반도와 일본의 교류 사실을 기록해놓은 일본 고전의 해독을 통해서 동아시아 속에 위치한 한반도 음식문화를 구명하는 작업은 음식문화 연구를 위한 기초가 된다.

이성우 교수님께서는 당신의 논문 「한국 전통 발효식품의 역사적 고찰」, 「아시아 속의 한국 어장문화」, 「우리나라 채소의 역사적 고찰」, 「대두 재배의 기원」, 「조선조의 궁중음식 건기(件記)」 등을 나로 하여금 고찰하게 하여 식품과 식문화사에 대한 폭넓은 시각을 얻게 해주셨다. 더불어 『원행을묘정리의궤』, 『영접도감의궤』, 『가례도감의궤』, 『진연의궤』, 『진찬의궤』 등을 보다 상세히 접하게 해주시고 이들 문헌의 분석 작업 방법을 가르쳐주셨다.

1991년 9월의 어느 날, 교수님이 나를 부르셨다.

"세계적인 음식문화 학술대회가 있는데, 나 대신 가주게나."

당시 '제2회 중국음식문화학술연토회'라는 국제 심포지엄이 대만에서 열릴 예정이었다. 동아시아 지역에서 식품사나 식생활을 연구하는 학자들이 참석하는 자리였다. 한국 대표로는 교수님이 초대되었는데, 내가 그 자리를 채워주기를 바라셨다.

"교수님께 누를 끼치지 않을까요. 제가 어떻게……."

"김상보 교수는 세계적인 학술대회에 가고도 남는 실력이지. 그동안 나와 함께 한식에 대해 학문적으로 쌓은 지식도 많으니 걱정 말고 다녀오시게. 동아시아의 음식문화에 대해 그동안 자네가 생각했던 바를 자유롭게 펼쳐보게나."

"감사합니다, 교수님. 교수님께 누를 끼치지 않도록 성실하게 참여하겠습니다."

이성우 교수님은 당시 몸이 많이 불편하셨고, 여러모로 내가 참석하는 것이 좋겠다고 생각하신 듯했다.

이시게 나오미치 교수님에게서 학문의 방법론을 배우다

나는 대만에서 열린 학술대회에서 한국 대표로 참석하여 「동아시아 속의 한국음식문화」라는 주제 발표를 했다. 핵심이 되는 내용은 종교와 음식이었다. 한 사회집단의 믿음과 신앙 체계가 음식에 어떻게 반영되며, 식문화 형성에 어떤 영향을 끼치는지를 밝혀내는 논문이었다. 당시 음식을 집단 신앙과 연결 지어 연구하는 학자는 나밖에 없었다. 나는 일본어로 발표를 진행하였다. 그동안 일본 유학을 위해 주야불식 일본어 공부에 매진했기에 일본어 소통에 막힘이 없었다.

이 학술대회에서 일본의 민속학자 이시게 나오미치(石毛直道) 교수님을 만난다. 내가 일본어로 발표하는 모습을 눈여겨보신 듯했다. 당시의 인연으로 나는 일본에 연구 교수로 갈 기회를 얻게 되었다. 이시게 교수님은 당시 오사카 국립민족학박물관 교수로 계셨다. 일본뿐만 아니라 세계적으로도 인정을 받는, 문화인류학적 관점에서 음식문화를 연구하는 학자로 유명한 분이다. 국수, 우유, 발효식품, 술 등 개별 식재료와 음식의 문화적 고찰에서부터 비교문화, 그리고 식탁 문명론에 이르기까지 폭넓은 연구는 실증적인 현지 조사와 방대한 사료 수집에서 비롯되었다. 90여 개국을 방문할 정도로 미지의 세계에 대한 탐구심이 대단하신 분이다.

이시게 교수님이 쓰신 음식 이야기에 귀 기울이다 보면 학자들에게 이렇게 커다란 도전 과제가 놓여 있다는 사실에 어깨가 무거워진다. 학자에게 바탕이 되는 것은 '보는 눈', 시각이다. 조리, 영양, 식육 같은 테마에 이시게 교수님의 문명사적 통찰력이 더해지면 한 편의 학문적 서사가 완결된다. 음식을 이토록 거시적으로 다룬 학자는 별로 없다.

이시게 교수님은 『세계의 식사문화』, 『식탐자의 민족학』, 『식사의 문명론』, 『어장과 식해의 연구』, 『문화면류학』 등 많은 책을 쓰셨는데, 그중 『어장과 식해의 연구』는 내가 번역을 해서 한국판으로 소개했다.

『세계의 식사문화』, 『식사의 문명론』 같은 책들은 세계적으로 인정받는 역작으로 식품과 음식문화를 보는 안목과 방대한 사유에 감탄하게 된다. 문화 현상을 꿰뚫어보는 통찰력과 현미경을 들여다보는 듯한 세밀함은 많은 학자들에게 귀감이 되고 있다. 음식문화를 지역이라는 협소한 공간에 묶어두지 않고, 동아시아, 더 나아가 전 세계 음식문화와의 관련 속에서 탐구하셨고, 인류사, 문명사의 흐름과 연계해 분석하셨기에 이시게 교수님의 식품 관련 저술들은 문명사, 인류사를 보는 듯한 통찰을 준다. 문화인류학을 전공하셨기에 식문화사를 보다 폭넓게 바라볼 수 있었을 것이다. 교수님은 많은 저술과 논문을 통해 연구 경계를 허물고 지식 통합이 이루어져야 균형 잡힌 시각으로 문제를 바라볼 수 있다는 사실을 내게 깨우쳐주셨다.

이시게 교수님은 학계의 유명한 필드워커이다. 배낭을 메고 두 발로 동아시아 일대를 직접 돌아다니면서 식해와 젓갈 문화의 생성 및 전파 경로를 현장 조사하셨다. 『어장과 식해의 연구』는 이런 고된 발품의 결과물이다. 유독 식해와 초밥 문화가 발달한 일본의 식문화가 자생적으로 형성된 것일까? 이 질문에 대한 답을 얻기 위해 시선을 밖으로 돌린다. 결국 식해와 젓갈 문화가 동아시아만의 식문화사적 유산이라는 사실을 밝혀내셨다. 식해의 원형은 동남아시아에서 발견된다. 그것이 백제를 거쳐 일본으로 건너갔고, 결국 에도시대에 초밥이 출현할 수 있었다.

또한 세계 최초의 국수 문화 연구서인 『문화면류학』을 쓰기 위해 세계 각지를 돌면서 국수를 수백 끼나 드셨다고 한다. 이 책은 중국에서 시작된 국수가 서구로 전해지는 과정을 설명하고 있다. 중국에서 페르시아를 거쳐 아랍 세계로 전파되고, 시칠리아에서 이탈리아에 이르렀다는 결론에 도달한다. 이 학설은 지금도 정설로 인정되고 있다.

이러한 학문적 발견들은 문화와 인간에 대한 남다른 시선과 열정이 없었다면 불가능했을 것이다. 이시게 교수님의 연구 태도를 통해 나는 학문하는 사람의 통찰력이 어떤 것이어야 하는지를 배웠다.

이시게 교수님은 이성우 교수님이 일본 도쿄 대학 인문과학연구소 연구원 자격으로 체류하셨을 때 첫 만남을 가진 이후, 줄곧 식문화사를 연구하는 한일 대표 학자로 긴밀한 친교를 나눴다. 두 분 다 음식을 문화사적으로 바라본다는 공통점이 있었고, 당시에는 이처럼 음식을 다루는 학자들이 없었기에 금방 서로를 알아보고 학문적 동지가 되셨을 것이다.

이성우 교수님은 식문화학의 대가인 오사카 학예대학의 시노다 오사무 교수가 주도하는 중국과학사 공동 연구에 참여하셨다. 이때 중국 고전 요리서를 혼자 힘으로 독파하여 중국 식문화사를 원전으로 연구하는 이성우 교수님을 시노다 교수님은 매우 인상적으로 보셨다고 한다.

시노다 교수님은 본래 생화학자셨는데 중국에서 군 복무 중 부상당한 후 식문화학자로 전향하셨다. 일본 식문화사를 연구하기 위해서는 한국과 중국도 살펴야 한다는 깨달음에 중국 식문화를 연구한 후 1974년 『중국식물사(中國食物史)』를 출판하셨다. 이 책은 세계 최초의 중국 식문화사에 대한 저작으로, 서구 연구자들에게도 영향을 끼친 명저로 남아 있다. 시노다 교수님은 이성우 교수님의 도움을 받으며 한국 식문화사 연구를 위해 매진하셨지만 한국 식문화사를 집필하기도 전에 암으로 세상을 등지셨다.

시노다 교수님과 이시게 교수님, 이성우 교수님은 식문화 연구자로서 관심 주제가 각기 달랐지만 동아시아라는 프레임 안에서 거시적으로 식문화를 보고자 했던 위대한 학자들이다. 이시게 교수님과 이성우 교수님은 서로 한국과 일본을 오갈 때마다 만나 한·일 양국을 포함한 동아시아 식문화의 기원과 흐름에 대해 견해를 나누셨다. 이성우 교수님이 설립하신 동아시아식생활학회에 이시게 교수님이 강연자로 오시기도 하였다.

학문에 대한 열정과 폭넓은 시각은 두 분 다 정말 대단하신 분들이다. 식문화사에 관한 한 한·일 양국의 선구자를 들라면 단연 이성우 교수님과 이시게 교수님이다. 두 교수님의 학문적 교분은 두 나라의 식문화 연구를 포함해 연구 영역을 동아시아 전체로 확대하는 데 기여한 바가 크다.

이시게 교수님은 다른 문화와의 교류 없이 자기완결적인 문화는 있을 수 없다고 생각하셨다. 따라서 한국의 식문화학을 정립하려면 주변 민족의 식문화와 그 연관성을 반드시 고찰해야 한다고 보셨고, 이런 업적을 이룬 분이 한국에선 이성우 교수님이라고 보셨다.

우리 민족은 근대 이전에는 중국의 영향으로 한자문명권, 유교문명권에 속해 있었기에 식문화의 뿌리를 따라가다 보면 중국에서 그 근원을 찾을 수 있는 경우가 많다. 한국과 일본과의 관계도 그렇다. 또한 멀리 몽고에서 티베트, 베트남 북부 같은 동남아권과의 교류도 무시할 수 없다. 베트남도 전통적으로 젓가락을 사용한다. 따라서 베트남 북부도 전통적인 식문화 연구에서 동아시아에 포함해야 한다. 한 문화권과 다른 문화권이 어떻게 영향을 주고받으며 지금의 식문화에 이르렀는지 연구하는 일은 매우 중요하다.

중국음식문화학술연토회를 다녀온 어느 날, 나는 이시게 교수님의 초청을 받게 되었다. 교수님이 직접 내게 전화를 주시기도 하였지만, 이 소식은 이성우 교수님께도 전해 받았다.

내게는 꿈만 같은 제안이었다. 10년 전 좌절된 일본 유학이 성사되는 기회였다. 1982년 나는 일본 유학을 위해 문교부가 주관하는 시험을 보았다. 그 시험에 합격하고도 일본행이 이루어지지 않아 좌절감이 컸다. 하지만 '지금의 기쁨을 배가시키기 위해 지난날의 고배가 있었던 것인가'라고 생각할 정도로 벅찬 감정이 일었다.

나는 1993년 1월 31일, 일본 오사카행 비행기에 몸을 실었다. 기내에서 앞으로 어떤 분야를 연구할 건지, 1년의 시간을 어떻게 보낼지, 일본에서 한국 학자로서 어떤 학문 태도로 임해야 할지, 짧은 시간이었지만 많은 생각과 함께 다짐을 했다.

오사카 공항에 도착하자 이시게 교수님이 직접 마중을 나와서 반겨주셨다. 교수님의 은혜를 어떻게 갚아야 할지, 감사하고 또 감사했다.

여장을 푼 다음 날 2월 1일, 나는 드디어 일본 국립민족학박물관 객원교수로 근무하는 역사적인 첫날을 맞이하였다.

"10년 전에도 이곳에 오기 위해 정말 많은 노력을 했었습니다. 하지만 좌절되었죠. 이렇게 강산이 한 번 바뀌고 다시 이 학문의 전당에 몸담게 되니 가슴이 벅차오릅니다"라고 인사말을 하면서 눈물을 흘렸다. 기쁨과 기대감, 회한…… 갖가지 감정이 섞여 있는 눈물이었다. 나의 감상 어린 모습을 본 일본 학자들은 다소 의아해했으리라. 평소 감정을 잘 내보이지 않던 나였지만 이상하게도 그날은 가슴 밑바닥에서 북받쳐 올라오는 뜨거운 무엇이 있었다. 지난날에 대한 회한과 함께 그토록 오고 싶었던 곳에 와 있다는 사실에 감격스러워지면서 가슴이 울컥했다.

일본 생활은 몸에 맞는 옷을 입은 것처럼 편안했다. 행복한 나날이었다. 허락된 1년 동안 누구의 방해도 받지 않고 자유롭게 하고 싶은 공부를 할 수 있었다. 연구 조건도 매우 좋았다. 국립민족학박물관에서 받은 한 달 급여는 72만 엔이었다. 정확히 기억은 나지 않지만 2~3개월 뒤에는 다시 83만 엔 정도로 인상되었다. 한국 돈으로 계산하면 1천만 원이 훌쩍 넘는 금액이었다. 1년 동안 혼자 거주할 수 있는 주택도 제공받았다. 어떤 걱정 없이 연구에만 매진할 수 있는 완벽한 환경이었다. 학자에게 훌륭한 연구 성과를 기대하는 일본 학계의 세심한 배려가 느껴졌다. 나는 학자를 존중하는 분위기에 놀라는 한편 무한한 감사의 마음을 갖게 되었다.

이시게 교수님의 주선으로 나는 도시샤(同志社) 대학에서 종교와 음식에 대한 특강도 하곤 했다. 강의나 회의를 하는 날을 제외하곤 연구실에 처박혀 거의 나오지 않았다. 매일 숙소와 연구실을 왔다 갔다 하며 『의례』, 『예기』 등 고문헌과 논문에 파묻혀 시간을 보냈다. 이유가 있었다. 접해볼 수도 없는 많은 자료가 있는 이곳에서 단 하루, 한 시간도 낭비할 수 없었다. 월, 화, 수, 목, 금, 토, 일을 연구실에서 보냈다. 일주일 중 하루도 예외 없이 책상에 머리를 묻고 공부만 했다.

일본 국립민족학박물관에 소장된 자료를 섭렵하려면 1년이라는 시간으로는 어림도 없었다. 아프리카에 대해 공부하려면 아프리카가 아니라 일본 국립민족학박물관에 가야 한다는 말이 있을 정도로 학술 자료의 보고였다. 어마어마한 학술 문헌과 장서를 보자마자 나는 매료되고 말았다. 가능하면 더 많은 자료, 더 많은 논문을 섭렵하고 싶었다. 이런 연구 환경, 이런 자료들에 둘러싸여 있다는 것이 매일매일 행복했다. 내가 행운아라는 생각이 들 정도였다.

일본 국립민족학박물관은 최고의 연구 중심 기관으로 명성이 높다. 소속 교수들은 거의 완벽하게 조성된 연구 환경에서 자신만의 전문 분야를 깊이 있게 연구만 하면 되었다. 아메리카 전문 교수, 아프리카 전문 교수, 중앙아시아 전문 교수, 중국 전문 교수 등의 전문 교수진이 포진해 있다. 이들 전문 교수들이 모여 학제 간 통합 연구가 이루어지는데, 매우 빈번하게 프로젝트가 만들어진다.

대한민국 제3공화국 시절의 새마을 운동 자료가 상당한 걸 보고 나는 무척 놀랐다. 한국 대학의 교수 논문 자료도 방대하게 수집되어 있었다. 환경이 이러하니 교수들이 아무런 장애 없이 공부에 매진할 수 있다. 거의 모든 교수들이 자신의 분야를 연구하기 위해 밤낮없이 정진하는 곳이 국립민족학박물관이다. 나는 희귀 자료에 파묻혀 하루를 노는 것도 아까웠다. 그러자 어느 날 이시게 교수님이 나를 부르셨다.

"김 선생, 참 딱합니다. 연구를 하러 오긴 했지만 그래도 일본까지 왔는데, 여행을 해야지. 책상머리에만 있지 말고 며칠간 머리나 식히고 오십시오."

신기하게도 나는 그렇게 동경했던 일본 땅에 왔는데도 여행하고 싶은 생각이 조금도 들지 않았다. 잠자는 시간 빼고 모든 시간을 연구실에서 고문서를 읽고 논문을 준비하는 데 썼다. 여행할 기회가 충분히 있었는데도 왜 그렇게 팍팍하게 굴었는지 지금 생각해도 웃음이 나온다. 그때를 돌아보면, 연구실에서 공부하는 게 더 마음 편했고, 또 소중하게 허락된 1년을 조금도 허투루 보내고 싶지 않았다. 그러니 한시가 아까웠다. 읽을 수 있는 모든 자료, 접할 수 있는 모든 문헌을 내 안에 담아 돌아가고 싶었다. 소중한 기회였기에.

이시게 교수님의 간청에 송구한 마음이 들어 며칠 여행을 다녀오기로 했다. 교수님이 오키나와와 홋카이도의 지인에게 연락하여 여기저기서 도움을 받을 곳을 마련해주셨다. 세심한 배려에 눈물 날 정도로 감사할 따름이었다.

그때 보낸 일주일이 내가 연구실을 벗어난 유일한 시간이었다. 일본에 1년간 체류하면서 딱 일주일을 휴가로 보내고, 쉬지 않고 공부만 한 셈이었다.

일본에 머무는 동안 가장 인상적이었던 것은 이시게 교수님의 연구 방식이었다. 교수님을 보면서 학문하는 방법과 자세를 다시금 반성하게 되었다. 음식문화를 통합적, 거시적으로 보는 연구 방법론이다. 국수를 연구한다고 하면 국수의 기원, 국수의 계보, 전파 루트, 국수의 변용, 다양한 문화권의 국수 문화, 음식문화 속의 국수 등을 추적하셨다. '10년 전에 이시게 교수님을 만났더라면' 하는 아쉬운 마음이 들곤 했다. 아마도 그랬더라면 내 인생이 백팔십도 달라져서 지금보다는 훨씬 큰 학자가 되지 않았을까.

단적으로 말하면, 학문은 방법론이다. 방법론이 다르면 같은 문제도 다르게 보인다. 실증적 방법론을 학문의 기반으로 정할 경우, 어떤 현상이나 문제에 대한 관찰 가능한 객관적 증거, 계량적 수치가 중요하다. 이런 반면, 해석적 방법론을 기초로 문제를 바라보면 통계나 수치보다 문제를 본질적으로 파악하는 심층적 이해, 깊이 있는 관찰이 중요하다. 두 방법론의 절충을 통해 문제 해결이 가능하지만 학자마다 관점도 다르고 방법도 다르기 때문에 결론이 판이하게 나올 수 있다.

우연적 선택에 학문 결과가 달라진다는 사실이 매우 불완전해 보이기는 하지만 위대한 연구는 이런 우연적 선택의 결과를 뛰어넘는다. 필연을 만드는 본질적인 속성이 내재되어 있는 것이다. 나는 그것이 학자적 취향이나 우연적 결과를 넘어서는 학자만의 뛰어난 시각, 치열한 연구 정신, 본질을 놓치지 않는 통찰이라고 본다. 위대한 학문은 뛰어난 학자의 통찰에서 나온다.

그래서 어느 스승 밑에서 공부했느냐가 중요한 문제일 수 있다. 학문의 미래와 학문 방향을 결정하기 때문이다. 학문을 대하는 스승의 연구 자세와 방법론에 제자의 미래가 달려 있다고 해도 지나친 말은 아니다.

이시게 교수님을 보면서 나는 교수님과 같은 학자가 되고 싶었다.

일본에 와서 얼마 후 나는 이시게 교수님을 필두로 한 '술과 음주문화' 공동 연구팀에 참여했다. 이시게 교수님이 공동 연구 방향을 이끌고 연구팀을 조율하는 역할을 했다. 이시게 교수님은 내게 한국 궁중음식문화에서 술이 어떠한 위치에 있는지를 구명해달라고 요청하셨다. 나는 조선왕실의 기본 예전(禮典)인 『국조오례의』를 탐색했다. 이 문헌 자체가 중국의 『의례』와 『예기』를 기반으로 하고 있기에 나는 원전을 연구해야 했다. 많은 시간과 노력이 드는 연구 주제였다.

나를 포함해 아사쿠라 도시오(朝倉敏夫), 구마쿠라 이사오(熊倉功夫), 스기타 시게하루(杉田繁治) 등의 일본 학자와 다카다 마사토시(高田公理), 정대성(鄭大聲) 등의 재일교포 학자, 코비 제인(Cobbi Jane), 호스킹 리처드(Hosking Richard) 등 미국 학자, 이렇게 24명의 연구진이 참여하는 대규모 연구 프로젝트였다.

10개월의 연구 작업을 마치고 논문이 완성되었다. 논문 내용은 다양한 문화권의 술문화와 함께 애식되었던 음식과 상차림이 어떻게 전개되었는지를 고찰하는 것이었다. 다양한 문화권의 많은 학자들이 참여한 연구 결과를 통해 다양한 술문화에서 문화적 다양성과 음식문화의 기원을 더듬어볼 수 있다. 이 논집은 1998년 일본의 헤이본샤(平凡社)에서 『술과 음주문화(酒と飯酒の文化)』라는 책으로 출간되었다. 그 책에서 나는 「동아시아에서의 의례적 향연, 그 구조의 비교연구(東アジアにおける儀禮的饗宴, その構造の比較研究)」라는 주제 논문을 게재했다.

뚜벅뚜벅 한식 연구의 길을 걷다

왕실 음식문화의 속살을 밝혀내다

나는 이성우 교수님의 권고에 따라 '조선왕조 궁중음식'을 연구 분야로 잡았다. 예상한 대로 궁중음식을 학문적으로 구명하는 일은 어려웠다. 변천 과정이나 기원을 구명하는 일이 보물을 찾기 위해 정글을 헤매는 일처럼 느껴졌다. 민속학, 비교문화학, 인류학적 접근 등 다양한 방법으로 구명 작업을 해야 했다. 문헌과의 싸움이었다.

음식에는 역사성이 있기에 우리 민족의 식문화를 파악하기 위해서는 식품사 관련 자료가 많이 필요한데 조선시대 이전의 기록은 턱없이 부족했다. 그렇기에 더 많은 문헌적 사실들을 규명하기 위해 과거로, 과거로 긴 시간 여행을 떠나야 했다. 그야말로 자료와의 씨름이었다.

한식학 공부에 끊임없이 매진하고 정신을 차려보니 참 세월이 빠르게 흘러갔다는 만감이 든다. 40년이라는 시간의 흔적을 따라가 보면 대부분 학교와 연구실에 찍혀 있으리라. 일주일이 하루처럼 느껴진 날들도 있었다.

많은 세월 한길을 판다는 것이 쉬운 일은 아니었지만 내게는 그다지 어렵지 않았다. 학문에 대한 열망, 호기심과 앎에 대한 욕구가 시간의 흐름을 잡아주었다. 세월이 가는 것조차 의식할 수 없을 만큼 학문적 열망이 나를 붙들었기에 내게는 한 달을 일주일처럼 느끼는 일이 다반사였다.

그래도 아직 못다 한 공부가 있다는 사실이 신기할 따름이다. '한식에 스며 있는 사상', '한식을 만든 사상적 기원' 같은 연구 테마가 그렇다. 그간 천착해온 식생활사 이론을 바탕으로 2년간 연구한 끝에 『사상으로 만나는 조선왕조 음식문화』라는 책을 펴냈다. 하지만 아직 더 구명할 것이 남아 있다. '우리 민족 음식의 뿌리가 된 사상'이 그것이다.

조선왕실의 음식은 5천 년 역사 속에서 다만 한 시대를 대변할 뿐이다. 조선왕조 이전의 문화적 기초가 있었기에 조선왕실 음식문화를 형성할 수 있었다. 조선시대 이전, 가능하면 고대까지 파고 들어가 우리 음식을 만들어낸 뿌리와 변천 과정을 밝혀내고 싶다. 그러다 보면 음식을 통해 우리 민족문화의 토대가 된 거대한 정신의 뿌리를 밝혀낼 수 있을 것이라 생각한다.

이 어려운 숙제를 단기간에 끝낼 수는 없을 것이다. 주변국의 식문화사나 교류사, 식품의 유래 연구 등 무궁무진한 과제가 남아 있다. 아마도 내 생애에 탐구하고자 하는 모든 진실이 풀리지는 않으리라. 하지만 희미한 진실이라도 얻을 수 있다면 좋겠다. 그리고 한식과 식문화에 관한 더 좋은 책을 써서 후학들이 우리 음식문화를 연구하는 데 도움을 주면 좋겠다는 생각이 늘 가슴 한편에 자리 잡고 있다.

그동안 나는 20여 권의 책을 썼고, 2권의 번역서와 수많은 논문을 발표했다.

내가 쓴 책들

『조선왕조 궁중의궤 음식문화』(1995)
『조선왕조 궁중연회식의궤 음식의 실제』(1995)
『음양오행사상으로 본 조선왕조의 제사음식문화』(1996)
『한국의 음식생활문화사』(1997)
『생활문화 속의 향토음식문화』(2002)
『조선왕조 혼례연향 음식문화』(2003)
『조선후기 궁중연향 음식문화』 1권(2003)
『조선왕조 궁중음식』(2004)
『조선후기 궁중연향문화』 2권(2005)
『조선후기 궁중연향문화』 3권(2005)
『조선시대의 음식문화』(2006)
『조선왕조 궁중떡』(2006)
『조선왕조 궁중 과자와 음료』(2006)
『현대식으로 다시 보는 수문사설』(2010)
『상차림 문화』(2010)
『다시 보는 조선왕조 궁중음식』 (2011)
『사도세자를 만나다』(2011)
『현대식으로 다시보는 영접도감의궤』(2011)
『약선으로 본 우리전통음식의 영양과 조리』(2012)
『우리 음식문화 이야기』(2013)
『조선시대 풍속화에 그려진 우리 음식, 화폭에 담긴 한식』(2014)
『사상으로 만나는 조선왕조 음식문화』(2015)
『조선왕실의 풍정연향』(2016) 외

번역서

『어장과 식해의 연구』(1995)
『원행을묘정리의궤』 「찬품」(1996)

발표한 논문들

「무속 · 불교 · 유교를 통하여 본 식생활 문화 및 그 의식 절차에 대한 연구」(1975)
「채굴시기가 인삼 Extract의 이화학적 특성에 미친 영향」(1983)
「동아시아 속의 한국의 음식생활문화」(1994)
「한국의 반상에 대한 고찰」(1997)
「조선통신사를 포함한 한일 관계에서의 음식문화 교류」(1998)
「『제민요술』의 菹가 백제의 김치인가에 관한 가설의 접근적 연구」(1998)
「조선조의 혼례음식」(2002)
「종가의 제사음식」(2003)
「한성백제 시대의 음식문화」(2003)
「통일신라시대의 식생활문화」(2007)
「주연(酒宴)과 다연(茶宴)의 두식(頭食)이었던 조선왕조의 면식문화(麵食文化)」(2011)
「도작(稻作)과 미식(米食) 문화」(2013)
「절용의 미덕과 예를 갖춘 상차림 궁중연향음식」(2013)
「종묘제례에 정성스럽게 마련한 제찬을 진설하다」(2014) 외 다수

내가 가장 자부심을 느끼는 일은 조선왕조가 편찬한 『원행을묘정리의궤』를 번역해 왕실 음식문화의 속살을 밝혀낸 일이다.

조선왕실 음식은 조선시대 음식문화의 정수이며, 그 시대의 총체적인 문화를 대변하는 상징물이자 토대이다. 왕실의 음식문화는 다행히 『원행을묘정리의궤』에 잘 기록되어 있어 한식을 공부하고자 하는 사람에게 훌륭한 사료가 된다.

조선왕조의 궁중음식은 일상식, 영접식, 가례식, 진찬식, 제례식으로 나뉘는데 『원행을묘정리의궤』는 일상식과 진찬식의 구명에 더없이 소중한 문헌이다. 무엇보다 중요한 것은 『원행을묘정리의궤』에 수록된 각종 음식이 과연 어떠한 사상체계로 조리되고 그릇에 담아 차려 펼쳐졌

는가 하는 것이다. 이 문헌에 수록된 내용들, 즉 재료와 분량 담는 법, 기용(器用)과 상화, 상차림, 진설, 정재(呈才), 악 등은 서로 유기적인 관계를 갖는다.

나는 우리 선조들의 제사음식, 궁중음식, 기타 민중들의 식생활을 세밀하게 살펴보면서 조리 방식, 생활양식, 제의의식, 계급문화, 시대 변화 등을 구명하려 했다. 연구를 하거나 책을 쓰면서 가장 중시한 점은 사실에 대한 명확한 규명이다.

우리나라 식문화 관련 고문헌은 매우 희귀하다. 다행히도 조선시대에 궁중에서 발간한 의궤와 『음식지미방』, 『규합총서』 같은 문헌이 조선 당대의 음식을 어느 정도 파악할 수 있게 해주었지만, 조선시대 이전 자료들은 찾아보기 힘들다.

과거를 복원하기 힘들면 그 기원이나 변천 과정을 밝히기 어렵고 추측에 의지할 수밖에 없다. 당대의 문화사 관련 자료를 뒤지고 중국이나 일본의 고서를 살펴야 하는 난제가 뒤따른다. 문헌에 언급된 단편적인 한 구절이 사실이라고 확증할 수 없기 때문에 단서가 나오면 관련 자료를 찾아 헤매야 하는 보물찾기의 연속이다.

또한 조상들의 언어였던 한자와 이두를 해독해야 할 뿐만 아니라 당시 말이 의미하는 기의(記意)까지 해석해야 했다. 나는 책을 쓰면서 선조들의 문헌을 번역하는 작업이 후학들을 위해 매우 필요하다고 느꼈다. 그래서 조선시대의 궁중연회식 음식문화를 소상히 기록한 『원행을묘정리의궤』의 「찬품(饌品)」을 번역했다.

처음에는 조선왕조 음식의 조리 방법이나 상차림의 실제를 집중적으로 파고들다가 나중에는 우리 음식의 사상적 연원이나 의식(儀式)을 찾는 일에 흥미를 느끼게 되었다. 이시게 나오미치 교수님의 『어장과 식해의 연구』를 한국판으로 번역하면서 이러한 학문적 욕구가 더 커졌다.

민속적 관점에서 한식의 역사를 구명하다

내가 처음으로 음식에 대한 관심을 문화로 확대한 연구는 제의(祭儀) 음식이다. 아주 먼 젊은 날의 이야기이다. 머릿속에서 과거의 기억이 새록새록 펼쳐진다. 당시 나는 학문적으로는 미숙했지만 열정만큼은 큰 이십대였다. 그때의 장면 장면을 떠올리면 참 아름다운 시절이었다는 생각이 든다.

봉천여자중학교 교사를 지내면서 이화여자대학교 교육대학원을 다녔는데, 일주일에 한 번 이상은 학구열로 똘똘 뭉친 젊은 동료 학자들과 민속학에 관해 난상토론을 벌였다. 민속학이 다뤄야 할 다양한 주제와 학문에 접근하는 방식을 놓고 벌인 논쟁이었다.

당시 만났던 학자가 국립민속박물관 관장을 지내신 장주근 교수님이다. 장주근 교수님을 만났을 때 내 나이는 23세였다. 장주근 교수님은 민속학에 관한 다양한 이야기를 마치 제자 가르치듯이 세세하게 해주셨다. 또한 연세대 대학원에서 공부하고 있던 조흥윤 교수를 소개해주시면서 도움을 받으라고 하셨다. 조흥윤 교수는 평생을 한국의 샤머니즘 연구에 바친 문화인류학자로, 당시에는 무속 연구에 열심인 젊은 민속학도였다.

나는 조흥윤 교수가 만든 한민학회(韓民學會)라는 민속학자 모임에 들어갔다. 장철수, 설성경, 이보영 등 열댓 명이 회원이었다. 한민학회에서 나는 홍일점이었다. 학문에 대한 열정으로 가득한 우리들에게 남녀 구별이나 당시 풍미했던 유행 같은 것들은 관심사에서 벗어나 있었다.

낮에는 봉천여자중학교 강단에서 학생들을 가르치고, 퇴근 이후 저녁 무렵에는 한민학회 모임에 참여하여 시간 가는 줄 모르고 이야기꽃을 피웠다. 모임 장소는 대개 신촌 연세대 인근 목로주점이었다. 대화 테이블에 오르는 주제는 한국 민속학에 관한 다양한 이슈였다. 무속신앙, 음식, 풍속, 음악 등 과거의 다양한 전통 양식이 어떤 의미와 가치를 지니면서 우리에게 계승되고, 이들의 발전 방향은 무엇일까를 고민했다. 우리 민속학의 의미와 가치, 우리의 정신문화를 더듬어가는 과정이었다. 나의 연구 테마였던 전통음식도 자주 화젯거리가 되었다.

당시 젊은이들의 분위기는 지금과는 많이 달랐다. 첨단 디지털 기기나 편리하게 소통할 수 있는 미디어가 있던 시대가 아니었으니까. 핸드폰도, SNS도 없었지만 순수한 열정만은 뒤처지지 않았다.

내가 젊은 시절을 보냈던 1970년대는 꿈을 꿀 수 있는 시대였다. 세상을 바꾸려는 꿈과 이상이 있으면 해낼 수 있다는 희망과 용기가 팽배해 있었다. 그래서 신념과 이상에 따라 행동했고, 비록 그 이상이 실현되지 않는다 해도 좌절하거나 숨지 않았다. 무엇보다 꿈과 열정이 현실로 이루어질 수 있다는 역동적인 분위기가 젊은 학도들의 심장을 가득 채웠다.

1970년대를 살았던 젊은 민속학도들이 할 수 있는 일이 무엇이었겠는가. 학문에 대한 순수한 열정이 거의 전부였다. 한국 민속학이 나아가야 할 방향, 민속학 발전을 위해 우리가 해야 할 연구에 대해 고민하고 생각을 나누며 학문에 대한 열망을 키워나갔다. 지금 돌이켜보면, 아직 어떤 것도 이루지 못한 시절이었지만 젊은 연구자들과 나눴던 시간들은 내 일생에서 가장 행복한 순간이었음을 느낀다. 그 시절의 추억이 피어오르면 절로 미소가 지어진다.

나는 그동안 해왔던 식품과 식품사, 식생활 관련 연구를 바탕으로 민속학 관련 주제로 논문을 써서 관심사를 폭넓게 확장할 필요가 있겠다고 생각했다. 전통음식과 문화라는 긴밀한 관련 속에서 민속학이 풀어야 할 과제도 도출되리라. 나의 학문적 시야를 확장, 발전시킬 수 있다고 생각했다. 고민한 결과 논문 주제는 '무속, 불교, 유교를 통하여 본 식생활문화 및 그 의식 절차에 대한 연구'로 정했다. 유교, 불교, 무속 의식에 제사상차림이 어떻게 반영되었으며, 제사의례와 제사음식에는 어떠한 상관관계가 있는지를 탐구해보고자 했다. 또한 민속적 관점에서 우리 음식의 기원과 음식의 전개를 추적하고자 결심했다.

나는 논문 주제를 놓고 장주근 교수님과 많은 이야기를 나누었다. 장주근 교수님은 나의 연구를 위해, 19세기 조선 말기에 나온 무속신앙 사료인 『무당내력』을 건네주셨다. 이 문헌은 작자가 확실하지 않고 내용상으로도 근거가 매우 취약하지만 우리나라 무속 연구 사료로 가치가 크다. 서울 굿거리 12가지에 대한 설명과 함께 굿을 하는 무당의 모습과 제물을 차려놓은 상차림을 그려 넣고 있어서 당시의 무속 전통을 유추해볼 수 있다. 당시의 무복(巫服), 무구(巫具)도 짐작하게 한다. 이 문헌의 굿거리 해설에서는 단군 2세인 부루의 가르침이 무당 사상의 연원이라고도 말하고 있다. 이 사료를 포함해 많은 무속 관련 문헌을 탐구하면서 한민족의 사상과 정신이 많은 부분 무속에 뿌리를 두고 있을 거라고 짐작했다. 우리 전통음식도 무속 전통과 함께 변화하고 발전했다.

또 장주근 교수님은 인왕산에 있는 '국사당'을 대상으로 연구하라는 말씀과 함께, 국사당 전담 박수무당인 이지산(李芝山) 선생님도 소개하면서 연구 방향에 관한 조언을 해주셨다. 무속음식은 우리나라 민속학이 간과해서는 안 될 중요한 분야이고, 반드시 학자가 다룰 필요가 있는 주제지만, 아직 학문적으로 연구가 전무하기 때문에 이 분야의 학문적 기초를 세우면 좋을 거라고 조언해주셨다. 민속학적 관점에서 한국음식문화의 나아가야 할 방향을 모색하고자 했던 나의 연구 목적에도 맞을 거라고 생각하신 듯했다.

나는 이지산 선생님이 주관하시는 굿판을 부지런히 쫓아다녔다. 국사당을 포함하여 서울 지역에서 굿을 한다는 소식만 전해 들으면 장소를 가리지 않고 따라다녔다.

고대에서 근대에 이르기까지 무속신앙은 우리 민족의 정신문화에 깊숙이 스며들어 있는 중요한 유산이다. 무속신앙이 곧 민간신앙이라고 할 만큼 한민족의 정신사와 떼려야 뗄 수 없는 관계이다. 무속신앙은 우리 조상들의 민간신앙으로 뿌리내리며 마을 공동체의 풍요와 이로움, 개인의 무병장수와 자손 번창을 기원하는 다양한 의식을 낳았다. 무사 안녕, 풍농풍어, 무병장수를 기원하는 전통 무속신앙이 어떻게 우리 음식에 깃들어 왔는지를 연구하는 일은 매우 흥미로울 것 같았다.

제의사상은 음식에 그대로 반영되기 마련이다. 신앙이 곧 제의음식을 낳았고, 제의음식은 거의 모든 한식에 영향을 끼친다. 우리 민족의 정신문화는 무속신앙과 뿌리 깊게 맞닿아 있다. 외래 종교가 끊임없이 이식되면서 무속신앙은 계속 박해를 받으며 주변 종교로 전락하지만 민간과 왕실은 무속에 기반한 기복신앙을 믿었다. 오늘날 전래되어온 많은 전통문화는 무속의 제의적 요소가 짙게 스며 있다. 음식도 예외가 아니다.

무속음식을 연구하면 우리 조상들이 추구한 정신이나 철학을 엿볼 수 있다. 음식에 정성이 들어가지 않으면 신의 응답을 받을 수 없다고 믿었고, 부정한 음식, 부정한 행동을 삼갔다. 하얀 백설기와 흰 절편, 통째로 익힌 돼지고기를 천신하는 관습이 생긴 것은 저마다 연유가 있다. 지금도 일반에 널리 전해진 고사떡은 보통 팥시루떡인데, 그 출발은 무속 제례이다.

어촌에서는 무당이 춤과 노래로 흥을 돋우는 풍어제를 올렸는데, 이 의식은 오늘날까지도 마을 공동체가 대거 참여하는 축제로 자리 잡았다. 제의 특성과 신의 종류에 따라 의식 절차와 차려진 음식이 다르다. 기우제, 대동굿, 산신제, 내림굿, 새남굿, 풍물놀이 등 많은 민속제례 연구는 우리 민족문화를 엿볼 수 있는 중요한 표징이다.

현대에 와서 미신 타파를 외치며 무당을 탄압했지만 무속이 전통 민간신앙으로 깊이 뿌리내린 만큼 그 역사성을 외면할 필요는 없다.

무속신앙은 고려에는 불교, 조선시대에는 유교와 결합하여 우리 민족의 신앙체계를 형성했다. 제의의식은 당연히 일상 음식에까지 침투한다. 나는 제의문화가 우리 음식에 어떤 방식으로 변화시키고 그 흔적을 남겼는지를 탐구했다.

우리 조상들의 토착 종교는 샤머니즘적 요소가 매우 짙다. 고유의 혼령관은 국교가 바뀌고 민족 종교가 바뀐다 해도 그 원형이 남아 다른 제의적 요소와 결합, 혼재하면서 복합적인 양상으로 나아간다. 고대 무속신앙이 도교, 불교, 유교, 오늘날의 기독교에까지 영향을 미치고 있는바, 신앙과 종교에서의 의식 절차와 제의적 요소, 세 가지 종교의 제의문화에 따른 제사상차림을 비교 조사하여 논문을 썼다. 이를 통해 과거의 제의문화가 오늘날 우리의 식생활에까지 어떤 영향을 끼쳤는지도 고찰할 수 있었다. 나는 이 논문을 써서 석사학위를 취득했다.

대학원 과정을 마친 후 28세가 되던 해, 나는 대전보건대학교 식품영양과 교수로 재직하게 된다. 선택 앞에서 잠깐의 내적 갈등이 있었지만 나는 5년간의 중학교 교사직을 내려놓고 대전으로 내려가 다른 세상에 도전해보기로 결심했다. 태어난 곳도 서울, 자란 곳도 서울, 그리고 젊은 날의 모든 추억이 서울에 서려 있었고, 내가 꿈을 펼칠 곳도 서울이라는 생각 때문에 주저하는 마음이 컸지만 결국 대전행을 결심했다.

서울에서 벗어나 있을 필요가 있다는 생각이 든 것이다. 숙명여자고등학교 3학년이 되던 해, 아버지가 돌아가신 후 집안을 책임질 가장이 부재한 상황에서 거의 모든 의무가 내 어깨에 짐 지워져 있었다. 가족의 생계와 학업, 직장 일을 병행하면서 지낸 5년이 나의 이십대를 잠식하고 있는 건 아닌가, 하는 회의가 들었다. 잠시라도 서울에서 떨어져 가족과 약간 거리를 두면 좋겠다는 생각이었다. 복잡하게 얽혀 있는 상황에 처했을 때 거리를 두고 바라보면 좀 더 선명하게 문제를 볼 수 있지 않은가. 내가 하는 공부, 나의 미래 등 모든 것을 리셋하고 싶었다. 솔직히 도망가고 싶었던 건 아닐까, 내면의 목소리였다. 이런 감정을 백 퍼센트 부정하기 어려웠다.

대전 생활은 안 맞는 옷을 입은 것 같은 느낌 때문에 줄곧 불편하고 불행했다. 서울 토박이가 서울을 벗어나 다른 지역 문화와 만나야 했으니 어쩌면 당연한 일이리라. 대전이 그다지 소도시도 아니고 시골 마을도 아닌데 문화 충격이 웬 말인가 싶지만 서울을 한 번도 떠나본 적이 없던 내겐 문화 적응이 쉬운 문제가 아니었다. 뭐든지 빠르고 앞서가는 생각과 문화가 지배하는 서울이라는 도시 공간에 익숙해진 탓에 느리고 올드한 지방 문화나 분위기에 동화되기가 쉽지 않았다. 이 '낯섦'을 어떻게 극복해야 할까. 해결 방법은 공부뿐이라고 생각했다.

대전에 별 탈 없이 정착하긴 했지만 늘 서울로의 복귀를 기다렸다. 대전을 벗어나기 위한 방법은 다른 대학의 교수가 되는 것이었다. 하지만 이화여자대학교 교육대학원 석사학위 논문으로는 불가능한 일이었다. 아니, 종교 식문화에 관한 논문으로는 교수가 될 수 없었다. 당시 학계는 이 계통을 학문 분야로 인정해주지 않는 분위기가 팽배해 있었기 때문에 보다 영양학적 이학 연구 성과가 필요했다.

그래서 다시 도전한 것이 1981년 건국대학교 대학원 식품학 석사과정 입학이다. 모든 학문이 그렇겠지만 학문 연구에는 관련 분야에 대한 접근이 절대적으로 필요하다. 요즘 알려진 용어로 말하면 이른바 통섭(統攝, consilience)이 요구된다. 인문학과 자연과학이 서로 넘나들 수 있어야 한다. 이러한 통섭의 관점에서 본다면, 건국대학교 입학은 나의 학문적 기초를 만드는 데 결과적으로 도움이 되었다고 볼 수 있지만, 입학 동기는 단순히 취직 때문이었다.

나는 국내에서의 이직이 불가능하다면 해외로 나가 학문의 폭을 넓혀 볼 생각도 갖고 있었다. 그래서 퇴근 후에는 학원에 가서 일본어와 영어를 공부했다. 그러다가 운 좋게도 시카고 주립대학에서 입학 허가가 났다. 그러나 가족의 생계를 책임지고 있는 가장으로서 고민이 깊었다. 내 꿈만을 위해 가족을 두고 떠날 수는 없었다. 그래서 생각해낸 것이 조건이 좋은 일본 유학이었다.

일본에 유학하는 동안 한국 대학에서의 월급도 보장되고 일본에서는 학비와 체류비까지 제공되는, 기가 막힌 조건의 시험이 있다는 정보를 들었다. 일본 문부성이 후원하고 한국의 문교부가 주관하는 일본 유학시험이다. 나는 이 시험에 도전했다. 하지만 26 대 1의 경쟁률을 뚫고 합격했지만 어떤 연유인지 유학행이 불발되었다. 나는 아직도 그 이유를 모른다.

1983년 2월에 건국대에서 이학 석사학위를 취득한 후 일본 유학길이 좌절된 충격에서 벗어나고자, 그해 8월에 곧이어 한양대학교 대학원 식품학 박사과정에 입학했다. 한양대 식품영양학과 교수이신 이성우 교수님께 지도교수가 되어주실 것을 부탁드렸다. 하지만 병환 중이셨기에 우상규 교수님을 대신 추천해주셨다. 비록 지도교수가 되어주실 수 없었지만 이성우 교수님은 내가 박사과정을 밟는 내내 지도교수처럼 나의 연구 방향을 잡아주셨다.

내가 이성우 교수님을 지도교수로 모시고 싶었던 이유는 너무도 명백했다. 나는 여전히 음식민속학에 미련을 갖고 있었다. 교수님은 음식을 인문학적 차원에서 바라본 유일한 학자셨다. 음식에 역사성을 부여하고 거기에 문화인류학, 사회학, 민속학적 해석 방법을 도입하고, 음식의 계보학을 시도한 최초의 학자였기 때문이다.

박사과정을 하는 동안 사계절을 주기로 해서 캐낸 인삼의 영양소 성분이 어떻게 달라지는가를 연구하기 위해 금산의 인삼 밭을 구입했다. 몰입된 연구는 좋은 결실을 맺어 3년 만인 1986년 8월 연구 논문「채굴 시기가 인삼 Extract의 이화학적 특성에 미치는 영향」을 제출하여 박사학위를 취득했다.

이 논문을 쓰기 위해 인삼을 키우는 일련의 경작 방법을 직접 익혔다. 물을 주고 키우는 경작 조건과 방법을 터득하여 계절별로 채굴하여 실험에 임했다. 3년간 흘린 땀의 결실인지, 나는 인삼에 관해서는 거의 박사가 되었다.

연구자의 자세를 되돌아보다

내 필생의 연구, 조선왕조 연향의궤

새로운 연구에 도전하기 위한 자세는 '준비'이다. 내가 한식학을 연구하기로 마음먹은 이후 한식의 원형에 조금이라도 가깝게 가기 위해서는 고문헌에 대한 연구가 필수적이라고 생각했다. 이를 위하여 문헌을 독해할 수 있는 능력과 어떤 시각에서 한식을 바라볼 것인가에 대한 학문적 관점을 정립하는 준비를 차근차근 해나갔다. 박사학위를 받고 이성우 교수님과 공동 연구를 하던 중 어느 날, 연구 의뢰가 들어왔다. ㈜미원 부설 한국음식문화연구원에서 조선왕조의 찬품을 구명해달라고 제안한 것이다. 나는 조선왕조가 1719년부터 1902년까지 발간한 조선왕조 연향의궤를 번역하면 연회에 올랐던 각 찬품이 밝혀질 거라고 생각했다. 이를 통해서 조선시대 궁중음식의 근간을 보임으로써 우리의 한식이 어떻게 변화되어 현재에 이르게 되었는지를 규명할 수 있다고 생각하였다. 이 작업은 1989년부터 1991년까지 근 3년이 걸렸다.

장장 300년 동안 조선왕실의 주도하에 쓰인 조선왕조 연향의궤에서 각 찬품의 재료와 분량을 뽑아내는 작업은 무척 고됐다. 원전을 푸는 일이 흡사 암호 해독과 같았다. 한 문장의 진실을 얻기 위해 몇 백 페이지 분량을 탐독하는 작업은 모래밭에서 바늘을 찾는 심정이 되곤 했다. 한문만이 아니라 이두 문자까지 해독했다. 이두는 한자의 음과 훈을 섞어 표현한 글자이므로 뜻풀이를 하려면 고난도의 독해 능력이 필요하다. 과거에 쓰던 이두 차용 방식을 이해해야 했는데, 이두는 규칙에 따라 만들어지는 문자가 아니라 언중들의 발화에 따라 고착되는 문자이기에 당시 사람들이 쓰던 언어 습관도 상당히 알고 있어야 한다.

한 글자 한 글자 해석하며 조선왕조에서 만들어 먹었던 찬품과 그 식재료 및 양념을 파악해나갔다. 연구에 천착하는 동안 몸과 정신을 온전히 그곳에만 바쳤다. 체력은 완전히 바닥나는 듯했고 왼쪽 눈이 급속도로 나빠져 시력이 회복될 기미가 없었다.

학문은 이산(移山)과 같다. 어리석을 만큼 고집스럽게 풀어야 할 문제를 붙잡고 캐내는 작업. 이런 과정을 수없이 거쳐야 비로소 엇비슷한 답이라도 얻을 수 있다. 학문은 자기 수양처럼 결코 끝나지 않는 과정, 끝이 보이지 않는 싸움이다. 시시포스의 운명을 짊어지고 가는 길일까. 그 운명을 기꺼이 받아들이는 자들이 바로 우리같이 원전을 붙들고 씨름하는 사람이 아닐까 싶었다.

조선왕조 연향의궤를 풀어 궁중연회 때의 찬품을 고증하는 이 프로젝트는, 한식을 문헌을 통해 고증한 국내 최초의 작업이다. 스승이신 이성우 교수님의 뜻을 받들었기에 가능한 일이었다.

나는 조선왕실의 연회상차림 체계와 상차림 방법, 찬품 구성, 식재료와 양념 등 중요한 사실을 밝혀냈다. 이 연구 결과물을 ㈜미원의 한국음식문화연구원에 보고서로 제출하였다.

음식의 원형과 체계를 밝히는 작업은 이성우 교수님 이전에는 거의 이루어지지 않았다. 원전이나 문헌을 통한 고증보다 구전으로 전수되거나 지엽적인 자료에 의존해왔다. 이럴 경우 학문은 체계를 세우기 어렵고 만들어진 이야기에 불과할 뿐이다. 국내 한식학 이론이 허술한 상황에서 조선왕실의 의궤를 정리하며 한식의 원형을 제대로 규명해보자 하신 이성우 교수님의 지도를 받은 결과물이다.

모든 역사는 가능하면 원전에서 출발해야 한다고 본다. 구전과 설화도 역사의 한 부분이긴 하지만 원전을 통한 작업이 선행되어야 한다.

나는 연구에 임하여 조선왕실의 음식을 정리하면서 이를 도표로 알기 쉽게 만들어야겠다고 생각했다. 찬품을 표로 정리하면 체계적으로 구조화할 수 있고 한눈에도 이해하기 쉽다. 표 정리는 일견 쉬워 보이지만 결코 쉬운 작업이 아니다. 문헌의 기록이라는 것은 성글게 마련이다. 현재와 당시의 명칭과 언어가 다르고 도량이 다르고, 현재의 레시피처럼 꼼꼼하게 기록된 것이 아니기 때문에 그것이 어떤 재료이고 만드는 과정이 어떤 것인가에 대하여는 또 다른 문헌과 비교하여 합리적이고 개연성 있는 지점을 발굴해야 한다. 그러므로 표로 구조화하는 대상은 몇 권의 의궤이나 이를 연구 결과물로 형상화하기 위하여는 방대한 문헌과 연구서를 대상으로 한 연구가 한 편에서는 이루어져야 한다. 이런 지난한 과정을 거쳐 탄생한 것이 365종류에 달하는 도표였다.

이 연구를 통해서 조선왕실의 음식문화가 어느 정도 그 실체가 밝혀졌다고 생각하며, 한식을 연구하는 후학에게도 나름 디딤돌이 되었다고 본다.

후에 나는 365종류에 달하는 이 도표를 『조선왕조 궁중의궤 음식문화』와 『조선왕조 궁중 연회식의궤 음식의 실제』에 실었다.

『조선왕조 궁중의궤 음식문화』(1995)

Ⅰ. 서론

Ⅱ. 『의례』에 기본 이념을 둔 「의궤」의 사상적 배경

Ⅲ. 『영접도감의궤』

Ⅳ. 『가례도감의궤』

Ⅴ. 『원행을묘정리의궤』

Ⅵ. 「궁중연회식의궤」

1. 조선왕조의 궁중연회식의궤

2. 1887년의 『진찬의궤』

3. 조선왕조 궁중연회식의궤 중의 찬품 및 그 재료와 분량에 대한 고찰

1) 면류 2) 만두류 3) 탕류 4) 증류 5) 난류 6) 초류 7) 회류 8) 전유화류 9) 전류 10) 화양적류 11) 어음적류 12) 적 및 전체소류 13) 편육류 14) 숙편류 15) 육병류 16) 포류 17) 채류 18) 장류 19) 기타 찬류 20) 점미병류 21) 경미병류 22) 단자병류 23) 기타 병류 24) 조란류 25) 조과류 26) 다식류 27) 정과류 28) 당류 29) 실과류 30) 음청류

『조선왕조 궁중연회식의궤 음식의 실제』(1995)

Ⅰ. 서론

Ⅱ. 조선왕조 궁중음식에 대한 고찰

Ⅲ. 고대 한국의 도량형 고찰

Ⅳ. 조선왕조 궁중의궤 음식의 실제

1. 재료와 약선

2. 조리법과 재료 및 분량

1) 면류 2) 만두류 3) 탕류 4) 증과 초류 5) 전류 6) 적류 7) 구이류 8) 숙편류 9) 회류 10) 포류 11) 채류 12) 장류 13) 점미병류 14) 경미병류 15) 단자병류 16) 기타 병류 17) 조란류 18) 조과류 19) 다식류 20) 정과류 21) 음청류

다시 말하면 ㈜미원 한국음식문화연구원에 낸 365종류의 도표로 구성된 보고서 전부가 『조선왕조 궁중의궤 음식문화』의 Ⅵ-3 부분의 내용이고, 다만 보고서를 싣는 것만으로는 빛을 보지 못하겠다는 생각이 들어 『조선왕조 궁중연회식의궤 음식의 실제』를 집필한 것이다. 이 책을 통해 도표를 다시 풀어 찬품 하나하나에 대한 재료와 분량 및 만드는 법을 구명 기술하였다. 작성한 표에 대한 이해를 돕기 위해서 예로 제시한 것이 〈표 1〉과 〈표 2〉이다. 1719년부터 1902년까지 조선왕조 연향의궤에 나오는 면류(국수류)에서, 어느 해에 어떤 종류가 연향에 올랐는가를 나타낸 것이 〈표 1〉이고, 〈표 1〉에서 보여주는 6종류의 국수류에 대한 재료와 분량은 하나하나 다시 도표로 제시하였는바, 〈표 2〉는 이들 중 냉면이 출현한 1848년과 1873년에 기록된 재료 및 분량을 나타낸 것이다.

표절과 왜곡, 잘못된 계승으로 취약해진 한식학

내가 심혈을 기울여 연구한 조선왕조 의궤의 연구 결과는 나의 성과이기도 하지만 후학들이 이를 토대로 좀 더 한 걸음 앞으로 나아가 한식학의 발전을 이루는 발판이 되기를 희망했다. 후학이 선배의 연구를 토대로

	1719	1765	1827	1828	1829	1848	1868	1873	1877	1887	1892	1901	1902
면(麵)		○	○	○	○	○		○	○	○	○	○	○
목면(木麵)		○	○										
냉면(冷麵)						○		○					
건면(乾麵)						○		○	○	○	○	○	○
면신설로(麵新設爐)							○						
진말면(眞末麵)												○	
		2	2	1	1	3	1	3	2	2	2	3	2

〈표 1〉 필자가 도표화한 조선왕조 연향의궤에 나타난 찬품 중 면류

	1848	1873		1848	1873
목면(木麵)	5사리(沙里)	30사리(沙里)	**생이(生梨)**	7개	3개
양지두(陽支頭)	1/20		**고초말(苦椒末)**		1합(合)
저각(猪脚)	1/10	1/3부(部)	**백청(白淸)**	5석(夕)	
숭침채(崧沈菜)	3본(本)		**실백자(實栢子)**	2석(夕)	5석(夕)
침채(沈菜)		5기(器)			

〈표 2〉 필자가 도표화한 면류 중 냉면의 재료 및 분량과 출현 연도

이를 비판적으로 계승하는 것은 학문의 발전상 다행이고 바람직한 일이다. 그렇게 연구자들은 연구 결과를 함께 공유하며 학문을 발전시키는 것이다. 그런데 공유를 그대로 가져다 베낀다고 생각하는 일부 연구자들이 있고, 그들이 아직도 명성을 이어오면서 한식학 연구의 발길을 더디게 하는 안타까운 현실이 있다.

연구자는 선배의 연구를 존중하고 이를 바탕으로 더 깊이 있고 폭넓게 발전시켜야 한다. 이 길이 내가 걸어온 길처럼 지난하고 고통스러운 일이지만 연구자라면 숙명처럼 받아 안고 가야 하는 길이기도 하다. 이 길을

피해서 좀 더 수월하고 빠르게 가려 하는 이가 있다면 이는 단호히 꾸짖고 배격해야 하는 것이다. 어찌 보면 개인에게는 가혹하게 보이나 학문의 길은 외롭고 혹독한 길이고, 이 길을 가기로 자임하고 뛰어든 자는 흔들리지 말고 용맹정진해야 한다. 그 결과 연구자라는 이름을 얻는 것이다.

연구자가 이런 자세와 원칙을 가져야 한다는 것에서 나는 흔들림 없이 걸어왔는가. 뒤돌아보면 나에게도 지금까지 아쉬운 점이 있다.

1998년 12월, 한식 관련 책을 보러 서점에 들렀다가 나는 충격을 받았다. 한국문화재보호재단에서 1997년 11월에 발간한 『한국음식대관』 제6권(궁중의 식생활, 사찰의 식생활)을 펼쳤는데, 책 속에 그려진 도표가 나의 눈길을 잡았다. 한동안 눈을 의심했다. 3년간 조선왕조 연향의궤의 고어 해독과 씨름하면서 방대한 내용에서 가려 뽑고 기록해서 정리한 거의 모든 도표가 그 책 제3부 「조선왕조 연회의궤 음식의 고찰」(필자 한*진)에 버젓이 들어가 있었다. 그뿐만 아니라 내가 쓴 『조선왕조 궁중연회식의궤 음식의 실제』에 수록된 내용도 『한국음식대관』에 실려 있었다. 많은 분량의 표절이었으며, 참고문헌에 대한 명시조차 없이 한*진이 전부 연구한 것처럼 되어 있었다.

『한국음식대관』 제6권 「궁중의 식생활, 사찰의 식생활」에는 다음과 같은 제목으로 표와 내용이 소개되어 있다. 〈궁중의궤에 나오는 국수의 종류〉 〈궁중의궤에 나오는 만두와 떡의 종류〉 〈궁중의궤에 나오는 탕의 종류〉 〈궁중의궤에 나오는 열구자탕의 재료〉 〈궁중의궤에 나오는 찜의 종류〉 〈궁중의궤에 나오는 전과 전유화의 종류〉 〈궁중의궤에 나오는 적과 구이의 종류〉 〈궁중의궤에 나오는 초와 볶이의 종류〉 〈궁중의궤에 나오는 숙육과 족편〉 〈궁중의궤에 나오는 회의 종류〉 〈궁중의궤에 나오는 각색절육의 재료〉 〈궁중의궤에 나오는 채의 종류〉 〈궁중의궤에 나오는 기타 찬물의 종류〉 〈궁중의궤에 나오는 조미품의 종류〉 〈궁중의궤에 나오는 메시루떡의 종류〉 〈궁중의궤에 나오는 차시루떡과 그밖의 찰떡〉 〈궁중의궤에 나오는 웃기떡〉 〈궁중의궤에 나오는 약과〉 〈궁중의궤에 나오는 미자, 행인과〉 〈궁중의궤에 나오는 은정과, 차수과, 요화〉 〈궁중의궤에 나오는 유과〉 〈궁중의궤에 나오는 다식〉 〈궁중의궤에 나오는 정과〉 〈궁중의궤에 나오는 숙실과〉 〈궁중의궤에 나오는 과편〉 〈궁중의궤에 나오는 당속류〉 〈궁중의궤에 나오는 각색당의 종류〉 〈궁중의궤에 나오는 생실과의 종류〉 〈궁중의궤에 나오는 음청류와 차〉 〈궁중의궤에 나오는 수정과의 종류와 재료〉 등이다. 이 모든 것에 나의 연구 결과물을 무단으로 사용하였다.

내가 만든 표는 조선왕실의 연회 상차림에 올라온 떡, 찜, 탕 등의 음식들이 해마다 어떤 재료를 얼마만큼 사용해서 차려졌는지를 한눈에 파악하여 어떻게 만들어졌는가까지도 유추해낼 수 있는 핵심이다. 연회 상차림이 어떻게 구성되었으며, 가짓수와 음식 종류는 어떠했는지, 알기 쉽게 도해하고 그 조리법까지 공부하고자 하는 후학들에게 도움을 주고자 세세하게 설명해놓은, 힘들게 얻은 결과물들이다. 이 도표는 분석과 고증을 거친 연구 성과이다. 보기는 쉬워도 이를 도표로 만드는 데에는 많은 공력이 들었다. 3년간 흘린 땀, 실명을 무릅쓰고 얻어낸 결실을 자신들의 성과인 양 드러내고 있었다.

이 외에도 한*려, 한*진이 공동 집필로 하여 궁중음식연구원에서 『떡』을 발간하였는데 이 책에도 나의 글과 그림이 실려 있었다. 나는 떨리는 감정을 억누르면서 그들에게 이 내용을 전화로 알렸다. 또한 한국문화재보호재단에도 서한을 보내 표절 사태에 항의했다. 그러자 그들이 내게 편지를 보내왔다.

356 Ⅵ. 宮中宴會食儀軌

16. 悅口子湯

	1827	1829	1848	1868	1877	1887	1892	1901	1902
生 雉	1首	1首	1/2首	1/2首	1/2首	1/2首	1脚		1脚
陳 鷄	1首	1首		1/4			1脚		1脚
鷄 卵	10箇	10箇	15箇	10箇	15箇	15箇	20箇	20箇	20箇
昆 者 巽	1部	半部	半部	半部	1部	1部	2部	1部	2部
牛 腰 骨	2部		1部	1部	1部		2部		
背 骨					1部		1部	2部	
牛 內 心 肉	半部	半部	半半部	1隻	半部	半部	半半部	半部	半半部
胖	半半部	半半部	1/10	1/15	1/10	1/10	5兩	1/10	5兩
肝							2兩		2兩
豆 太			1部						
千 葉			1/8				2兩		2兩
頭 骨				半部					
腑 化					半半部	1/8		1/10	
猪 胎	1部	半部	半半部	半部			半部		半部
猪 內 心 肉	1部	半部							
猪 脚				1/8					
猪 肉							1/6脚		1/6脚
秀 魚	1尾	1尾	半尾	1/4	半尾	半尾	1/4	半半尾	1/4
熟 全 鰒	2箇	2箇							
全 鰒			5箇	1箇	1箇	1箇	1箇	1箇	1箇
海 蔘			5箇	4箇	5箇	5箇	7箇	5箇	7箇
紅 蛤			7箇						
搥 鰒			3條						
蟹 卵							1兩		1兩
靑 瓜	1箇	1箇	2箇						
桔 梗	5箇	5箇	半丹						
水 芹	1握	1握	半丹	1手	2丹	2丹	4手	5手	4手
菁 根		3箇	2箇	2箇	2箇	2箇	5箇	5箇	5箇
菓 古				5立	2合	2合	5夕	3合	5夕
眞 末				5夕	3合	3合	3合	3合	3合
蓁 末	5合	5合	5合	5夕	2合	2合	5夕	5合	5夕
實 柏 子	1合	1合	2夕	3夕	3夕	3夕	3夕	1合	3夕
實 銀 杏			2夕	1合5夕	2合	2合	5夕	1合	5夕
實 胡 桃				1合5夕	2合	2合	5夕	1合	5夕
鹽				1夕					
醢 水	5合								
艮 醬	5合	7合	3合	5合	2合	2合	3合	3合	3合
眞 油	5合	7合	1升	1升	1升	1升	1升	5合	1升
胡 椒 末	1夕	1夕	2夕	5夕	1夕	1夕	5錢	5夕	5錢
生 葱	1握	1丹	半丹	1丹	1/2丹	1/2丹	1/2丹	5本	半丹
實 荏 子	3合			5夕				2合(末)	
生 薑	2錢	2合							

『조선왕조 궁중의궤 음식문화』(김상보, 1995) 356p에 수록한 열구자탕의 재료와 분량

〈표 5〉 궁중의궤에 나오는 열구자탕(悅口資湯)의 재료

재료명 ＼ 연대	1827	1829	1848	1868	1877	1887	1892	1901	1902
肉 : 生雉	1首	1首	1/2首	1/2首	1/2首	1/2首	1脚		1脚
陳鷄	1首	1首		1/4首			1脚		1脚
昆者巽	1部	1/2部	1/2部	1/2部	1部	1部	2部	1部	2部
腰骨	2部		1部	1部	1部		2部		
背骨					1部		1部	2部	
牛內心肉	1/2部	1/2部	1/4部	1變	1/2部	1/2部	1/4部	1/2部	1/4部
胖	1/4部	1/4部	1/1部	1/15部	1/10部	1/10部	5兩	1/10部	5兩
肝							2兩		2兩
豆太			1部						
千葉			1/8部				2兩		2兩
頭骨				1/2部					
膮化					1/4部	1/8部		1/10部	
猪胎	1部	1/2部	1/4部	1/2部			1/2部		1/2部
猪內心肉	1部	1/2部		猪脚1/8部			猪肉1/6脚		猪肉1/6脚
魚 : 秀魚	1尾	1尾	1/2尾	1/4尾	1/2尾	1/2尾	1/4尾	1/4尾	1/4尾
全鰒	熟2箇	熟2箇	5箇	1箇	1箇	1箇	1箇	1箇	1箇
海蔘			5箇	4箇	5箇	5箇	7箇	5箇	7箇
紅蛤			7箇						
搥鰒			3條						
蟹卵							1兩		1兩
菜 : 青瓜	1箇	1箇	2箇						
桔梗	5箇	5箇	1/2丹						
水芹	1握	1握	1/2丹	1手	2丹	2丹	4手	5手	4手
菁根		3箇	2箇	2箇	2箇	2箇	5箇	5箇	5箇
蔈古				5立	2合	2合	5勺	3合	5勺
기타 : 鷄卵	10個	10個	15個	10個	15個	15個	20個	20個	20個
재료 眞末				5勺	3合	3合	3合	3合	3合
菉末	5合	5合	5合	5勺	2合	.2合	5勺	5合	5勺
實柏子	1合	1合	2勺	3勺	3勺	3勺	3勺	1合	3勺
實胡桃				1½合	2合	2合	5勺	1合	5勺
實銀杏			2勺	1½合	2合	2合	5勺	1合	5勺
양념 : 鹽				1勺					
醯水	5合								
艮醬	5合	7合	3合	5合	2合	2合	3合	3合	3合
眞油	5合	7合	1升	1升	1升	1升	1升	5合	1升
胡椒末	1勺	1勺	2勺	5勺	1勺	1勺	5錢	5勺	5錢
生葱	1握	1丹	1/2丹	1丹	1/2丹	1/2丹	1/2丹	5本	1/2丹
實荏子	3合			5勺				2合(末)	
生薑	2錢	2合							

『한국음식대관』 제6권(1997) 362p에 수록된 열구자탕의 재료와 분량

김상보 교수 보세요

전화보다는 우리 글로 마음을 전하는 것이 낫겠다고 생각했어요
수학사 사장님께 절친한 친구 출판회사 친구분께 말씀하여 전하게 되었어요

상보선생과의 인연은 거의 30년. 언젠가부터 우리의 사이가 정지되어 버렸지요. 그간 나나 상보선생이나 많은 변화가 사이에 있었겠지만 그때 가지고 있던 감정은 나는 그대로 가지고 살고 싶어요. 언제가 될지는 몰라도 예전의 언니라 부르던 그 사이가 될 수 있기를 바라면서.

나는 궁중음식을 공부하며 이길을 천명으로 생각하며 살지만 항상 미흡함을 느끼며 살지

반면에 상보선생은 우리나라 식문화 학계에서는 누구도 따를 수 없는 연구를 하고 정말 실력있는 학자로 인정받고 있지 늘 지켜보고 감탄하고 있지.

특히 궁중의궤에 관한 저서들은 똑같이 시작했음에도 불구하고 누구도 따를 수 훌륭한 책
우리는 그 책을 참고로 고맙게도 쉽게 공부를 하고 있지요. 감사하고 있어요

수도 책이랍시고 이것 저것 많이 내놓고 있지만 내가 발표한 연구실적이나 요리사진들을 내것처럼 그대로 복사해서 나오는 것을 보면 정말로 기분 나쁘고 용납해주고 싶지 않을 때가 많아요 특히 교수님들이 내시는 책의 요리는 복사한 것이 너무 많지요

그런 생각을 가진 사람이 제자로 도용했다는 말을 들으니 정말 편치않아요

바로 떡이란 책에 실린 의궤에 수록된 궁중떡의 번데기 [illegible] 이야기인것 같으네요.

그래요. 하는 연구를 하는 먼저 발표한 이들의 논문을

참으로 험한 날들이지요
위기에 관한 분석은 위기의 징후를 연도별로 나누고
그에 들어간 내용을 엮게 할수 밖에 없다고 여깁니다.
상길 선생님이나 다른 학생들도 다 비슷한 방법으로 하셨지요.
물론 상길 선생의 책을 참고했지만 도용할 생각도 없었고
도용했다는 생각도 안했어요.
그런 방법으로 분석하는 것은 가장 좋은 방법이었으니까요.
참 진실로 미안한 것은 참고를 했으면서 각주 인용이
빠진 것이에요. 너무 안이하게 생각한 것 같아 정말로
미안해요.
언젠가 터놓고 만날 수 있는 날을 기대했는데 나의 불찰
때문에 상길 선생 마음의 닫힌 문이 더욱 단단해졌네요.
걱정스럽네요.
그래요. 끝까지 안 보고 살아도 될 사람도 있지만
서로 뭔가 오해가 있어 끝까지 풀리지 않는다면
산다는 것이 별로 편치는 않은 일이에요.
글쎄요. 내가 아직도 버겁고 고민이 되는 일은
사람의 감정을 푸는 일이에요.
가끔 수조에 담긴 열대어를 볼 때, 딱딱한 껍질처럼 없는
운항을 보면 대전 사건에 나타났던 보았던 상길씨
학교 실습실에서의 광경이 생각납니다.

전화를 받은 내내 마음이 편치 않았고 오늘밤에도
잠이 안 와 내 마음을 전합니다.

만날수 있기를 기다릴께요.

1999 12 5

김상보 선생님께

2,000년 새해가 밝아서 벌써 보름이 지나가네요. 늦었지만 새해를 축하합니다.

모두들 밀레니엄을 축하하는 분위기가 조금은 진정 기미가 있을 시기가 됐습니다. 2000년이라 하니 감회는 깊지만 막상 일상에서는 변한 것은 없네요.

저는 지금 民博에 와 있습니다. 1월초에서 2월말까지 예정입니다.

아침에 모노 레일을 테고 万博公園 역에서 내려 자연문화원을 지나서 이곳까지 걸어오는 동안 참으로 행복하게 느끼고 지내는 나날입니다. 아침에 산뜻한 공기와 저녁의 어두움 속에서 걸어가면서 로사리오 기도를 5단씩 올리면 어느덧 목적지에 합니다. 지금까지 이렇게 잘 살게 해주신 이처럼 건강을 주신 주님께 감사한 마음이 절로 납니다. 그리고 한적하고 조용하게 지내니 이웃이나 가족들의 생각을 많이 생각하게 됩니다.

물론 이곳에 오니 가장 많이 매일 떠오르는 사람이 김 선생님입니다. 여기서 1년간 재실 동안의 모습이 눈에 선합니다. 열심히 많은 자료를 흡수하고, 맹렬히 연구하셨을 것을 능히 짐작이 갑니다. 이 안에 들어와보니 일본은 개인은 넉넉하지 못한데 나라는 참으로 부자 나라임을 실감합니다. 아마 김선생님도 동감이셨을 것입니다.

저는 지난 10월에 石毛관장님께 아무 조건 없이 이곳에서 방학중에 자유롭게 공부할 수 있는 자격을 주시기를 청했습니다. 물론 초빙이나 객원 교수의 입장을 아니고, 다만 이곳의 많은 자료를 접할 수 있는 간절히 기회를 원했으니까요. 저는 아직 저 나름의 뚜렷한 연구 업적이 있지도 못하고, 기여할 능력도 부족하니 초청을 받을 입장이 못되는 것을 잘 알고 있으니까요. 그래서 지금은 4층 외래 연구원들이 공동으로 쓰는 연구실에서 여러 다른 사람들과 한 방을 쓰고 있습니다. 아마 김선생님은 독방에 계시면서 연구에 전념하셨겠지요.

저는 연구 주제도 정한 것이 아니고, 과제 제출의 의무도 없으니 가벼운 마음으로 다니고 있습니다. 다행히 일본 생활은 익숙해 있어서 불편한 점은 없습니다.

김선생님의 요즘 생활은 어떠신지요? 오랫동안 서로 연락 드리는 편한 관계가 못되어서 지금은 어찌 지내시는 지 잘 알 수는 없네요. 무엇보다 건강하신 지가 가장 염려되네요. 한때는 건강이 좋지않으셨다는 소식을 들었었습니다만 작년에 어느 학회에서 뵈었을 때 건강하신 모습에 안심을 했습니다.

언제부터 이렇게 서로의 마음이 불편하게 되었는지 이제는 하도 오래 되어서 기억이 잘 안 나네요. 아직도 섭섭하신 점, 괘씸하다고 생각하시는지 밝은 얼굴로 대해 주시지 않는군요. 제가 여러 차례 만나 뵙고 싶고, 소통하고 싶다고 원했는데도 이루어지지 못했습니다. 지난 어머니 8순 잔칫날도 못 뵈어서 안오셨는줄 알았는데 다녀가셨다는 말을 다른 사람에게 들었습니다.

저는 지금 김선생님에 대하여는 감정적인 앙금은 전혀 없습니다. 언젠가는 저에게 말을 걸어오거나 또 제말을 들어주실 시기가 오기만을 기다렸습니다. 그리고 학문적인 혁혁한 업적을 너무나 잘 알고 있고, 그 노력과 성과에 대하여는 항상 진심으로 존경하고 있습니다.

마침 서울에 볼일에 있어 3일간 갔다가 어제(1월14일)에 돌아왔습니다. 마침 문화재보호재단 허욱 부장한테 연락이 와서 수학사에서 연락 받았다는 전갈을 받았습니다만 시간이 없어서 전화 드릴 틈이 없었고, 이제 편지를 올립니다.

그 문제를 김선생님께서는 많이 생각하시고 전언을 하셨으리라 봅니다. 그리고 지난해에 한복려 선생의 떡 책의 관련된 건도 김형윤 편집회사를 통하여 이미 들었습니다. 내용을 보시면 알겠지만 두책 모두 원고는 제가 작성한 것입니다.

'한국음식대관'에 출판 과정의 확실한 연월일까지는 기억이 안됩니다만 출간된 것은 1998년 12월입니다만 원고 청탁은 95년이었고, 원고를 넘기기는 96년 7월이라고 생각됩니다. 원고 집필의 마감될 무렵에 김선생님의 책이 출간 된 것으로 생각됩니다. 제 입장도 궁중의궤에 대하여 공부해야만 하니 나름대로 표를 만들어 정리하고 있었고, 이효지 선생님의 저서는 한글로만 되어 있으니 일일이 원본을 확인하면서 참조하여 원고를 작성 중이었고, 그러던 도중에 김선생님 책이 나왔습니다. 그 피나는 노력을 높이 평가하면서 아주 고마운 마음으로 늘 존경하고 있습니다. 많이 참조하고 있습니다. 그런데 참고 문헌 목록도 일찍 만들어 있던 것을 그대로 들어가서 집필 마감 과정에 나온 문헌이라서 빠졌나 봅니다. 일부러 참고문헌에서 빼놓으려는 의도는 전혀 없습니다. 앞부분 1장의 "궁중음식 관련 문헌 연구"의 원고를 작성할 당시는 단행본이 아니고 식문화학회지에 나와있는 것은 모두 실었습니다. 책의 실제 제작 과정은 원고 준지 1년이 훨씬 지나서 97년 10-12월중에 아주 급작스럽게 진행되어서 내용 검토나 교열을 충실히 못한 점도 많이 있어서 오자나 잘못된 곳이 여럿 곳 있어서 유감스럽게 생각합니다.

제가 아직 세상 경험이 부족하고, 사회적 법적인 문제를 잘 몰라서 그런지, 문제를 야기하신 뜻을 충분히 이해가 안되는 부분이 있습니다. 하지만 김선생님께서 제에게 어떤 유감이나 의이가 있으시다면 제게 직접 서한이나 말로 전해 주십시오. 그리고 표 작성하는 법이 특허나 그 자체가 저작권에 관계되어 김선생님께 불편한 점을 드렸다면 원만히 해결하고 싶은 방법을 제시해 주십시오. 저는 추호도 김선생님의 연구 업적에 지장이 되고 싶지는 않습니다.

요즘 저는 모든 생활이 평화로왔는데 갑자기 그런 말씀을 뜨고 나니 아주 어지럽고 평화가 깨지는 기분입니다. 제가 얼마나 큰 잘못을 했는지는 모릅니다만 사람마다 생각이 다르니 김선생님의 생각을 여러 사람을 통해서가 아니라 직접 알았으면 합니다. 세상에 얽히고 설히고 여러 사람 입에 오르는 일 자체가 짜증스럽습니다. 꾸지람을 받을 점을 야단치시고, 시정할 점을 고치겠습니다. 편집회사와 문화재보호재단에서 연락을 받았을 때는 너무나 당황하고 잠이 안 왔습니다. 다른 사람들의 입에서 입을 통해 전해지는 내용에 오해의 소지도 있을 터이니 자세한 말을 물어 보지도 않고, 듣지도 않았습니다. 김선생님께 그리 중요한 문제이시면 어려우실 지 모르지만 직접 제게 서한을 주시든지 말씀을 들을 기회를 주십시오. 가장 원만하고 해결이 할 수 있으면 합니다. 저는 3월에나 갈 수 있으니 당분간 만나 뵙기는 어렵겠네요.

저도 당황하여 마침 정길자교수님이 옆에 계시기에 내용을 말씀드렸습니다. 정선생님은 경주호텔학교가 폐교가 되고, 마침 연구원 교육 사업에도 꼭 계셔야 해서 이번 1월부터 궁중음식연구원에 오셔서 근무하시게 되었습니다. 정선생님께서 기회가 되시면 김선생님을 직접 만나 보시겠다고 하셨으니 제게 말씀하시기 불편하시면 정선생님 편에 선생님의 뜻을 전해 주시기 바랍니다.

처음의 좋은 인연이 다시 이어져서 저희 모친이나 돌아가신 이성우 선생님의 제자로서 앞으로 같이 해야 할 일도 많이 남아있다고 생각됩니다. 부디 마음을 여시고 또 풀으시고 제게 직접 연락을 주시기를 부탁합니다.

그럼 건강하시어 즐거운 연구에 정진하시기를 빕니다.
그리고 매일 성모님의 은총 안에 평화로우시기를 간절히 빕니다.

2000년 1월 15일

김상보 선생님께

3월이 되니 날씨도 따뜻해지고, 세상이 모두 활기가 있네요.
새학기라서 바쁘게 지내시지요? 그동안 잘 지내셨는지요.
저는 2월 말일에 한국에 와서 이제 춘천 제자리에 돌아왔습니다.
오랫동안 자리를 비워서 밀린 일이 산더미 처럼 쌓여있어 정신없이 지내고 있습니다. 제가 없는 동안 여러 가지 일이 있었네요.

우선 저라는 인간이 이 세상에 존재하고 있어서 김선생님의 마음을 불편하게 해드렸으니 참으로 죄송합니다.
지난 번에 편지를 드렸듯이 제가 부족한 점과 잘못한 점이 있다고 생각합니다만 그리 법적인 조치까기 해야할 문제이었나 생각해봅니다. 누누히 말씀드렸듯이 본인에게 직접 일러주셨으면 했습니다.
돌아와보니 보호재단에서 서류로 답신을 하였다고 들었습니다만 저는 지금까지 그동안 오고간 서류는 아무 것도 보지않았습니다. 너무나 두려워서 볼 용기가 나지않습니다.

선생님께 지금은 제가 무슨 말씀을 드려야 마음이 풀어지시겠나요?
그렇다고 저를 만나서 머리채를 휘어잡겠습니까? 때리시겠습니까?
저와 원수 사이도 아닌데 그처럼 냉정하게 대응해야 하는지요?
결과가 어떠튼 간에 참으로 서로가 많은 상처를 입게 되었네요.
아물려면 오래 걸리겠지요.

제가 무조건 사죄하고 싹싹 빌면서 용서를 구하면 마음이 편해지시겠습니까?
전의 편지에서 쓴 것과 같이 참고 문헌에 빠진 점은 진심으로 사과드립니다. 내용 정리에서는 앞선 연구자의 저서를 보고 참조한 것도 사실입니다.
진정으로 선생님의 연구 업적을 존경하고, 참조하여 공부하면서 늘 고마운 마음을 갖고 있음에는 변함이 없습니다.

이제 서로가 나이도 많이 들었는데 따뜻하게 어울려서 살고 싶습니다.
제가 만나뵈려고 대전에 가야하는데 많이 망설여집니다. 엄청난 상처를 입고 난 지금 만나서 무슨 말을 해야 할지 모르겠습니다. 김 선생님께서 어떻게 생각하시는지 전혀 알 수 가 없습니다. 마음이 좀 누그러지시면 연락주십시오.
재미있는 작은 책 몇권을 보내니 한가하실 때 보세요.(갖고 계실지도---)
아침 저녁 날이 차고 일기가 불순한데 건강에 조심하세요.
그리고 성모님의 은총 안에 항상 평화로우시기를 간절히 빕니다.

2000년 3월 6일

편지 내용에는 자신들의 생각이 담겨 있었다. 표절이 국내 학계의 흔한 풍토이고 자신도 표절을 당하는 입장인데, 자신이 표절을 했다는 이야기를 들으니 편치 않다고 썼다. 김상보가 그린 도해 방식, 즉 연도별, 종류별로 음식을 나누는 방식은 가장 설명하기 좋은 방식이고, 다른 학자들도 그런 방법으로 했을 것이므로 도용했다는 생각이 들지 않는다고 밝히고 있다.

편지 내용을 이해하기 어려웠다. 자신도 표절을 당하는 입장이라 자신이 남의 것을 표절하는 건 괜찮다는 것인가. 김상보가 만든 도표를 갖다 쓰긴 했는데, 다른 학자들도 그런 식으로 도표를 만들 것이 확실하므로 표절을 해도 괜찮다는 것인가. 언어도단이었다. 참고문헌에 출처와 김상보 이름을 빠뜨린 것에 대해 미안하다고 했다. 또 다른 편지에도, 참고문헌에 김상보 이름을 밝히지 않은 것은 불찰이었고 의도한 바가 아니라고 적고 있다. 나는 그들이 나의 연구성과를 일언반구도 없이 도용했다는 것에 분노했다. 소송을 제기하고 바로잡으려고 했지만 나의 스승인 황혜성 선생님과 얽힌 문제도 있어 소송을 취하하고, 한국문화재보호재단이 간행하는 저널 『월간문화재』(2001년 4~5월호)에 사과문을 게재하기로 하는 정도로 당시의 표절 사태는 일단락되었다.

학계의 도덕적 해이가 학자와 학문의 권위를 추락시키리라는 것은 자명하다. 그런데도 늘 표절이 횡행하는 것은 학문의 기본인 정직한 노력보다 눈앞의 성과와 명예가 더 중시되기 때문이다.

나는 명성을 갖고 있는 이들이 천연하게 남의 성과를 도용하는 행위에 대해 문제 제기를 하고 싶었다. 실력이 바탕이 되어야 그 권위가 빛난다. 기존의 명성을 뛰어넘어 더 확고해지려는 땀과 노력이 그 명예를 더욱 굳건히 할 수 있다고 믿는다. 저절로 얻어진 이름은 기초가 허약하며 쉽게 허물어진다. 땀 흘려 얻은 명성이 아니면 사상누각이다. 학문하는 사람에게 필요한 건 오직 실력과 노력이다.

한식계는 표절과 왜곡, 잘못된 계승과 고증 등 많은 문제가 도사리고 있었다. 하지만 학계나 한식계는 문제의식을 갖지 않았고, 한식은 정통성과 정신문화적 가치가 훼손당한 채 오늘날까지 이어져왔다.

문제의 본질은 한식학이라는 학문적 토대의 취약성에서 비롯된다. 일제강점기에 모든 문화유산이 유린당한 채 모든 과제가 우리 민족에게 던져지면서 자정 능력이 시험대에 오르지만, 이후에도 전쟁과 정치적 분열 등 국가적 혼란이 이어지면서 문화적 상황은 거의 환란 수준에 처하게 된다. 5천 년간 쌓아온 정신문화 유산을 온전히 복원하거나 계승하려는 자각이나 노력은 거의 없었다. 이런 상황에서 입신출세하려는 자들은 항상 있었고, 이들이 권력 가까이에서 학계를 움직이면서 한식학을 포함한 한식계의 왜곡과 학문 윤리의 실종은 계속 이어졌다.

지금 한식의 원형을 발굴, 보존해야 한다는 목소리가 높지만 실천 노력 없는 제스처는 메아리에 불과하다. 한식은 지금 원형이 엉클어진 상태이다. 한식의 원형 발굴은 간단한 문제가 아니다. 과거를 거슬러 그 근원을 규명하는 일이고, 이는 당시의 생활상, 자연식료, 조리과학, 농업 등 음식을 낳는 다양한 지식의 토대 위에서 가능한 일이다. 100년, 300년을 거슬러 올라가야 하는 일이다. 한 사람의 주장, 한 세대의 지식만으로 한식의 원형을 규명할 수 없다.

한식의 원형을 규명할 자, 누구인가. 우리가 되물어야 할 사안이다. 한식학의 연구와 보존은 오랜 시간이 걸리는 일이다. 한 세대가 아닌 열 세대가 걸릴지도 모른다. 그렇다면 한식의 원형 발굴을 위한 학자를 찾아내야 하고, 세대를 넘어 계속 한식 연구를 이어갈 연구 풀을 만들어야 한다.

한식의 문화적 가치를 복원하기 위하여

한식의 세계화, 어떻게 이룰 것인가

이 책의 마무리 단계에 왔으니 출간 계기를 이야기하지 않을 수 없다. 근 50년 동안 한식문화를 공부하면서 우여곡절도 많이 겪었지만 가장 커다란 사건은 우리나라 밥상차림 문화가 검소했다는 사실을 알게 된 순간이다.

나는 1997년에 「한국의 반상에 대한 고찰」이라는 논문을 발표한 이후 기회가 있을 때마다 강의를 통하여 '검소한 밥상차림을 영위해온 우리 조상들의 지혜'에 관하여 널리 알렸다. 그 기간이 20년이다. 힘든 싸움이었고, 아직도 그 효과는 미미하다.

나는 우리나라 반상차림이 검소한 과거의 반상법으로 돌아가야 우리의 식생활에 미래가 있다고 생각한다. 지금 한식계의 화두로 떠오른 '한식의 세계화, 어떻게 이룰 것인가'의 핵심도 이 문제가 해결되어야 가능하다고 판단한다.

자기의 분수를 알고 상대의 노고를 배려하는 삶은 우리 조상들이 추구하는 인생의 가치였다. 곧 겸손의 덕을 동반한 인의예지신(仁義禮智信)의 실천 덕목이기도 했다.

밥상을 받고 음식을 먹을 때 겸손과 검소

의 덕을 가진 마음 자세는 우리 선조들이 가진 지혜였지만 현대인이라고 해서 다를 것이 없다. '밥상머리 교육'이란 바로 겸손과 검소의 덕을 익히는 것이기 때문이다. 밥과 반찬을 만드는 사람의 노고를 생각하고 검소하게 음식을 차려서 남기지 않고 감사한 마음으로 먹는 것, 이것이 밥상머리 교육이다.

올바른 밥상머리 교육을 받은 사람은 예의의 기본이 충족된 사람이다. 그래서 예의에 대하여 기록한 책 『예기(禮記)』는 예기(禮器)에서 나왔다 하였다.

이 나라를 예의범절이 있는 나라로 만들려면 일차적으로 검소한 밥상 차림을 받는 마음가짐이 선행되어야 한다. 예의(禮儀)란 가정과 사회의 질서를 유지시켜주는 근본이다. 우리 사회가 과거에는 동방예의지국이었는지는 몰라도 이 땅의 현재는 동방의 예의 있는 나라와는 거리가 먼 듯한 느낌이 든다. 자기의 의무, 타인에 대한 배려는 생각지 않고 권리만 행사하려 드는 일들이 심심치 않게 벌어진다. 한식문화에 스며 있는 우리 조상들의 정신적 가치가 절실해진다.

밥상을 받은 사람은 일단 밥상 위에 차려놓은 음식은 남김없이 먹어야 한다. 그것이 의무이며 음식을 만들어주는 사람에 대한 배려이다. 음식 만드는 사람에게 무엇을 얼마나 많이 해주었길래 많이 차릴 것을 요구하는가. 과연 그럴 권리가 있을까. 많은 음식을 차리도록 강요하는 것은 일종의 방종이다.

한식당에 가서 음식을 사서 먹을 경우 많은 음식차림을 바란다면 그에 상응하는 많은 돈을 지불해야 한다. 재료비, 노동력 등을 감안하면 소위 한정식의 부가가치는 매우 낮다. 실례로 내로라하는 한국의 일류 호텔 중에 한식당을 운영하는 호텔은 거의 전무하다.

조상들이 가졌던 검박한 상차림으로 돌아가 이를 기초로 부가가치를 높일 수 있는 반상차림법을 창출해야 하며, 한식의 세계화는 이를 해결하지 않으면 요원하다.

한식에 우리 전통문화의 가치를 담아야 한다

한국은 벼 생산을 중심으로 발전한 농경국가였다. 벼가 자라기 시작하면 한창 생육 중인 봄과 여름에는 벼가 잘 자라주길 빌었고, 가을 수확기에는 감사제를 드렸다. 벼 작물을 중심으로 한 농작물의 생장과 수확을 기원하는 농경의례는 중요한 관습이었다.

동지와 설날, 대보름은 농작물의 풍성을 기원하는 예축의례에서 생겨난 명절이고, 단오 · 유두 · 칠석 등은 성장의례, 추석 · 중구는 추수를 감사하는 수확의례에서 비롯되었다. 이들 의례는 유교, 불교, 도교, 토속신앙과 융합하였고, 여기에 토산물이 각종 의례의 공물(供物) 재료가 되면서 특별식이 되었다. 특별식은 세월이 흐르면서 점차 향토음식으로 발전하였다. 조선왕조에서는 특별식이 유교의례와 긴밀하게 결합하면서 발달하게 된다.

1930년 자료에 의하면, 당시 각 도에는 조선왕조의 전통을 잇는 명문 동족부락이 상주하고 있었다. 동성동본으로 구성된 일족, 혹은 그 관계자만으로 구성된 동족의 호수가 대부분을 차지하며 부락을 형성했는데, 이는 삼국시대부터 이어져온 풍속이었다. 조선왕조의 조상 숭배와 문벌 존중 사상은 종가와 사당 중심의 동족부락문화를 더욱 강화했다. 양반 유림들에 의해 동족부락 주변에는 서원과 향교가 세워지고 향음주례와 향토문화가 발달한다. 이들 종가가 제사를 중시하면서 조상숭배 사상과 이를 통한 공동체 의식은 더욱 공고해졌다.

조선왕실에서는 정기적으로 1년에 몇 차례의 연회를 치렀다. 이때 신하들과 신하들의 아내가 초대되었다. 이 부인들을 외명부(外命婦)라 칭했다. 왕은 참석한 신하들에게 '사찬'을 통하여 음식을 내렸고, 이 음식이 자연스레 유림 가문으로 유입되면서 각 지방으로 흘러들었다. 향촌에서 확고한 기반을 둔 유림들은 서원, 향교, 농장을 토대로 각 고장의 특산 재료를 이용해 자신들이 먹어본 궁중음식을 흉내 내어 음식을 만들어 먹었다. 외명부들의 지휘하에 궁중음식이 재현되었다. 이 음식들이 곧 반가음식이 되었으며, 각종 의례음식과 행사음식에 쓰이면서 향토음식으로 발전하였다.

따라서 향토음식문화란 별개의 문화가 아니라 궁중의 일상식, 가례식, 진연식, 제사식 등의 음식문화를 담당했던 재부, 선부, 임부, 조부, 팽부 등의 숙수와 숙수 밑에서 조리를 담당했던 자비들, 그리고 재상과 외명부들에 의하여 양반, 중인, 서민, 반가의 솔거노비 등 계층으로 전해지고 뒤섞이면서 발전한 형태라고 할 수 있다. 향토음식문화는 궁중음식에서부터 서민음식까지 포괄한 음식문화이다.

다시 말하면, 물이 높은 곳에서 낮은 곳으로 흐르듯 향토음식문화 역시 최상위는 궁중음식문화이다. 궁중음식문화는 주변으로 확산되고 토속식자재가 유입되면서 거듭 발달하여 상호 교류를 통해 점차 향토음식의 일부로 정착되었다.

1815년 빙허각이씨가 쓴 『규합총서』에는 각 도의 향토음식과 토산물이, 또한 『규합총서』보다 약 200년 앞서 나온 허균의 『도문대작』에는 각 도의 토산물이 수록되어 있어 두 문헌의 비교 연구는 각 도의 향토음식을 파악할 수 있게 해준다.

한반도는 삼면이 바다로 둘러싸여 있고 백두대간에 의하여 동서로 나뉘는 지리적 조건 때문에 각 지역 토산물을 기반으로 한 독특한 향토음식문화가 형성되어 있었다. 술을 예로 들면 백두대간을 경계로 동서가 확연히 다른데, 관서의 '감홍로', 해서의 '이강고', 경기의 '태상주', 호서의 '청명주', 호남의 '죽력고' 등 서쪽에만 자리하고 있었다.

찬란했던 향토음식문화는 서서히 무너지기 시작하여 구한말과 6·25 전쟁을 겪으면서 거의 붕괴되고 만다. 1980년대가 되면 각 지역을 대표하는 향토음식은 거의 자취를 감춘다. 민족의 격동기를 거치면서 소멸되거나 왜곡 변질된 까닭이다.

조선왕조는 알려진 바와 같이 유교를 기본으로 한 덕치로 선정을 하고자 했다. 인의예지신의 오륜은 겸손, 신의, 충, 효, 인을 근간으로 예를 실행하고자 한 것이다. 왕의 애민사상은 덕치의 가장 필수 요건이었으며, 그것은 근검절약 정신으로 이어졌다. 문헌으로 보면 『해동제국기』부터 『원행을묘정리의궤』까지 약 400년간 임금의 밥상은 가장 잘 차렸을 때가 밥, 국, 김치를 포함하여 7첩을 넘지 않았다. 이 7첩반상은 일본 사신 접대 밥상에서도 가장 화려한 일상식 차림이었다.

유교의 오륜정신은 선비인 소위 사(士)에게도 적용되었다. 『원행을묘정리의궤』는 당시 가장 고위층 신하인 당상과, 보다 하급계급인 중인들이 어떠한 일상식으로 대접받았는지를 구체적으로 보여준다. 당상에게는 밥, 국, 김치를 포함하는 4첩을 소우판에 차렸고, 중인계급에게는 밥과 국만을 소우판에 차려 이를 4첩반상과 2첩반상이라 하였다.

이렇듯 검박한 근검절약 정신은 임진왜란 이후 서서히 무너질 조짐을 보이더니 1800년대 초부터 급격히 붕괴하기 시작했다. 1894년은 일본에 의해 강제 개혁이 이루어졌던 갑오경장의 해이다. 경성에 일본요릿집이 생긴 것은 이보다 9년 앞선 1885년의 일이다. 1888년에는 화월(花月)이라는 일본요릿집이 오사카에서 게이샤(花子, 기생)를 데리고 와서 운영되었다. 청일전쟁(1894~1895)이 시작되고 경성에 일본인이 늘어나자 요릿집도 곳곳에 문을 연다. 1895년 가을에는 요릿집에 게이샤를 두는 것을 공식 승인받아 34명의 게이샤가 들어와 일하기도 했다. 러일전쟁(1904~1905)을 겪으면서 더욱 성행하게 된 일본요릿집은 한일병합(1910) 이후 조선총독부가 설치된 후에는 더욱더 흥하게 된다.

일본요릿집의 영향과 시대적 필요성이 맞물리면서 조선식 요릿집도 세워진다. 유명한 명월관이 대표적이다. 그해에 관기제도가 폐지되면서 일본요릿집이 게이샤를 두는 것처럼 자연스레 관기들도 명월관으로 모여들었다. 명월관의 호황으로 명월관 지점을 위시해 봉천관, 영흥관, 혜천관 등과 같은 조선요릿집이 문을 열었다.

갑오경장 이후 궁중 재정을 합리화한다는 명목으로 궁인의 수가 감축되고, 퇴출당한 이들은 제2, 제3의 명월관에 모여서 화려하고 인스턴트화한 음식으로 변질된 궁중음식을 보급시켰다. 1928년경에는 이 궁중음식에 일본풍과 서양풍도 가미되었다.

이때 나온 요리서가 1917년 신문관에서 출판한 방신영의 『조선요리제법』이다. 이 책에는 4인 손님 접대를 위한 교자상을 〈그림 2〉와 같이 차릴 것을 제시하고 있다. 이 상차림법은 당시 유행한 명월관 등에서 내놓은 궁중음식 상차림을 대변하고 있다고 보아도 무방하다. 교자상이란 원래 궁중연회가 끝난 뒤에 임금이 음식을 사찬하면 그 음식을 차려 먹는 상이다. 계급이 높은 신하들에게는 상과 함께 음식을 하사하는 데 반해, 계급이 낮은 신하들에게는 음식만을 사찬하였고, 이후 교자상에 사찬 음식을 차려 빙 둘러앉아 먹도록 하였다.

교자상은 명월관 등 요릿집으로 흘러들어 음식 종류를 많이 화려하게 차리는 손님 접대상으로 변질되었다. 이러한 풍속이 일반 민중들에게 전해져 1917년에 방신영이 이를 손님 접대 상차림으로 제시하기에 이른 것이다.

전통문화가 기반이 되어 이를 계승 발전시키는 것이 바람직한 현대화라고 한다면, 현재 한국의 현대화는 분명 많은 우여곡절을 겪었다. 거의 반세기 이상 일본인 치하에서 문화가 유린당했고, 해방 이후의 혼란기와 6·25전쟁으로 모든 문화적 유산이 훼손당했다. 그 후 경제개발이라는 명

〈그림 2〉『조선요리제법』이 제시한 4인 손님 접대상 차리는 법

분 아래 전통문화에 대한 자각도 하지 못한 채 근 30년을 허비하였다. 약 100년의 문화적 공백기가 있었던 셈이다. 식생활문화도 불행한 희생양이 되었다.

전통 음식문화에 대한 총체적 이해 없이 향토음식을 포함한 음식문화의 발전은 요원하다. 21세기 음식문화 발전의 중요한 변수는 민족과 지역문화가 지닌 역량들이 서로 경쟁하며 새로운 주도 세력을 만들어 성장 발전해가고, 각 문화의 차별성을 얼마나 전통에 기초하여 표출하고 현대화하는가가 관건이다. 21세기의 음식문화는 종합적인 측면에서 응축된 전통문화의 형태로 표출되어야 한다. 그래야만 음식문화산업에서 경쟁력을 가질 수 있다.

향토음식문화 산업에서 외식업체가 당면하고 있는 문제는 상다리가 휘어질 정도로 차리는 오늘의 밥상차림문화이다. 엄청난 양의 음식쓰레기 문제를 떠안고 있을 뿐만 아니라 그로 인한 재정적, 자원적, 시간적 낭비는 매우 심각하다. 분명히 말할 수 있는 것은 우리의 전통 밥상차림은 근검절약 정신이 배어 있는 2첩반상, 3첩반상, 4첩반상, 5첩반상, 7첩반상으로서 가장 화려한 밥상차림은 7첩반상이라는 것이다. 또 첩수는 간장, 초장 등을 담는 종지를 제외하고 밥, 국, 김치 등을 포함하는 음식 가짓수를 지칭하는 것이었다. 외식산업에서 2첩, 3첩, 5첩과 같은 간소한 상차림으로의 복귀는 구한말 이전의 전통 상차림 문화로 돌아가는 것이다.

상차림에서 가장 중요한 찬품이 밥과 국이다. 우리는 다른 음식을 먹지 않고 국 한 그릇에 밥 한 그릇만 먹어도 충분한 영양 섭취를 할 수 있을 만큼 국문화가 발달해 있는 민족이다. 많은 음식을 차리지 않아도 밥과 국만을 차린 2첩반상 혹은 김치를 하나 곁들인 3첩반상일지라도 맛으로나 질로 훌륭한 밥상차림이 된다. 이것이 우리의 진정한 밥상차림 문화이다.

탕 이외에도 우리는 많은 일품요리를 갖고 있다. 병자(餠煮, 빈대떡)를 비롯한 전류, 냉면, 만두류, 국수류, 각종 떡류, 어육숙편류(일종의 어묵) 등은 일품요리화할 수 있는 훌륭한 향토음식 산업자원이다.

음식과 음식을 둘러싼 생활문화가 결합되어야 음식문화의 기능이 충분히 발휘될 수 있다. 향토음식이 외식산업으로 발달하기 위해서는 향토음식을 담는 포장과 그릇, 주변 기용(器用), 밥상, 향토적 실내 분위기, 향토음악, 전통 예의범절을 갖춘 서빙 요원, 심지어 향토음식을 파는 곳의 구조, 음식과 곁들이는 술과 음료 등이 잘 갖추어져야 한다. 다시 말하면 향토음식 문화산업이 성공적으로 수행되기 위해서는 전통 생활문화를 함께 연구할 필요가 있다.

향토음식 문화산업이 숙고해야 할 문제는 또 있다. 쌀을 주식으로 하는 문화권과 밀을 주식으로 하는 문화권에서의 맛의 느낌은 다르다는 점이다. 일반적으로 밀을 주식으로 하는 문화권은 짠맛, 신맛, 단맛, 쓴맛을 맛이라고 느끼지만, 쌀을 주식으로 하는 문화권은 이상의 4가지 맛 외에 감칠맛을 하나 더 느낀다. 우리나라는 이 감칠맛 때문에 젓갈, 식해, 간장, 된장 등과 같은 조미료 문화가 발달해 있다. 밀을 주식으로 하는 서구 문화권에서는 감칠맛을 모른다.

이런 차이를 숙고해야 하는 이유는, 우리 향토음식이 아무리 우리 입맛에 맛있다고 느끼더라도 밀을 주식으로 하는 문화권에서는 다르게 느낀다는 데 있다. 젓갈, 김치, 청국장이 우리에게는 맛있지만 우리만이 즐기는 음식일 뿐, 세계시장에 진출하는 데는 한계가 있다. 세계인의 입맛에 맞게 연구 개발이 이루어져야 향토음식산업이 국제화될 수 있다.

불행하게도 우리는 일제강점기 이후 100년간의 문화적 공백기를 거치면서 전통문화와 함께 음식문화도 허물어졌다. 현재 대다수 향토음식은 훼손된 향토음식 위에서 다시 만들어졌거나 변형된 것들이고, 우리가 가진 대부분의 음식 상차림도 왜곡 변질된 형태이다.

전통에 입각해 우리 선조들이 영위했던 검박하고 깊이 있는 음식문화가 돌아오고 그것을 발전시켜 후대에 물려주기 위해서는 왜곡과 변질을 하루속히 바로잡고, 구한말 이전의 전통문화를 재정립해야 할 책무가 우리에게 있다.

향토음식문화란 음식 만드는 방법, 그 지역의 특산물로 구성된 재료, 음식 담는 그릇, 포장, 밥상차림, 상차림을 둘러싼 주변 생활문화 전통이 온전히 구성되어 있을 때 발휘된다. 또 산업화되기 위해서도 이상의 요인들은 필수적이다. 우리의 향토음식을 세계화하기 위해서는 만드는 데 많은 노력과 시간을 요하지 않으면서, 쌀을 주식으로 하는 문화권이나 밀을 주식으로 하는 문화권에서 동시에 맛있게 먹을 수 있는 음식으로 연구 개발이 이루어져야 하며, 일품요리에 대한 연구 개발은 반드시 전통을 기반으로 해야 한다.

김상보 연보

1950. 1. 19.	1세	부친 김해(金海) 김씨 김학철(金學哲, 1921년 7월 23일생)과 모친 연안(延安) 차씨 차혜숙(車惠淑, 1929년 8월 31일생) 사이에서 장녀로 출생. 출생지는 서울 남산 밑 회현동 소재 외조부 공관.
1950. 6.	1세	6·25전쟁으로 피난길에 오르다. 부산 광복동에 정착.
1952. 6.	2세	남동생 김상근(金尙根) 출생.
1954. 3.	4세	사업가인 부친이 '서울특별시 동작구 노량진동 84-42호'에 주택을 마련하여 부산에서 서울로 이전.
1954. 8.	4세	남동생 김상훈(金尙勳) 출생.
1955. 3.~1957. 2.	5~6세	동작구 노량진동에 위치한 송학유치원에 다니다.
1956. 7.	6세	여동생 김상혜(金尙惠) 출생.
1957. 2.	7세	서울 동작구 노량진동에 위치한 노량진국민학교(초등학교)에 입학.
1958. 4.	8세	남동생 김홍천(金弘千) 출생.
1962. 2.	12세	노량진국민학교(초등학교) 졸업.
1962. 2.	12세	숙명여자중학교 입학.
1962. 3.~2017. 6. 현재	12~67세 현재	숙명여자중학교에 재학 중이던 김영숙 선생 · 박명실 선생 · 신범옥 선생 · 주혜정 선생 · 천기정 박사 · 황재경 교수 등을 만나 교우.
1965. 2.	15세	숙명여자중학교 졸업.
1965. 2.	15세	숙명여자고등학교 입학.
1967. 7.	17세	부친, 지병으로 사망.
1968. 2.	18세	숙명여자고등학교 졸업.
1968. 2.	18세	한양대학교 사범대학 가정교육학과 입학. 가정교육학과 학과장 황혜성(黃慧性) 교수님에게서 배우다.

1968. 3.~2017. 6. 현재	18~67세 현재	한양대학교 사범대학 의류직물학과에 재학 중이던 권영희 선생 · 장정숙 선생, 한양대학교 공과대학 금속공학과에 재학 중이던 강원곤 사장님 · 김곤섭 사장님 · 조병상 사장님 · 오정남 교수님 · 정용희 회장님 등을 만나 교우.
1972. 2.	22세	한양대학교 사범대학 가정교육학과 졸업.
1973. 2.	23세	이화여자대학교 교육대학원 석사과정에 입학.
1973. 3.	23세	서울 봉천여자중학교 가정과 교사로 발령받다.(발령처: 문교부)
1973. 8.	23세	국립민속박물관 관장 장주근 교수님과 석사학위 논문 주제를 의논. 장주근 교수님이 이지산 선생님(인왕산 소재 국사당 전담 박수무당)을 소개하고, 무속음식에 관한 연구와 학위논문 쓸 것을 권유, 참고문헌으로는 『무당내력』을 전달. 이지산 선생님으로부터 조흥윤 교수(당시 연세대학교 대학원 재학 중, 사학 전공, 전 한양대학교 교수 역임)를 소개받다.
1973. 8.~1978. 2.	23~28세	조흥윤 교수가 만든 한민학회(韓民學會)의 회원이 되어 장철수 교수 · 설성경 교수 등 학자들과 토론을 통해 한국학이 나아가야 할 방향을 모색.
1975. 2.	25세	이화여자대학교 교육대학원 졸업. 학위 논문 「무속 · 불교 · 유교를 통하여 본 식생활문화 및 그 의식절차에 대한 연구」를 제출하여 교육학 석사 학위 취득.
1975. 3.~2017. 6. 현재	25~67세 현재	이종철 총장님(전 전통문화학교 총장)을 만나 교우.
1978. 3.~2015. 2.	28~65세	대전보건대학교 식품영양학과 교수로 발령받아 재직. 5년 동안의 가정과 교사 생활을 마감.
1980. 3.~2000. 2.	30~50세	목원대학교 시간강사로 출강.
1981. 2.	31세	건국대학교 대학원(식품학 전공) 석사과정에 입학.
1982.	32세	일본 문부성이 후원하고 문교부가 주관한 일본 유학시험에 응시하여 26대 1의 경쟁률을 뚫고 합격했으나 불분명한 원인으로 유학길에 오르지 못함.

1983. 2.	33세	건국대학교 대학원 졸업. 이학 석사학위 취득.
1983. 3.~2017. 6. 현재	33~67세 현재	이강로 교수님(전 대전보건대학교 교수)을 만나 교우.
1983. 8.	33세	한양대학교 대학원(식품학 전공) 박사과정에 입학. 한양대학교 사범대학 식품영양학과 교수로 재직 중인 이성우(李盛雨) 교수님을 뵙고 지도교수가 되어주실 것을 부탁드리다. 그러나 병환 중이셨기 때문에 우상규 교수님을 추천하시다.
1986. 8.	36세	한양대학교 대학원 졸업. 「채굴 시기가 인삼 Extract의 이화학적 특성에 미치는 영향」을 학위논문으로 제출하여 이학박사 학위 취득.
1986. 12.	36세	이성우 교수님의 부름을 받다. '궁중음식문화'에 대한 연구를 하도록 간곡히 말씀하심에 따라 앞으로의 공부 방향을 잡다.
1987. 1.~1992. 12.	37~42세	조선왕조에서 발간한 의궤를 통하여 일상식 · 연향식 · 영접식 · 가례식을 구명하여 학회지에 논문 발표. 이성우 교수님의 저서 『한국고문헌집성』(총 7권, 수학사, 1992) 출판에 조력하다.
1991.	41세	(주)미원 부설 한국음식문화연구원으로부터 연구비 지원을 받아 1719년부터 1902년까지의 조선왕조 궁중연회식의궤(朝鮮王朝宮中宴會食儀軌)를 연구 조사하여 궁중음식의 찬품 및 그 재료와 분량을 도표로 만들어 보고하다.
1991. 1.~2017. 6. 현재	41~67세 현재	이영호 사장님(수학사)을 만나 교우.
1991. 3.~2017. 6. 현재	41~67세 현재	이종미 교수님(전 이화여자대학교)을 만나 교우.
1991. 9.	41세	제2회 중국음식문화학술연토회의 국제심포지엄에 이성우 교수님의 추천으로 한국 대표로 참석하여 '동아시아의 음식문화'를 발표. 이 심포지엄에서 이시게 나오미치(石毛直道) 교수님을 만나다.
1992. 6.	42세	이성우 교수님, 지병으로 돌아가시다.
1992. 10.	42세	『담헌 이성우 박사 논문집(淡軒李盛雨博士論文集)』(총 4권)을 봉정해 올리다.

1993. 2.~1994. 1.	43~44세	이시게 나오미치 교수님의 초청으로 일본 국립민족학박물관(國立民族學博物館, 오사카 소재)에서 객원교수로 근무. 이시게 나오미치 교수님의 제자가 될 것을 결심하다.
1993. 2.~1993. 12.	43세	이시게 나오미치 교수님이 주관한 '술과 음주문화' 공동 연구팀 朝倉敏夫 · 熊倉功夫 · 杉田繁治 · 野村雅一 · 松原正毅 · 山本紀夫 · 吉田集而 · 淺井昭吳 · 井上忠司 · 娛村彪生 · 神崎宣武 · 栗山一秀 · 小泉武夫 · Cobbi Jane · 高田公理 · 鄭大聲 · 西沢治彥 · 花井四郎 · 林左馬衛 · 福井勝義 · Hosking Richard · 吉田集而 등으로 구성된 학자들과 함께 공동 연구에 임하다.
1993. 12.	43세	연구 논문 「동아시아에서의 의례적 향연, 그 구조의 비교연구」를 『국립민족학박물관연구보고(國立民族學博物館硏究報告)』(19권 1호, 국립민족학박물관 간행)에 발표하다.
1994. 2.	44세	대전보건대학교에 복직.
1995. 3.	45세	『조선왕조 궁중의궤 음식문화(朝鮮王朝宮中儀軌飮食文化)』(수학사)와 『조선왕조 궁중연회식 의궤 음식의 실제(朝鮮王朝宮中宴會食儀軌飮食의 實際)』(수학사) 출간. 『조선왕조 궁중의궤 음식문화』가 문화관광부 우수 학술도서로 선정되다.
1995. 3.~2017. 6. 현재	45~67세 현재	이필영 교수(한남대학교)를 만나 교우.
1995. 3.~2017. 6. 현재	45~67세 현재	장인의 교수(대전보건대학교)를 만나 교우.
1995. 9.	45세	이시게 나오미치 교수님의 『어장과 식해의 연구』(수학사)를 한국어로 번역하여 출간.
1995. 9.	46세	한국정신문화연구원(현 학국학중앙연구원)에 재직 중이던 장철수 교수로부터 『원행을묘정리의궤(園幸乙卯整理儀軌)』 번역에 공동 연구원으로 참여할 것을 요청받고 「찬품(饌品)」조 번역에 착수.
1996. 8.	46세	『음양오행사상(陰陽五行思想)으로 본 조선왕조 제사음식문화(朝鮮王朝祭祀飮食文化)』(수학사) 출간.

1996. 12.	46세	『원행을묘정리의궤 역주』, 「찬품조」(수원시) 출간.
1997. 3.~2017. 6. 현재	47~67세 현재	석대권 교수(대전보건대학교)를 만나 교우.
1997. 6.	47세	「한국의 반상에 대한 고찰」(『동아시아식생활학회지』, 7권, 1호, 동아시아식생활학회)을 발표. 그동안 행해져온 밥 · 국 · 김치 · 종지 · 조치를 뺀 반찬 수에 따른 반상차림법이 잘못되었음을 지적하고, 우리 고유의 반상차림법은 매우 간소하고 검박하였음을 밝히다.
1997. 8.	47세	「조선왕조 중기 연시례에 대한 고찰」(『향토연구』 제21집, 충남향토연구회)을 발표.
1997. 9.~2017. 6. 현재	47~67세 현재	이해준 교수(공주대학교)를 만나 교우.
1997. 9.	47세	『한국의 음식생활문화사』(광문각) 출간. 문화관광부 우수 학술도서로 선정되다.
1997. 10.	47세	「동아시아 속의 한국의 음식생활문화」(『민족과 문화 6』, 한양대학교 민족학연구소)를 발표.
1997. 12.	47세	이화여자대학교 아시아식품영양연구소에서 개최한 국제심포지엄에서 '한국의 김치류 문화와 그 전망' 주제 발표를 하다.
1998.	48세	「『제민요술』의 菹가 백제의 김치인가에 관한 가설의 접근적 연구」(『한국식생활문화학회지』, 13권, 2 · 3호)를 발표.
1998.	48세	한국학술진흥재단의 지원을 받아 장철수 교수와 함께 「조선통신사를 포함한 한 · 일 관계에서의 음식문화교류」(『한국식생활문화학회지』, 13권, 4 · 5호)를 발표.
1998. 6.	48세	일본 국립민족학박물관 객원교수 재직 시 발표한 연구 논문 「동아시아에서의 의례적 향연, 그 구조의 비교연구」가 '술과 음주문화' 공동 연구 팀들의 다른 논문과 함께 일본어 학술 논집 『술과 음주문화(論集 酒と飲酒の文化)』(平凡社)라는 제목으로 출간되다.

1999.	49세	한국학술진흥재단의 지원을 받아 장철수 교수와 함께 「조선통신사 및 일본사신을 통해서 본 한·일 간의 음식문화의 비교와, 대마도에서의 연회를 통해서 본 조선왕조의 수배상(壽杯床)·과반(果盤)·아가상고(阿架床考)」(『한국식생활문화학회지』 14권 2호)를 발표.
1999~2000	49~50세	황혜성 교수님의 3녀 한복진 교수가 『조선왕조 궁중의궤 음식문화』(김상보, 수학사, 1995)에 있는 343쪽~450쪽의 내용과 『조선왕조 궁중연회식의궤 음식의 실제』(김상보, 수학사, 1995)에 게재된 글을, 한국문화재보호재단의 지원으로 출판된 『한국음식대관』 제6권 「궁중의 식생활」(한복진, 한국문화재보호재단, 2000)과 『떡』(한복려·한복진, 궁중음식연구원)에 무단으로 사용한 것에 대하여 소송을 제기하다.
1999~2000	49~50세	경상북도의 지원을 받아 김정기 회장(한국문화재연구회)·정재훈 단장(한국문화재보호재단 발굴조사사업단)·조유전 소장(국립문화재연구소)·이종철 관장(국립민속박물관)·전경수 교수(서울대학교)·김선풍 교수(중앙대학교)·김광식 대표(방송독립제작사 민족영상)·이수건 교수(영남대학교)·김경선 기획실장(우리문화연구원)·허균 교수(한국정신문화연구원)·박상국 실장(국립문화재연구소 예능민속실장)과 함께 공동 연구원이 되어 「경북 북부 유교문화 관광자원 조사 연구」에 참여.
1999. 4.	49세	「『제민요술』의 菹가 백제의 김치인가에 관한 가설의 접근적 연구」로 '한국과학기술단체 총연합회'로부터 제9회 과학기술우수논문상을 수상.(과총제 99~142호)
1999. 12.	49세	대전광역시로부터 음식문화에 기여한 공로로 감사장을 받다.
2000.	50세	대전광역시의 지원을 받아 「대전의 전통·향토음식 개발연구」를 연구 저술. 이 연구에 이필영 교수(한남대학교)가 공동 연구원으로 참여.
2000. 3.~2017. 6. 현재	50~67세 현재	이만희 선생님(대전광역시 떡무형문화재)을 만나 교우.

2000. 7.~2004. 6.	50~54세	대전광역시 문화재전문위원으로 위촉.
2000. 9.~2001. 8.	50~51세	한국정신문화연구원(현 한국학중앙연구원) 대학원 시간강사로 출강.
2000. 11.	50세	대전광역시로부터 음식문화 발전에 기여한 공로로 감사장을 받다.
2001. 4.	51세	한복진 교수를 상대로 제기한 소송을 중단하고 한복진 교수로 하여금 『월간문화재』(2001년 4 · 5월, 한국문화재보호재단)에 사과의 글을 게재하도록 함으로써 『조선왕조 궁중의궤 음식문화』, 『조선왕조 궁중연회식의궤 음식의 실제』에 실린 내용의 무단 사용 문제에 대해 일단락을 짓다.
2001. 9.~2017. 6. 현재	51~67세 현재	구중회 교수님(전 공주대학교)을 만나 교우.
2001. 12.	51세	「경기 남부의 식생활문화」(『경기도박물관지』, 경기도박물관)를 발표.
2002. 1.	52세	「전라남도의 식생활문화」(『전라남도의 향토문화』, 정신문화연구원)를 발표.
2002. 2.	52세	『생활문화 속의 향토음식문화』(신광출판사) 출간. 연구 결과물인 「경북 북부 유교문화 관광자원 조사 연구」를 책으로 펴내다.
2002. 3.	52세	「조선조의 혼례음식」(『정신문화연구』, 25권 1호, 한국정신문화연구원)을 발표.
2002. 3.~2004. 2.	52~54세	한국샤머니즘학회 이사로 위촉.
2002. 3.~2017. 6. 현재	52~67세 현재	박홍순 교수(공주교육대학교)를 만나 교우.
2002. 6.	52세	「『가례도감의궤(嘉禮都監儀軌)』를 통해서 본 조선왕조 혼례연향 음식문화」(『호서고고학(湖西考古學)』, 6 · 7합집, 호서고고학회)를 발표.
2002. 10.	52세	「기장의 팟죽과 미역나물문화」(『기장문화』, 기장문화원)를 발표.
2003. 2.	53세	한국학술진흥재단의 지원을 받아 『조선왕조 혼례연향 음식문화』(신광출판사)를 출간.

2003. 7.~2017. 6. 현재	53~67세 현재	충청남도 문화재위원회 위원으로 위촉.
2003. 11.	53세	「한성백제시대의 음식문화」(『향토서울』, 63호, 서울특별시사편찬위원회)를 발표.
2003. 11.	53세	이성미 교수(한국정신문화연구원) · 박성실 교수(단국대학교) · 김영운 교수(한국정신문화연구원) · 사진실 교수(서울대학교)와의 공동 연구 결과물인 학술서 『조선후기 궁중연향문화』(권1, 민속원)에 「17 · 18세기 조선왕조 궁중연향 음식문화」를 게재. 문화관광부 우수 학술도서로 선정되다.
2003. 12.~2006. 12.	53~56세	충청남도 전통문화가정 심사위원회 위원으로 위촉되다.
2004. 4.	54세	『조선왕조 궁중음식』(수학사) 출간.
2004. 6.	54세	전라북도 시스템구축 자문위원으로 위촉.
2004. 7.~2012. 8.	54~60세	대전광역시 문화재위원회 위원으로 위촉.
2004. 12.	54세	문화재청의 지원을 받아 「중요 무형문화재의 효율적인 분류 및 관리 방안 연구」 용역을 수행. 이필영 교수(한남대학교, 책임연구원) · 남근우 교수(한림대학교) · 신대철 교수(강릉대학교) · 임학선 교수(성균관대학교) · 장경희 교수(한서대학교) · 전경욱 교수(고려대학교) · 최준 교수(한양대학교)와 함께 공동 연구원으로 참여하여 '음식 분야'를 담당, '무형문화재 제38호 조선왕조 궁중음식 · 무형문화재 제86호 문배주 · 면천두견주 · 경주 교동법주가 어떠한 전승 특성을 갖고 있는가를 밝히고, 앞으로의 바람직한 지원 관리 방안에 대한 방향을 제시, 음식문화 변형 요인을 심각하게 갖고 있었던 일제강점기 시기에 출생한 한희순 상궁의 궁중음식을 전수받아 만들어진 '무형문화재 제38호 「조선왕조의 궁중음식」은 조선왕조의 전통성이나 정통성이 없음을 밝히다.

2005. 4.	55세	지두환 교수(국민대학교) · 신경숙 교수(한성대학교) · 이성미 교수(한국학중앙연구원) · 김영운 교수(한국학중앙연구원) · 박성실 교수(단국대학교)와의 공동 연구 학술서 『조선후기 궁중연향문화』(권2, 민속원)에 「19세기의 조선왕조 궁중연향 음식문화」를 게재.
2005. 4.~2008. 12.	55~58세	국립문화재연구소가 주관하고 김경선 실장 등과 공동으로 연구한 '종가의 제례와 음식'의 연구 결과물이 김영사 · 월인 · 예맥 출판사를 통하여 (『종가의 제례와 음식』) 출간됨.
2005. 6.	55세	충청남도 관광기념품 공모전 심사위원으로 위촉되다.
2005. 8.~2017. 6. 현재	55~67세 현재	정종수 관장(전 국립고궁박물관)을 만나 교우.
2005. 8.~2008. 7.	55~58세	농림부로부터 '농산물 가공산업 육성심의위원회 위원'으로 위촉.
2005. 8.~2017. 6. 현재	55~67세 현재	현영길 사장님(현인테리어)을 만나 교우.
2005. 12.	55세	지두환 교수 · 신경숙 교수 · 김영운 교수 · 박정혜 교수(한국학중앙연구원) · 김경실 교수(성균관대학교)와 공동 연구한 결과물인 학술서 『조선후기 궁중연향문화』(권 3, 민속원)에 「20세기 조선왕조 궁중연향 음식문화」를 게재.
2005. 12.	55세	최영성 교수(한국전통문화학교) · 최종호 교수(한국전통문화학교)와 함께 '부여의 전통음식'에 관한 공동 연구 결과를 『부여의 전통음식』(부여군)으로 출간. 「사비시대 백제의 식생활문화」 편을 게재.
2006. 1.	56세	『조선시대의 음식문화』(가람기획) 출간. 문화관광부 우수 학술도서로 선정되다.
2006. 4.	56세	『조선왕조 궁중떡』(수학사) 출간.
2006. 4.	56세	『조선왕조 궁중과자와 음료』(수학사) 출간.
2006. 5.	56세	한국교원단체총연합회로부터 교육공로상을 받다.(표창장 제062891호)

2007. 1.~2011. 12.	57~61세	FAO한국협회에서 발간하는 월간지 『세계식품과 농업』에 '우리전통음식'을 주제로 기고.
2007. 1.~2017. 6월 현재	57~67세 현재	최정은 박사를 만나 교우.
2007. 3.	57세	「통일신라시대의 식생활문화」를 『신라왕경인의 삶』(동국대 국사학과)에 발표.
2007. 12.	57세	「동자북마을의 식생활풍습」을 『서천 동자북문화 · 역사마을가꾸기』(서천문화원)에 발표.
2008.	58세	한국식품연구원에서 발간하는 봄 · 여름 · 가을 · 겨울 계간지 『식품문화 한맛 한얼』에 '조선왕조음식'을 주제로 기고.
2008. 2.	58세	「한성백제의 식생활」을 『한성백제사 5』(서울특별시사편찬위원회)에 발표.
2009. 2.~2010. 12.	59~60세	문화체육관광부로부터 '충남민속문화의 해' 사업 추진위원회 위원으로 위촉.
2009. 8.~2015. 7.	59~65세	경상북도 문화재위원회 위원으로 위촉.
2009. 8.~2017. 6. 현재	59~67세 현재	김명자 교수님(안동대학교)을 만나 교우.
2010. 7.	60세	농심음식문화원의 학술 지원을 받아 연구 결과물 「사상체계로 본 조선왕조의 연향식 · 일상식 · 절식문화」(『2009년도 식품분야 기초연구과제 총서』, 율촌재단)를 발표.
2010. 7.	60세	「충남의 젓갈과 식해문화」(『충남의 민속문화』, 국립민속박물관)를 발표.
2010. 12.	60세	『상차림문화』(기파랑) 출간.
2010. 12.	60세	농촌진흥청의 지원을 받아 『현대식으로 다시 보는 수문사설』(농촌진흥청)을 출간.
2011. 3.	61세	『사도세자를 만나다』(북마루지) 출간.
2011. 8.	61세	『다시 보는 조선왕조 궁중음식』(수학사) 출간.
2011. 9.	61세	농심음식문화원의 학술 지원을 받아 「주연과 다연의 두식(頭食)이었던 조선왕조의 면식문화(麵食文化)」를 『2010년 기초연구과제 총서』(율촌재단)에 게재.

2011. 11.~2012. 4.	61~62세	중앙일보에서 발행하는 주간지 『중앙 Sunday』에 '조선왕조 궁중음식'을 주제로 기고.
2011. 12.	61세	농촌진흥청의 지원을 받아 『현대식으로 다시 보는 영접도감의궤(迎接都監儀軌)』(농촌진흥청)를 출간.
2012. 9.~2017. 6. 현재	62~67세 현재	세종특별자치시 문화재위원회 위원으로 위촉되다.
2012. 12.	62세	『약선으로 본 우리 전통음식의 영양과 조리』(수학사) 출간.
2013. 4.	63세	농심음식문화원의 학술 지원을 받은 연구 결과물인 「도작(稻作)과 미식(米食)문화」를 『2012년 기초연구과제 총서』(율촌재단)에 게재.
2013. 6.~2017. 6. 현재	63~67세 현재	서울특별시 문화재위원회 위원으로 위촉.
2013. 7.	63세	남동생 김상근(金尙根), 지병으로 사망.
2013. 8.	63세	『우리 음식문화 이야기』(북마루지) 출간. 문화관광부 우수 학술도서로 선정되다.
2013. 12.	63세	김종수 교수(한서대학교) · 김문식 교수(단국대학교) · 송혜진 교수(숙명여자대학교) · 임미선 교수(전북대학교) · 신경숙 교수(한성대학교) · 이민주 교수(한국학중앙연구원) · 박은영 교수(한국예술종합학교)와의 공동 연구로 출간된 학술서 『조선궁중의 잔치, 연향』에서 「절용의 미덕과 예를 갖춘 상차림」(국립고궁박물관)을 게재.
2014. 2.	64세	한식재단의 지원을 받아 『조선시대 풍속화에 그려진 우리 음식, 화폭에 담긴 한식』(한식재단)을 출간.
2014. 5.	64세	강제훈 교수(고려대학교) · 정종수 관장(전 국립고궁박물관) · 이현진 교수(서울시립대학교) · 박정혜 교수(한국학중앙연구원) · 한형주 교수(경희대학교) · 이민주 교수(한국학중앙연구원) · 송혜진 교수(숙명여자대학교) · 남호현 교수(순천대학교)와의 공동 연구로 출간된 학술서 『종묘 조선의 정신을 담다』(국립고궁박물관)에서 「종묘제례에 정성스럽게 마련한 제찬을 진설하다」를 게재.

2014.12.	64세	「은산별신제 음식문화」(『부여학, 제4호』)를 발표.
2014. 12.~2017. 6. 현재	64~67세 현재	경상북도 영주시의 '3대 문화권 사업 · 운영 · 관리' 자문위원으로 위촉.
2014. 12.	64세	농림축산식품부 장관으로부터 표창장을 받다.(농림축산식품 제89946호)
2015. 1.	65세	『사상으로 만나는 조선왕조 음식문화』(북마루지) 출간.
2015. 2.	65세	정부로부터 '황조근정훈장'을 받다.(황조근정훈장 제28598호)
2015. 2.~2016. 2.	65~66세	한식재단으로부터 '한식정책 자문단' 자문위원으로 위촉.
2015. 12.	65세	한식재단 지원을 받아 출간한 『조선시대 풍속화에 그려진 우리음식, 화폭에 담긴 한식』이 영문판으로 번역 출간됨.(Kim Sang-bo, 『KOREAN FOOD IN ART』, Korean Food Foundation)
2016. 5.~2017. 6. 현재	66~67세 현재	문화재청 무형문화재위원회위원으로 위촉.
2016. 11.	66세	『조선왕실의 풍정연향』(민속원) 출간.

참고문헌

한국 고문헌

『가례도감의궤(嘉禮都監儀軌)』

『경국대전(經國大典)』

『고려사(高麗史)』

『고려사절요(高麗史節要)』

『국조속오례의(國朝續五禮儀)』

『국조오례의(國朝五禮儀)』

『규합총서(閨閤叢書)』

『덕은가승(德恩家乘)』

『도문대작(屠門大嚼)』

『동경몽화록(東京夢華錄)』

『동국세시기(東國歲時記)』

『무당내력(巫黨來歷)』

『사한리삼위세제홀기(沙寒里三位歲祭笏記)』

『산림경제(山林經濟)』

『삼국사기(三國史記)』

『삼국유사(三國遺事)』

『세종대왕실록(世宗大王實錄)』

『수문사설(謏聞事說)』

『수작의궤(受爵儀軌)』

『시의전서(是議全書)』

『악학궤범(樂學軌範)』

『어상기(御床記)』

『열양세시기(列陽歲時記)』

『영접도감의궤(迎接都監儀軌)』, 1609, 1634, 1643

『옹희잡지(饔饎雜誌)』

『원행을묘정리의궤(園幸乙卯整理儀軌)』

『음식지미방(飮食知味方)』

『주방문(酒方文)』

『주식시의(酒食是議)』

『증보산림경제(增補山林經濟)』

『진연의궤(進宴儀軌)』
『진작의궤(進爵儀軌)』
『진찬의궤(進饌儀軌)』
『풍정도감의궤(豐呈都監儀軌)』
『해동제국기(海東諸國記)』
『해동죽지(海東竹誌)』

중국 문헌

『시경(詩經)』
『주역(周易)』
『주서(周書)』
『의례(儀禮)』
『예기(禮記)』
『양서(梁書)』
『수서(隋書)』
『제민요술(齊民要術)』
『형초세시기(荊楚歲時記)』

일본 문헌

宮崎市定, 『中國における奢多の變遷』, アジアの研究 1, 東洋史研究會, 1957
諸橋轍次, 『大漢和辭典』, 大修館書店, 1985
薄田斬雲, 『朝鮮漫畫』

근·현대 문헌

김육불, 『발해국지장편(渤海國志長編)』, 1935
김상보, 『조선후기 궁중연향문화』 권1, 민속원
김상보, 「식생활」, 『한성백제사 5』, 서울특별시편찬위원회, 2008
김상보, 「조선조의 혼례음식」, 『정신문화연구』 Vol 25. No.1, 한국정신문화연구원, 2002
김상보, 『가례도감을 통하여 본 조선왕조 혼례연향 음식문화』, 신광출판사, 2003
김상보, 『사상으로 만나는 조선왕조 음식문화』, 북마루지, 2015

김상보, 『생활문화 속의 향토음식문화』, 신광출판사, 2002
김상보, 『약선으로 본 우리 전통음식의 영양과 조리』, 수학사, 2012
김상보, 『우리 음식문화 이야기』, 북마루지, 2013
김상보, 『음양오행사상으로 본 조선왕조의 제사음식문화』, 수학사, 1996
김상보, 『조선시대의 음식문화』, 가람기획, 2006
김상보, 『조선왕조 궁중연회식의궤 음식의 실제』,수학사, 1995
김상보, 『조선왕조 궁중의궤 음식문화』, 수학사, 1995
김상보, 『조선왕조 혼례연향 음식문화』, 신광출판사, 2003
김상보, 『조선후기 궁중연향문화』, 민속원, 2005
김상보, 『한국의 음식생활문화사』, 광문각, 1997
문화공보부문화재관리국, 『한국민속종합보고서』, 1978
박정혜, 『조선시대 궁중기록화 연구』, 일지사, 2000
방신영, 『조선요리제법(朝鮮料理製法)』,1939
손정규, 『우리 음식』, 1948
손정규, 『조선요리(朝鮮料理)』, 1940
송재선, 『음식속담사전』, 동문선, 1998
오타나베 쇼코, 『불교사의 전개』, 불교시대사, 1992
이능화, 『조선여속고(朝鮮女俗考)』
이석만, 『간편요리제법(簡便料理製法)』, 1934
이용기, 『조선무쌍신식요리제법(朝鮮無雙新式料理製法)』, 1924
장승두, 「이조사회의 혼인의식에 관하여」, 『조선(朝鮮)』, 1939
조자호, 『조선요리법』, 1939
조선료리협회, 『조선료리전집』, 1994
종름, 『형초세시기』, 집문당, 1996
허균, 『사찰장식 그 빛나는 상징의 세계』, 돌베개, 2000
황혜성 외 2人, 『이조궁정요리통고』, 학총사, 1957
황혜성, 『궁중음식 향토음식』, 홍보문화사, 1980
황혜성, 『한국의 요리 궁중음식』, 삼성당, 1988
황혜성, 『조선왕조 궁중음식』, 궁중음식연구원, 1993
황혜성, 「조선왕조의 궁중음식」, 문화공보부 문화재관리국, 1970
황혜성, 『조선왕조 궁중음식』, 국립문화재연구소, 2002
황혜성, 『한국요리백과사전』, 삼중당, 1976
황혜성 • 한복려 • 한복진, 『한국의 전통음식』, 교문사, 1990

한식의 도道를 담다

초판 1쇄 인쇄 2017년 6월 25일 초판 1쇄 발행 2017년 6월 30일
지은이 김상보 펴낸곳 와이즈북 펴낸이 심순영
등록 2003년 11월 7일(제313-2003-383호)
주소 03968, 서울시 마포구 성미산로5길 8, 102호(성산동)
전화 02) 3143-4834 팩스 02) 3143-4830 이메일 cllio@hanmail.net
ISBN 979-11-86993-02-6 93590

책값은 뒤표지에 있습니다. 잘못된 책은 바꾸어 드립니다.
이 도서의 국립중앙도서관 출판예정도서목록(CIP)은 서지정보유통지원시스템 홈페이지(http://seoji.nl.go.kr)와 국가자료공동목록시스템(http://www.nl.go.kr/kolisnet)에서 이용하실 수 있습니다.(CIP제어번호: CIP2017012902)

한국출판문화산업진흥원의 출판콘텐츠 창작지금을 지원받아 제작되었습니다.